ISBN 978-0-331-47802-0
PIBN 10373132

LES GRANDEURS ÉLECTRIQUES

ET LEURS UNITÉS.

Déposé conformément à la loi.

Tous les exemplaires portent la signature de l'auteur.

Gand, imp C. Annoot-Braeckman, Ad. Hoste succ.

LES

GRANDEURS ÉLECTRIQUES

ET

LEURS UNITÉS

PAR

H. SCHOENTJES

Anclen élèVe de l'École Normale des sciences, Docteur en sciences physiques et mathématiques
Membre correspondant de la Société de Médecine de Gand
Professeur à l'Athénée Royal et à l'École Industrielle
Répétiteur à l'Université de Gand

2ᵉ édition revue et augmentée

GAND

LIBRAIRIE GÉNÉRALE DE AD. HOSTE, ÉDITEUR

rue des Champs, 49

1883

AVANT-PROPOS.

Les progrès immenses accomplis depuis quelques années dans le domaine de l'Électricité et révélés par l'exposition de 1881, ont rendu indispensable un système homogène et universel d'unités électriques. L'adoption de ce système par les électriciens des différents pays fait cesser une déplorable confusion résultant de la diversité des unités autrefois en usage, et rend la production et la consommation de l'électricité industriellement possibles ; grâce à ce système, la mesure des grandeurs électriques est devenue une opération courante et usuelle.

Le but de ces pages est de faire connaître les unités adoptées aujourd'hui, ainsi que les considérations théoriques qui les ont fait adopter. Ce travail s'adresse au lecteur déjà initié aux phénomènes de l'électricité ; c'est pour ce motif, que nous nous bornons à rappeler dans le chapitre I, les lois principales relatives à la quantité, à l'intensité et à la résistance. Nous nous étendons davantage sur le potentiel et la capacité, parce que l'enseignement n'a pas encore vulgarisé les notions de ces grandeurs.

CHAPITRE I.

DES GRANDEURS ÉLECTRIQUES.

Les grandeurs électriques sont au nombre de cinq : 1° la quantité d'électricité, 2° le potentiel, différence des potentiels ou force électromotrice, 3° l'intensité du courant ou simplement le courant, 4° la résistance, 5° la capacité.

§ 1. QUANTITÉ D'ÉLECTRICITÉ.

1. Un corps acquiert, dans certaines circonstances, la propriété d'attirer des corps légers et de produire des étincelles. On dit alors qu'il est *électrisé*, ou encore qu'il est *chargé d'électricité ;* les corps non électrisés sont dits à l'*état neutre.*

L'expérience démontre que l'électricité se manifeste de deux manières, c'est-à-dire qu'il y a deux espèces d'électricité : on les nomme électricité *positive* et électricité *négative.* La première est celle que prend un bâton de verre frotté avec un morceau de flanelle; la seconde, celle qu'acquiert un bâton de résine frotté avec la même étoffe. On les désigne par les signes + et —, et tout corps électrisé possède l'une ou l'autre.

Deux corps chargés d'électricités de même espèce se repoussent, et deux corps chargés d'électricités d'espèces différentes s'attirent. Des expériences variées prouvent que les conducteurs ne manifestent ces propriétés électriques qu'à leur surface.

2. Lorsqu'on frotte deux corps isolés l'un contre l'autre, on observe que, séparés, ils sont chargés d'électricités contraires, mais que réunis, ils n'exercent aucune action sur les corps légers ; les électricités positive et négative, développées dans ce cas sont dites *égales et de signes contraires, leur somme est zéro.*

3. Que l'on touche une sphère conductrice isolée et électrisée au moyen d'une autre sphère identique, mais à l'état neutre, on trouvera, après le contact, que la première manifeste ses propriétés électriques à un degré moindre, et que la seconde a été électrisée. Ce quelque chose qu'on nomme électricité s'est donc partagé entre les deux corps, et comme les deux sphères en contact constituent un système conducteur parfaitement symétrique, on peut dire que la première a communiqué la moitié de son électricité ou de sa charge électrique à la seconde.

En touchant la première sphère au moyen de deux sphères iden-

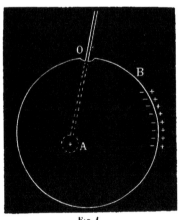

Fig. 1.

tiques à l'état neutre, on les trouve toutes chargées après le contact, et par raison de symétrie, on dit que la première n'a plus que le $\frac{1}{3}$ de sa charge primitive ; on conçoit donc qu'il existe des charges électriques, deux, trois, quatre fois plus grandes ou plus petites qu'une autre.

4. On peut aussi *additionner des charges électriques :*

Prenons un conducteur B, creux, isolé, et présentant une petite ouverture O (fig. 1) ; prenons aussi une sphère métallique A fixée sur un manche isolant. Communiquons à A une forte charge positive au moyen d'une machine électrique, et introduisons A dans le conducteur B ; la sphère agit par influence, attire sur la face interne de B de l'électricité négative, et sur la face externe une quantité égale d'électricité positive. Touchons la face interne avec la boule et retirons-la après le contact (1). On trouvera qu'elle n'est plus électrisée, mais que l'enveloppe conductrice a pris la charge de la sphère. Electrisons encore plusieurs fois la sphère et recommençons l'expérience : on constatera que *les charges successives de la sphère s'ajoutent à la surface extérieure de l'enveloppe*, dont les manifestations électriques deviennent de plus en plus intenses.

Le corps B étant chargé d'électricité positive, on charge la boule A *négativement*, on l'introduit encore une fois dans le corps B et l'on établit le contact avec la face interne. Retirant ensuite la sphère, on trouvera qu'elle est ramenée à l'état neutre, comme dans les expériences précédentes, mais que les propriétés électriques positives de l'enveloppe B ont diminué d'intensité.

Donc *une charge négative ajoutée à une charge positive diminue la première*.

5. Des considérations qui précèdent l'on doit conclure que l'électricité peut être assimilée aux quantités ordinaires, *en dehors de toute hypothèse sur sa nature;* qu'elle admet deux acceptions opposées représentées par les signes + et — ; et par conséquent, les *quantités d'électricité* peuvent être introduites dans le calcul algébrique.

6. *Lois de Coulomb.* — Les recherches de Coulomb sur les attractions et les répulsions électriques ont conduit ce physicien aux lois suivantes qui portent son nom (2) ;

---

(1) On doit avoir soin, en introduisant et retirant la sphère A, d'éviter de toucher les bords de l'ouverture.

(2) *Mémoires de l'Académie des sciences*, 1785, p. 570.

1° *Quand les corps chargés sont de petites dimensions par rapport à leur distance, les forces s'exercent suivant la ligne droite qui les réunit.*

2° *La force d'attraction ou de répulsion est proportionnelle au produit des charges électriques.*

3° *La force d'attraction ou de répulsion est en raison inverse du carré de la distance des corps chargés.*

On conçoit facilement que ces lois permettent de mesurer les quantités d'électricité; pour s'assurer si deux corps sont chargés de quantités égales, ou les fera agir à la même distance sur un corps déjà chargé. Si les deux forces sont égales, les quantités seront égales; mais si la force exercée par le premier corps est n fois plus grande que celle qui est exercée par le second, la quantité d'électricité du premier sera aussi n fois plus grande que celle du second. Tout appareil qui permet de faire ces comparaisons s'appelle *électromètre*. La balance de torsion de Coulomb est un de ces appareils; nous étudions plus loin (21) un électromètre beaucoup plus sensible, celui de M W. Thomson.

7. *Densité et pression électriques* — La densité électrique en un point d'une surface est la quantité d'électricité qui se trouve en ce point. Quand la charge est uniformément répartie, la densité est la charge par unité de surface. Si la charge n'est pas uniforme : ds étant une surface infiniment petite, et dq la charge de cet élément, la densité ρ est donnée par l'égalité

$$\rho = \frac{dq}{ds}.$$

Si l'on considère un élément de la surface d'un conducteur chargé, l'électricité tend à s'en échapper et exerce un effort contre le milieu isolant qui l'entoure. Cet effort est appelé *pression électrique*.

§ 2. DU POTENTIEL.

8. *Champ électrique.* — Un corps chargé d'électricité a la propriété d'exercer une action sur les corps qui l'environnent; l'espace dans lequel cette action se fait sentir s'appelle le *champ électrique* du corps chargé. Un champ électrique est en général, illimité, mais il peut être limité;

tel est le cas d'un corps entouré d'un conducteur qui l'enveloppe complètement. Le champ électrique ne comprend pas seulement les corps conducteurs soumis à l'induction du corps chargé, mais aussi le milieu isolant ou *le diélectrique* intermédiaire.

9. *Ligne de force*. — Imaginons des corps A, B, C, électrisés et une petite charge P′ d'électricité concentrée en un point P de leur champ

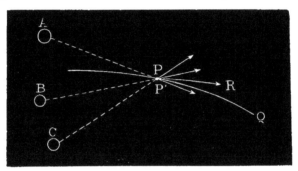

Fig. 2.

(fig. 2). Si la charge P′ est libre, elle obéira à l'action de la résultante R des forces électriques émanant des corps A, B, C,... et suivra une certaine ligne PQ. On appelle cette ligne, une *ligne de force*.

En général, on appelle ligne de force la ligne que tend à parcourir une charge électrique concentrée en un point du champ, sous l'influence des forces électriques sollicitant la charge que l'on considère. Une ligne de force est donc une ligne tangente en chacun de ses points à la direction de la résultante des forces qui agissent sur ce point.

Quand il n'y a qu'un seul corps électrisé, et lorsque celui-ci peut être assimilé à un point, les lignes de force sont des droites passant par ce point. Si le corps est une sphère, les lignes de force sont les rayons. Si c'est un plan assez étendu, les lignes de force sont des perpendiculaires au plan.

10. *Définition algébrique du potentiel électrique*. — Imaginons une quantité d'électricité concentrée en un point M, et soit un point P du champ électrique. Si la distance MP est désignée par r, l'expression

$$V = \frac{q}{r}$$

est nommée le *potentiel* de la charge q au point P, et la quantité V a le même signe que q.

Plus généralement, si plusieurs points M, M', M'',... chargés de quantités q, q', q'',... d'électricité, sont distribués d'une manière quelconque, et si l'on considère un point P situé aux distances r, r', r'',... de chacune de ces charges, le potentiel du système des charges q, q', q'',... au point P est la somme algébrique

$$V = \frac{q}{r} + \frac{q'}{r'} + \frac{q''}{r''} + \cdots \ = \Sigma \frac{q}{r}.$$

11. *Relation entre le potentiel et la force électrique.* — Soit un conducteur électrisé M de dimensions très petites, une sphère, par exemple, chargée d'une quantité d'électricité que nous supposerons positive, pour fixer les idées; plaçons en P, à la distance MP $= r$, l'unité d'électricité positive. La charge q repoussera cette unité dans la direction de la ligne de force, et la répulsion F sera donnée (6) par

$$F = \frac{q}{r^2}.$$

Déplaçons-nous maintenant dans la direction MP, en un point P', infiniment voisin de P', et soit PP' $= dr$. Le potentiel, qui était V au point P, deviendra V $+ dV$, et la dérivée du potentiel au point P sera

$$\frac{dV}{dr} = \frac{d\frac{q}{r}}{dr} = -\frac{q}{r^2}.$$

L'on aura donc

$$\frac{dV}{dr} = -F.$$

La dérivée du potentiel en un point, prise par rapport à la ligne de force passant par ce point, est égale et de signe contraire à la force électrique agissant au point considéré.

12. Il est facile de montrer que les composantes de la force suivant une autre direction ont la même propriété.

En effet (fig. 3), déplaçons l'unité d'électricité en un point P″ d'une quantité PP″ = da le long d'une droite PP″, faisant avec la ligne de

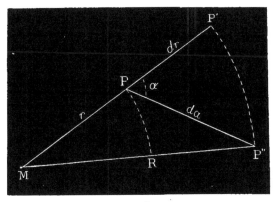

Fig. 3.

force MP un angle α. Joignons MP″ et décrivons du point M comme centre les arcs de cercle PR et P″P′. Le potentiel en R est le même que le potentiel en P, donc le changement dV que subit le potentiel par le déplacement PP″, se réduit à la variation qu'il subit quand on se déplace de P en P′. Soit PP′ = dr, l'on aura d'après ce qui précède

$$\frac{dV}{dr} = - F,$$

mais dans le triangle infinitésimal PP′P″ on a

$$dr = da \cos \alpha,$$

d'où :

$$\frac{dV}{da \cos \alpha} = - F,$$

ou,

$$\frac{dV}{da} = - F \cos \alpha,$$

mais F cos α est la composante de la force électrique suivant le déplacement dr ; donc :

La dérivée du potentiel suivant une direction quelconque est égale et de signe contraire à la composante de la force électrique suivant cette direction.

13. Jusqu'ici nous n'avons considéré qu'une seule charge électrique; imaginons actuellement un système de charges q, q', q'',... distribuées comme on voudra, pouvant constituer, par exemple, les charges élémentaires d'un même conducteur électrisé.

Soient : v, v', v'',... les potentiels de ces charges au point P; V le potentiel du système; f, f', f'_i,... les forces agissant sur l'unité d'électricité placée en P, et émanant des diverses charges; R la résultante de ces forces; ds un déplacement élémentaire quelconque à partir de P, α, α', α'',... A, les angles que les forces et leur résultante font avec le déplacement ds. On aura la relation (10)

$$V = v + v' + v'' + \cdots,$$

ensuite,

$$R \cos A = f \cos \alpha + f' \cos \alpha' + f'' \cos \alpha'' + \cdots.$$

D'après ce qui précède (12)

$$\frac{dv}{ds} = -f \cos \alpha,$$

$$\frac{dv'}{ds} = -f' \cos \alpha',$$

. . . .

d'où en additionnant

$$\frac{dv}{ds} + \frac{dv'}{ds} + \frac{dv''}{ds} + \cdots = -f \cos \alpha - f' \cos \alpha' - f'' \cos \alpha'' - \cdots$$

ou enfin,

$$\frac{dV}{ds} = -R \cos A;$$

par conséquent, d'une manière générale :

La dérivée du potentiel d'un système de charges électriques est égale et de signe contraire à la composante de la force totale suivant le déplacement considéré.

Si le déplacement ds a lieu suivant la ligne de force, l'on aura

$$\frac{dV}{ds} = -R.$$

14. *Sens de l'action de la force électrique.* — Il résulte du principe précédent que la force électrique agit sur l'électricité positive dans le sens des potentiels décroissants. Quand une charge électrique positive est abandonnée à elle-même, elle tend à marcher suivant la ligne de force qui passe par sa première position et se dirige vers les points dont le potentiel est plus faible ; l'électricité négative marche au contraire vers les hauts potentiels.

15. *Conditions d'équilibre d'un conducteur.* — De ce que l'électricité se meut sans obstacle dans un corps conducteur, il faut conclure que lorsqu'un tel corps est en équilibre électrique, la résultante de toutes les forces électriques agissant en un point de ce corps est nulle. En effet, si cette force n'était pas nulle, et s'il y avait de l'électricité libre au point considéré, cette électricité obéirait à la force et marcherait dans un certain sens : de là un mouvement électrique qui serait contraire à notre hypothèse. D'autre part, s'il n'y avait pas d'électricité libre, la force ferait apparaître au point considéré des quantités d'électricité $+ m$ et $— m$, ce qui serait encore contraire à l'hypothèse de l'équilibre électrique. La force étant nulle en tous les points du conducteur, ses composantes sont nulles suivant toutes les directions et, par conséquent, le potentiel est constant.

Le potentiel est constant dans toute l'étendue d'un conducteur en équilibre électrique.

16. *Potentiel de la terre.* — Dans la généralité des phénomènes, les potentiels électriques n'interviennent que par leurs différences et non par leurs valeurs absolues. On est convenu d'adopter comme zéro de potentiel le potentiel du sol ou du réservoir commun. Le potentiel en un point est donc la différence entre le potentiel de ce point et celui de la terre ; s'il est positif, il est plus élevé que celui de la terre, s'il est négatif, il est considéré comme étant plus bas.

17. *Potentiel d'une sphère.* — La charge d'une sphère conductrice est distribuée uniformément sur sa surface. Si donc on suppose cette surface décomposée en éléments égaux, et si l'on désigne par dq la charge de chaque élément, le potentiel *au centre de la sphère*, et par conséquent, *en tous ses points*, sera

$$V = \int \frac{dq}{r} = \frac{q}{r}.$$

18. *Définition mécanique du potentiel.* — Transportons l'unité d'électricité le long du chemin élémentaire *ds*, de la position P dans la position P'. Si le transport a lieu en sens contraire de la direction de la force R cos A, on devra dépenser un travail ; il y aura, au contraire, production de travail si la force agit dans le sens du déplacement. L'expression numérique de ce travail est

$$d\mathrm{W} = \mathrm{R} \cos \mathrm{A} \, ds,$$

et comme (13)

$$d\mathrm{V} = - \mathrm{R} \cos \mathrm{A} ds,$$

on a aussi

$$d\mathrm{V} = - d\mathrm{W}.$$

Si maintenant nous transportons l'unité d'électricité d'un point A où le potentiel est $V = \Sigma \frac{q}{r}$, jusqu'au point B où le potentiel est $V_1 = \Sigma \frac{q}{r_1}$ le travail engendré ou consommé sera donné par l'expression

$$\mathrm{W}_{\mathrm{A}}^{\mathrm{B}} = - \int_{\mathrm{A}}^{\mathrm{B}} d\mathrm{V} = \mathrm{V} - \mathrm{V}_1,$$

ou

$$\mathrm{W}_{\mathrm{A}}^{\mathrm{B}} = \Sigma \frac{q}{r} - \Sigma \frac{q}{r_1}.$$

Le travail correspondant au passage de l'unité d'électricité d'un point à un autre du champ électrique est égal à la différence des valeurs du potentiel aux deux points considérés.

Supposons que le point B soit un point très éloigné du champ électrique des masses agissantes : toutes les distances r_1 seront infinies dans cette hypothèse, et l'on aura

$$\mathrm{W}_{\mathrm{A}}^{\infty} = \Sigma \frac{q}{r} = \mathrm{V}.$$

Le potentiel d'un système de masses électriques en un point A est le travail qu'il faudrait dépenser contre les forces électriques pour amener l'unité d'électricité positive de l'infini jusqu'à ce point; ou encore, *le potentiel au point A est le travail que produit l'unité d'électricité positive en passant de ce point à l'infini.*

19. *Différence entre la charge d'un conducteur et son potentiel.* — Quand l'équilibre électrique est établi, la distribution de l'électricité à la surface du conducteur dépend essentiellement de la forme du corps. On le prouve en explorant la surface au moyen d'un plan d'épreuve. Les quantités d'électricité enlevées aux éléments superficiels varient avec la position de l'élément touché par le plan; mais, si l'on relie le conducteur par un fil long et fin à une sphère isolée, soustraite à l'influence directe par un écran métallique non isolé, le conducteur et la sphère forment alors un système unique et le potentiel du conducteur est modifié; une certaine quantité *q* d'électricité passe du conducteur sur la sphère, jusqu'à ce que le système soit au même potentiel; l'observation prouve que *la quantité q est indépendante du point où l'on attache le fil au conducteur.*

20. *Définition expérimentale du potentiel.* — 1° Si les dimensions de la sphère sont négligeables vis-à-vis de celles du conducteur, la quantité *q* enlevée ne modifie ni la charge ni le potentiel du conducteur d'une manière appréciable, et le potentiel $V = \dfrac{q}{r}$ de la sphère est le même que le potentiel primitif du conducteur.

2° Cette dernière conclusion est rigoureuse quand la charge enlevée par la sphère est rendue au conducteur par une source constante d'électricité. Cette circonstance se présente quand le conducteur est relié par un fil métallique au pôle d'une pile voltaïque ou au pôle d'une machine électrique tournant uniformément.

Supposons maintenant que la sphère soit la petite boule fixe de la balance de Coulomb; on sait que la force qu'elle exerce sur la sphère chargée mobile, mesure sa charge *q*; cette force mesure donc aussi son potentiel $\frac{q}{r}$, et, par conséquent, le potentiel du conducteur auquel la boule fixe est reliée.

Comme les considérations qui précèdent s'appliquent à un électromètre quelconque autant qu'à la sphère, il en résulte que dans les deux cas mentionnés ci-dessus, *le potentiel d'un conducteur électrisé est proportionnel à la charge d'un électromètre relié métalliquement au conducteur, et soustrait à l'influence directe. Le potentiel peut donc être mesuré par l'attraction ou la répulsion que l'électromètre exerce sur une charge électrique déterminée.*

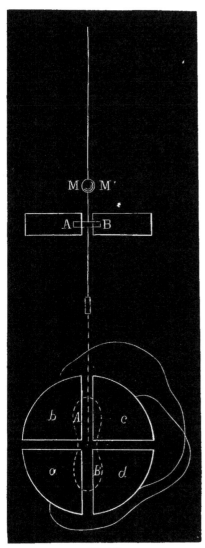

Fig 4-5.

21. *Electromètre à quadrants de Thomson* (fig. 4, plan et fig. 5, élévation). — Une aiguille d'aluminium AB en forme de 8, est suspendue de façon à pouvoir tourner dans un plan horizontal. Cette aiguille est fortement chargée, et pour lui garder sa charge, ou la relie à une bouteille de Leyde. L'aiguille est placée à l'intérieur d'une boite plate et ronde, formée de quatre secteurs *a, b, c, d* identiques entre eux. Chacun de ces secteurs est isolé de l'autre et est en communication avec celui qui lui est opposé. Dans la position d'équilibre, l'axe de l'aiguille coïncide avec l'axe de l'intervalle qui sépare deux secteurs.

Pour mesurer le potentiel d'un corps A, on charge l'aiguille d'une électricité connue, positive, par exemple, et l'on met les quadrants b et d en communication avec A ; les secteurs b et d se mettent alors au potentiel de A et leur charge agit sur l'aiguille qui est déviée. Le sens de la déviation indique l'espèce d'électricité du corps A. Il est facile de voir, en effet, que si cette électricité est positive, l'aiguille sera repoussée par les quadrants b et d et que la déviation aura lieu vers la gauche ; si, au contraire, l'électricité de A est négative, la déviation aura lieu vers la droite.

Quand on met les secteurs b et d en communication avec un corps au potentiel V_1 et les secteurs a et c avec un autre au potentiel V_2, les déviations seront dues à la différence algébrique $V_1 — V_2$ des potentiels.

L'appareil est très sensible, car la force qui s'exerce sur l'aiguille étant proportionnelle au produit des charges électriques de l'aiguille et des secteurs, il en résulte que cette force sera grande, même si la charge des quadrants est faible, pourvu qu'on charge fortement l'aiguille, ce qui est toujours facile.

Pour mesurer avec préci- sion les déviations très faibles de l'aiguille, on les amplifie par l'artifice suivant. On munit le fil de suspension d'un petit miroir MM' qui tourne avec lui d'un angle égal à la torsion ; parallèlement à la position d'équilibre du miroir (fig. 6), se trouve une règle divisée RR' dont les divisions se réflé-

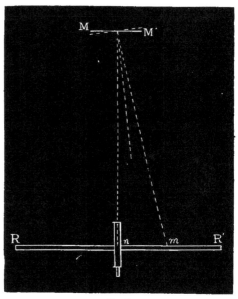

Fig. 6.

chissent sur MM' ; une lunette fixe L, dont l'axe optique est perpendi- culaire à RR' et passe par le centre du miroir, permet de viser le zéro n de la division ; quand le miroir tourne, l'image d'un autre point m de la division vient prendre la place du zéro, et du nombre de divisions comprises dans la longueur *mn* on déduit facilement l'angle de rotation du miroir.

22. *Force électromotrice.* — Il a été établi (15) que si un conducteur isolé est chargé d'électricité, l'équilibre électrique exige que toutes les parties de ce corps se mettent au même potentiel. Cela posé, supposons que deux conducteurs isolés soient chargés à des potentiels différents V_1 et V_2 et qu'on les réunisse par un fil métallique. Les deux corps ne formant plus qu'un seul système conducteur, le potentiel le plus élevé s'abaissera, tandis que l'autre s'élèvera, jusqu'à ce que tout le système soit au même potentiel. Celui des corps dont le potentiel a diminué a perdu de l'électricité, celui dont le potentiel a augmenté en a reçu une certaine quantité, et comme il n'est pas entré d'électricité dans le système, et qu'il n'en est pas sorti, le gain d'électricité est égal à la perte, et l'on peut dire que l'électricité s'est transportée de l'un sur l'autre en suivant le fil. Ce phénomène offre une profonde analogie avec celui qui se produit quand on réunit par un tuyau, deux réservoirs renfermant de l'eau à des niveaux différents; l'eau s'écoule du réservoir le plus élevé vers l'eau du réservoir le plus bas, jusqu'à ce que les deux niveaux soient les mêmes.

Ce flux d'électricité le long du fil est appelé un *courant électrique,* et se produit chaque fois que l'on met en communication deux points dont les potentiels sont différents. Quand les conducteurs que l'on relie sont isolés, la différence des potentiels diminue très rapidement et le courant électrique ne dure qu'une très petite fraction de seconde; mais, si par un moyen quelconque, on maintient constante la différence des potentiels, le courant continue à s'écouler le long du fil de communication.

C'est le résultat qu'on obtient en réunissant par un fil métallique les coussins et le plateau d'une machine électrique ordinaire en activité : la différence des potentiels du plateau et des coussins est entretenue par un travail mécanique. La pile voltaïque est, à ce point de vue, une machine électrique ordinaire : deux plaques formées de métaux différents plongeant dans un liquide, se chargent d'électricité; celle qui est le plus attaquée se met au potentiel le plus élevé, et, aussitôt que la différence des potentiels a atteint son maximum, l'action chimique cesse. Mais si l'on relie les métaux par un fil conducteur, les deux plaques tendent à se mettre au même potentiel, tandis que l'action chimique recommence et maintient la différence des potentiels constante. Un flux continu d'électricité s'écoule alors à travers le fil conducteur et le courant est obtenu, dans ces conditions, par le travail chimique qui s'accomplit dans la pile.

En résumé, *la différence des potentiels entre deux points est une cause qui produit le déplacement de l'électricité ; la quantité* $V_1 - V_2$ *est donc une force, on l'appelle force électromotrice.*

23. *Surface de niveau.* — On appelle surface de niveau une surface normale en chacun de ses points à la ligne de force passant par ce point. Dans le cas d'un corps électrisé sphérique, les surfaces de niveau sont des sphères concentriques, et dans le cas d'un plan, ce sont des plans parallèles.

24. *Propriétés des surfaces de niveau.* — Il résulte de cette définition que lorsqu'une masse électrique se déplace le long d'une surface de niveau, le travail est constamment nul, puisque la force électrique est toujours normale au déplacement. Comme aucun travail n'est engendré ni consommé par le passage d'une charge électrique d'un point d'une surface de niveau à un autre, la différence des potentiels de ces deux points est nulle (18) et, par conséquent, *le potentiel est constant pour tous les points d'une même surface de niveau.*

C'est à cause de cette propriété que les surfaces de niveau sont aussi nommées des *surfaces équipotentielles*.

La surface extérieure d'un conducteur en équilibre électrique est une surface de niveau.

Considérons deux surfaces de niveau S_1 et S_2, sur lesquelles les potentiels sont respectivement V_1 et V_2 ; le travail qui correspond au déplacement de l'unité d'électricité d'un point de S_1 à un point de S_2 est égal à la différence $V_1 - V_2$ (18) ; le travail est donc indépendant du chemin décrit entre ces deux points et est aussi indépendant de la position des points de départ et d'arrivée sur les surfaces S_1 et S_2.

La surface de niveau électrique a une grande analogie avec le niveau d'une masse liquide. De même que l'eau, en descendant d'un niveau plus élevé à un niveau plus bas, sous l'action de son poids, produit du travail; de même, l'électricité positive libre, cédant à la résultante des forces électriques qui la sollicitent, quitte la surface de niveau S_1 où le potentiel est plus élevé, et se dirige vers la surface S_2 où il est plus bas. L'eau, en descendant, peut suivre la trajectoire directe, c'est-à-dire la verticale, et peut aussi suivre dans sa chute un autre chemin. C'est ce qui arrive quand elle s'écoule par un tuyau de forme quelconque. Mais quelle que soit la trajectoire, le travail produit ne dépend que de la différence entre les niveaux de départ et d'arrivée. Il en est de même pour l'électricité. Pour passer d'une surface de niveau S_1 à une autre S_2, elle peut suivre la ligne de force, mais on peut l'obliger à suivre un autre trajet, un fil conducteur; le travail produit ne dépend que de $V_1 - V_2$. Enfin, de même que le mouvement de l'eau, qui s'écoule librement, ne cesse que lorsque tous les points de la masse sont au même niveau, de même l'électricité positive libre, qui se meut dans un conducteur, afflue vers les points où le potentiel est plus bas, jusqu'à ce que tous les points du conducteur soient au même potentiel.

§ 3. INTENSITÉ DU COURANT.

25. *Effets des courants.* — Quand un circuit est parcouru par un courant électrique, il devient le siége d'actions diverses que l'on peut classer comme suit :

Actions chimiques,

Actions calorifiques et lumineuses,

Actions mécaniques : le courant peut écarter un barreau aimanté de sa position d'équilibre, déplacer un courant mobile, aimanter du fer doux, etc.,

Actions physiologiques.

On dit que le courant est plus ou moins intense suivant que ces effets sont plus ou moins énergiques; généralement, on compare les courants entre eux au moyen des déviations qu'ils produisent sur un barreau aimanté mobile autour de son centre dans un plan horizontal; les appareils disposés de façon à rendre cette comparaison facile portent le nom de *galvanomètres*. Dans le galvanomètre ordinaire, les intensités sont proportionnelles aux angles de déviation quand les angles ne dépassent pas certaines limites; dans le galvanomètre des tangentes, les intensités sont proportionnelles aux tangentes des déviations angulaires.

26. *Relation entre la quantité d'électricité et l'intensité du courant.* Pouillet a vérifié par une belle expérience que *l'intensité du courant est proportionnelle à la quantité d'électricité qui traverse une section du conducteur pendant des temps égaux* : imaginons une roue de verre C que l'on peut faire tourner à l'aide d'une manivelle (fig. 7). Le bord de cette roue est entouré d'une pièce métallique, continue sur une

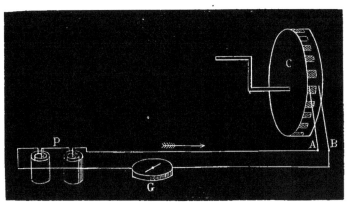

Fig. 7.

moitié de sa largeur et dentelée sur l'autre; deux ressorts A et B s'appuient, l'un sur la partie continue, l'autre sur la partie qui est dentelée. On fait passer le courant d'une pile P dans un circuit comprenant les ressorts et un galvanomètre G. Quand on fait tourner l'appareil, le courant est alternativement fermé et ouvert; il est fermé quand la languette A frotte sur la dent et ouvert quand elle s'appuie sur le verre; la quantité totale d'électricité qui passe pendant un temps donné étant 1 quand la communication est continue, se réduira à $\frac{1}{2}, \frac{1}{3}, \ldots$ suivant que l'étendue des dents conductrices occupe la moitié, le tiers,... de la circonférence totale de la roue. Or, si la vitesse est considérable, la boussole est déviée d'une façon permanente, et l'on observe que ses indications correspondent précisément à des intensités égales à la moitié, au tiers,.... de celle que fournit le courant non interrompu.

§ 4. RÉSISTANCE.

27. L'intensité du courant fourni par une pile ou une machine varie quand, la force électromotrice restant constante, le circuit parcouru par le courant vient à changer. Ainsi,

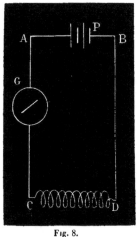

imaginons une pile P (fig. 8), lançant un courant dans un fil ACDB et dans le galvanomètre G ; la partie CD étant disposée de manière à pouvoir être remplacée par des fils différents. On observe alors :

1º Que la déviation de G diminue, quand la longueur du fil CD augmente, la section et la substance du fil restant les mêmes.

2º Que l'intensité augmente, quand on remplace CD par un fil de section plus forte, mais de même longueur et de même substance.

Fig. 8.

3º Que l'intensité change, toutes choses égales d'ailleurs, quand la matière du fil varie.

Il faut conclure de là, que, la force électromotrice du générateur d'électricité restant invariable, les corps interposés dans le circuit diminuent la quantité d'électricité qui traverse une section du conducteur pendant le même temps ; ils offrent donc une *résistance* au passage de l'électricité. Pouillet a démontré les lois suivantes :

La résistance d'un conducteur est proportionnelle à sa longueur, en raison inverse de sa section et en raison inverse d'un coëfficient dépendant de la substance du conducteur et appelé conductibilité. Si donc R est la résis-

tance opposée par un conducteur de longueur l, de section s, de conductibilité c, on a

$$R = \frac{l}{sc}.$$

28. *Conducteurs équivalents.* — *Longueur réduite.* — Soient des conducteurs de longueurs l, l', l''..., de sections s, s', s''..., de conductibilités c, c', c''..., tels que des fils de métaux différents, des colonnes liquides, etc.; les résistances de ces conducteurs seront égales si l'on a

$$\frac{l}{sc} = \frac{l'}{s'c'} = \frac{l''}{s''c''} = \cdots,$$

dans ce cas les conducteurs sont dits *équivalents*.

Concevons un circuit formé de ces conducteurs hétérogènes; on pourra le remplacer par un autre circuit homogène, dont la section et la conductibilité sont prises pour unités, et dont la longueur L serait calculée par la formule :

$$L = \frac{l}{sc} + \frac{l'}{s'c'} + \frac{l''}{s''c''} + \cdots,$$

la longueur L est appelée *longueur réduite* du circuit.

29. *Loi d'Ohm.* — Ohm a assimilé la circulation de l'électricité dans un fil conducteur, au passage de la chaleur à travers un mur à faces parallèles maintenues à des températures invariables et qui est arrivé à l'état calorifique stationnaire. Développant cette idée par le calcul, Ohm découvrit (1827) la relation qui lie l'intensité du courant, la force électromotrice et la résistance totale du circuit; cette relation remarquable par sa simplicité et qui est le point de départ de toutes les déterminations électriques peut être énoncée comme suit :

L'intensité d'un courant est proportionnelle à la force électromotrice et en raison inverse de la résistance totale du circuit.

Quoique la loi qui vient d'être énoncée soit fondée sur des calculs dont la base est discutable, elle a été vérifiée expérimentalement par Pouillet qui ignorait les travaux d'Ohm.

Chaleur dégagée dans un circuit. Travail du courant.

30. *Loi de Joule.* — Quand la source du courant est une pile, celle-ci est le siége d'actions chimiques qui développent de la chaleur, et cette chaleur se distribue dans les diverses parties du circuit. Il en est de même, lorsque le courant est fourni par une machine dynamo ou magnéto-électrique, le circuit s'échauffe dans toute son étendue ; la chaleur produite est dans ce cas une transformation du travail mécanique consommé pour faire tourner la machine, abstraction faite de la partie du travail nécessaire pour vaincre les résistances passives.

La loi de Joule fait connaître la manière dont la chaleur totale dépend de l'intensité du courant et comment elle est distribuée dans le circuit.

La quantité totale créée pendant un certain temps est proportionnelle au temps et au carré de l'intensité du courant.

La chaleur est distribuée dans chaque portion du circuit, y compris la pile ou la machine, proportionnellement à la résistance de la portion considérée.

31. Lorsque la pile ou la machine servent à mettre en mouvement un moteur, il se produit un déficit de chaleur dans le circuit, et ce déficit est proportionnel au travail mécanique fourni par le moteur. La chaleur disparue est *convertie* en travail, et chaque calorie qui ne se retrouve pas dans le circuit correspond à 424 kilogrammètres produits par le moteur.

Admettons, par exemple, que l'on emploie une pile de 25 éléments pour faire tourner un moteur électrique. Lorsque 100 grammes de zinc auront été dissous dans la pile, on trouve par des procédés calorimétriques que 56 calories auront été créées ; supposons que le travail produit pendant ce temps par le moteur soit de 3540 kilogrammètres ; comme ce travail correspond à $\dfrac{3540}{424} = 8^{cal},3$, il en résulte que $8^{cal},3$ auront disparu dans tout le circuit, et qu'on ne trouvera plus que $56 - 8,3 = 47,7$ calories qui seront réparties sur les diverses résistances, conducteurs et pile, conformément à la loi de Joule. Il en est de même quand le courant traverse un électrolyte, celui-ci est décomposé, la quantité totale de chaleur est moindre, et le déficit correspond précisément au travail chimique absorbé par la décomposition. Ainsi si notre pile de 25 éléments, au lieu d'actionner un moteur, décomposait de l'eau acidulée, aux 100 grammes de zinc dissous dans la pile correspond la décomposition de 1^{gr},364 d'eau ; la décomposition de cette eau exige 5^{cal},3 environ ; on en trouverait encore 56 — 5,3 = 50,7 dans le circuit.

§ 5. DE LA CAPACITÉ ÉLECTRIQUE.

32. Déjà Volta avait remarqué que plus la surface d'un conducteur est grande, plus il faut faire de tours de roue d'une machine électrique pour donner à ce conducteur la charge maximum. Franklin a vérifié que lorsque la surface d'un conducteur augmente sans que sa masse change, le conducteur prend une quantité croissante d'électricité pour atteindre sa charge limite ; si un vase métallique renferme une chaîne, la *capacité* du vase est plus grande lorsque la chaîne est déroulée que lorsqu'elle est accumulée sur le fond du vase.

33. *Définition.* — La capacité d'un conducteur est la quantité d'électricité que l'on doit donner au conducteur pour que son potentiel soit égal à l'unité ; en d'autres termes, c'est le quotient de la charge du corps par le potentiel qui correspond à cette charge.

Soient c la capacité d'un conducteur, V le potentiel, et q la charge électrique, ou a par définition

$$c = \frac{q}{V}.$$

34. *Capacité d'une sphère.* — Le potentiel d'une sphère a pour expression (17)

$$V = \frac{q}{r},$$

pour que le potentiel soit 1, il faut que

$$q = r,$$

donc pour la sphère

$$c = r.$$

La capacité d'une sphère est mesurée par son rayon.

35. *Capacité d'un condensateur sphérique.* — Soit une sphère conductrice A, dont le rayon est r, la charge q, et le potentiel V (fig. 9).

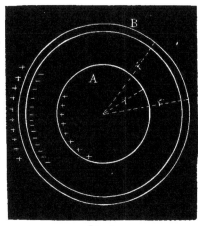

Supposons que l'on entoure cette sphère d'une enveloppe sphérique concentrique B dont les rayons intérieur et extérieur sont r' et r''. La sphère intérieure agit par induction sur la sphère creuse, attire une charge $- q$ sur la face interne et repousse $+ q$ sur la face extérieure; le potentiel de la sphère A est modifié, il se compose actuellement de la somme algébrique des potentiels

Fig. 9.

des charges $+ q$ sur A et $- q$, $+ q$ sur B.

Pour évaluer le potentiel v de la sphère A, nous nous placerons au centre, on trouve

$$v = \frac{q}{r} - \frac{q}{r'} + \frac{q}{r''}$$

et puisque $r'' > r'$, on voit que $v < $ V ; l'enveloppe a donc pour effet de diminuer le potentiel de la sphère A. La diminution sera maximum si nous mettons la sphère enveloppante en communication avec le sol, car alors $\frac{q}{r''} = $ O, et v devient

$$v = \frac{q}{r} - \frac{q}{r'},$$

ou

$$v = q \frac{r' - r}{rr'}.$$

Faisons $v = 1$, et désignons par C la capacité du condensateur sphérique, nous obtenons

$$1 = C\frac{r' - r}{rr'},$$

ou

$$C = \frac{rr'}{r' - r}.$$

Désignons par e l'épaisseur de la couche d'air qui sépare les deux armatures, et supposons cette épaisseur petite par rapport à r, nous aurons

$$v = q\frac{e}{r^2}, \quad C = \frac{r^2}{e} = r \cdot \frac{r}{e}.$$

La capacité de la sphère A est donc augmentée dans le rapport $\frac{r}{e}$ par la présence de la sphère creuse.

36. *Force condensante.* — Puisque le potentiel de l'armature A a diminué quand on met l'armature B en communication avec le sol, il en résulte que A pourra recevoir une nouvelle charge et qu'on pourra accumuler de l'électricité sur les armatures du condensateur jusqu'à ce que le potentiel ait repris la valeur V de la source électrique. Soit Q la charge de la sphère A à cet instant, on a

$$V = Q\frac{e}{r^2}, \quad \text{d'où,} \quad Q = V \cdot \frac{r^2}{e}.$$

On appelle force condensante d'un condensateur le rapport $\frac{Q}{q}$ de la charge totale que reçoit l'armature intérieure A à celle qu'elle recevrait si elle était seule. La force condensante du condensateur sphérique est donc le rapport

$$\frac{Q}{q} = \frac{V \cdot \frac{r^2}{e}}{Vr} = \frac{e}{r};$$

elle est proportionnelle au rayon et en raison inverse de l'épaisseur de la couche d'air isolante.

On remarquera que ce nombre est égal au rapport de la capacité du condensateur à celle de l'armature intérieure non enveloppée.

On a donc :

$$\text{force condensante} = \frac{Q}{q} = \frac{C}{c} = \frac{r}{e}.$$

On peut dans l'expression de la capacité du condensateur introduire la surface S des armatures, on a :

$$C = \frac{r^2}{e} = \frac{4\pi r^2}{4\pi e} = \frac{S}{4\pi e}.$$

37. *Capacité d'un condensateur à lames parallèles séparées par une couche d'air d'épaisseur e, et d'un condensateur cylindrique dont la distance e des armatures est petite par rapport aux rayons. (Cas des bouteilles de Leyde).*

L'expression rigoureuse de la capacité d'un condensateur sphérique est

$$C = \frac{rr'}{r' - r} = \frac{rr'}{e} = \frac{r(r+e)}{e};$$

d'où, pour la capacité de l'unité de surface :

$$\frac{C}{S} = \frac{r(r+e)}{4\pi r^2 e} = \frac{r+e}{4\pi re}.$$

Si l'on fait $r = \infty$, on obtient :

$$\frac{C}{S} = \frac{1}{4\pi e}.$$

C'est la capacité par unité de surface d'un condensateur formé de deux plans parallèles illimités séparés par un intervalle isolant d'épaisseur e. S'il s'agit de deux disques plans parallèles d'aire S, et dont le rayon est très grand par rapport à e, l'on peut admettre que la densité est constante sur toute leur étendue, et la même formule est applicable. Il en résulte que

$$C = \frac{S}{4\pi e},$$

est la capacité du condensateur plan.

Le calcul conduit à la même formule pour la capacité de la bouteille de Leyde.

38. *Capacité d'un condensateur cylindrique de longueur l, de diamètres D et d (l est très grand par rapport à D et d, comme dans le* cas d'un câble sous-marin). — Le calcul donne dans cette hypothèse :

$$C = \frac{l.\log e}{2\log \dfrac{D}{d}} = \frac{l.0,4343}{2\log \dfrac{D}{d}} \cdot$$

Ce qui précède montre déjà que la capacité d'un condensateur dépend :

1° Des dimensions des surfaces qui reçoivent l'électricité ;

2° De l'épaisseur de la couche non conductrice qui sépare les armatures.

39. *Capacité inductive spécifique.* — Une troisième circonstance influe sur la capacité. Si au lieu d'une couche d'air, on met entre les deux armatures d'un condensateur un autre diélectrique, l'expérience prouve que la capacité de l'appareil varie.

Soient deux condensateurs, l'un M ayant de l'air pour isolant, l'autre N dont l'isolant est une autre substance ; supposons les deux condensateurs identiques de dimensions et de forme : *On appelle capacité inductive spécifique de la substance isolante de N le rapport de la capacité de N à la capacité de M.*

Si nous désignons par K la capacité inductive spécifique de la couche isolante, les formules précédentes (36, 37. 38) deviennent dans le cas d'un isolant quelconque :

$$C = K \cdot \frac{S}{2\pi e} ,$$

$$C = K \frac{l.0,4343}{2\log \dfrac{D}{d}} \cdot$$

Capacités inductives spécifiques de quelques isolants.

Air sec	1	Gomme laque	1,95
Résine	1,7	Paraffine	1,98
Poix	1,80	Caoutchouc	2,8
Cire	1,86	Gutta-percha	4,2
Verre	1,90	Mica	5
Soufre	1,93		

40. *Capacité d'un ensemble de conducteurs* — Considérons plusieurs conducteurs dont les capacités électriques sont C, C', C''..., et supposons les chargés au *même* potentiel V de quantités Q; Q', Q''...; réunissons tous ces conducteurs par des fils métalliques fins dont la capacité est négligeable, et disposons les conducteurs de manière qu'ils n'exercent pas d'induction les uns sur les autres; il n'y aura dans ce système ainsi formé aucun mouvement électrique, puisque les potentiels sont égaux en tous ses points, et le système ne formera qu'un seul conducteur chargé de $Q + Q' + Q'' + ...$ et dont la capacité C_1 est donnée par la relation :

$$C_1 = \frac{Q + Q' + Q'' + \cdots}{V} = \frac{Q}{V} + \frac{Q'}{V} + \frac{Q''}{V} + \cdots,$$

ou,

$$C_1 = C + C' + C'' + \cdots = \Sigma C.$$

La capacité d'un système de conducteurs est donc égale à la somme des capacités de chacun des conducteurs.

41. *Potentiel d'un système de conducteurs* — Soient plusieurs conducteurs dont C, C', C''... sont les capacités, V, V', V''... les potentiels, Q, Q', Q''... les charges, et réunissons-les comme dans le cas précédent. Il y aura mouvement électrique, le système se mettra au potentiel commun V_1, et l'on aura en désignant par Q_1 la charge totale

$$Q_1 = Q + Q' + Q'' + \cdots,$$

d'où,

$$C_1 V_1 = CV + C'V' + C''V'' + \cdots.$$

ou

$$V_1 = \frac{CV + C'V' + C''V'' + \cdots}{C + C' + C'' + \cdots} = \frac{\Sigma CV}{\Sigma C}.$$

Si un seul des conducteurs était chargé primitivement, on aurait :

$$V_1 = \frac{CV}{C + C' + C'' + \cdots} = \frac{CV}{\Sigma C}.$$

42. *Capacité d'un système de condensateurs.* — Ce qui précède est applicable à un système de condensateurs reliés en surface, dont les armatures intérieures sont toutes en communication avec une source électrique au potentiel V, et dont les armatures extérieures sont à la terre.

La capacité d'une batterie de n bouteilles de Leyde de dimensions égales et associées en surface est donc (40)

$$C = n \cdot K \frac{S}{2\pi e}.$$

Nous allons appliquer les notions de capacité et de potentiel au calcul des quantités d'électricité que prennent deux corps chargés que l'on relie métalliquement, et à la mesure des capacités.

43. *Charges de deux conducteurs.* — Soient deux conducteurs A et B dont les charges sont respectivement Q et Q′ et dont les capacités sont C et C′. Réunissons ces corps par un fil métallique très long, afin d'éviter l'influence; les conducteurs se mettent en équilibre électrique, et les sphères seront alors chargées de quantités q et q' que nous allons déterminer. Soit V le potentiel commun du système; on aura :

$$q = CV,$$

$$q' = C'V,$$

d'où,

$$\frac{q}{q'} = \frac{C}{C'},$$

par conséquent,

$$q = \frac{C}{C + C'}(q + q'), \qquad q' = \frac{C'}{C + C'}(q + q');$$

et comme

$$q + q' = Q + Q',$$

on a aussi

$$q = \frac{C}{C + C'}(Q + Q'), \qquad q' = \frac{C'}{C + C'}(Q + Q').$$

44. Si les corps A et B étaient deux sphères de rayons R et R', les formules précédentes deviendraient

$$q = \frac{R}{R + R'} (Q + Q'), \qquad q' = \frac{R'}{R + R'} (Q + Q').$$

Les charges des sphères sont donc proportionnelles à leurs rayons.

Si la sphère B était primitivement à l'état neutre, on aurait

$$q = \frac{R}{R + R'} Q, \qquad q' = \frac{R'}{R + R'} Q$$

Si R' = ∞, on aurait

$$q = 0, \quad q' = Q.$$

Une sphère électrisée étant mise au sol, perd donc toute son électricité.

45. *Mesure des capacités par l'électromètre de Thomson* (fig. 4). — Désignons par x la capacité inconnue d'un conducteur A et par C celle de l'électromètre. On charge d'abord les secteurs b et d à l'aide d'une source au potentiel V, et l'on met les secteurs a et c en communication avec la terre; l'électromètre prend une charge CV, et il se produit une déviation α proportionnelle à cette charge, on a donc

$$\alpha = KCV, \tag{1}$$

K étant la constante de l'instrument.

On décharge l'électromètre et l'on charge A au potentiel V; la charge Q de A est

$$Q = xV;$$

on sépare A de la source, et on le met en communication avec les secteurs b et d de l'électromètre, a et c restant au sol. La charge Q se partage entre l'électromètre et le conducteur A; le potentiel commun prend une valeur V_1, la charge de l'électromètre est CV_1, celle du corps xV, et l'on a la relation (41)

$$CV_1 + xV_1 = xV; \tag{2}$$

soit α_1 la nouvelle déviation observée

$$\alpha_1 = KCV_1. \tag{3}$$

De (1) (2) (3) on déduit :

$$\frac{\alpha_1}{\alpha} = \frac{V_1}{V} = \frac{x}{C + x},$$

d'où,

$$x = \frac{C\alpha_1}{\alpha - \alpha_1};$$

si l'on connaît C, cette formule donne x.

Or, pour trouver C, il suffit de refaire l'expérience en remplaçant le conducteur A par une sphère dont le rayon et, par suite, la capacité sont connus.

Mesure de la force condensante. — La force condensante étant le rapport de deux capacités, pourra être mesurée de la même manière, en faisant deux expériences successives.

CHAPITRE II.

46. *Relations entre les grandeurs électriques.* — Désignons par

Q la quantité d'électricité,

I l'intensité du courant ou le courant,

E la force électromotrice ou différence de potentiels,

R la résistance,

C la capacité ;

ces cinq grandeurs sont liées par quatre égalités, traductions algébriques des lois et des définitions que l'on vient de rappeler : ·

1º *Loi d'Ohm.* — Cette loi exprime que l'intensité du courant est proportionnelle à la force électromotrice et en raison inverse de la résistance totale du circuit. L'on peut donc écrire

$$I = \frac{E}{R}.\qquad(1)$$

2º La quantité d'électricité est égale au produit de l'intensité du courant par le temps T pendant lequel le courant circule dans le circuit, donc

$$Q = IT.\qquad(2)$$

3º *Loi de Joule* — Le travail W (ou la chaleur correspondante) produit par un courant électrique est proportionnel au carré de l'intensité du courant, proportionnel à la résistance totale et proportionnel au temps. On a donc

$$W = I^2 R T,\qquad(3)$$

ou éliminant T et R entre (1), (2), (3),

$$W = QE.$$

4° La définition de la capacité (33) est traduite par l'égalité

$$C = \frac{Q}{E}.$$

Il résulte de là que si l'on définit l'unité de temps, l'unité de travail, et l'unité de l'une quelconque des cinq grandeurs électriques, les autres unités se déduiront de ces relations.

47. *Unités arbitraires.* — Pendant longtemps, les électriciens se sont servis pour mesurer les grandeurs électriques, d'unités arbitraires dépendant uniquement de la commodité de leurs expériences. L'unité de résistance était tantôt une longueur déterminée du fil d'un rhéostat, tantôt une colonne de mercure de dimensions arbitraires. L'unité de courant était définie par la déviation d'une boussole, par le nombre de grammes d'électrolyte décomposé, etc.

Cet état de choses avait pour résultat de rendre difficilement comparables les mesures obtenues par divers expérimentateurs, et de masquer les lois que ces résultats auraient pu faire découvrir, s'ils avaient été rapportés à des unités parfaitement définies et adoptées par tous les électriciens.

Les progrès récents de l'électricité ont rendu indispensable un choix d'unités, et il était important de faire de ces unités un système présentant, comme le système métrique, un caractère d'homogénéité parfaite.

48. *Système absolu.* — Pour former un système absolu d'unités, on choisit certaines unités irréductibles, et on en fait dépendre toutes les autres. C'est ainsi qu'en Géométrie, on fait dépendre les unités de surface et de volume de l'unité de longueur; c'est ainsi que dans la mécanique rationnelle, toutes les unités dépendent de trois unités irréductibles, l'unité de longueur, l'unité de temps et l'unité de force.

49. *Unités fondamentales*, *unités dérivées*. — Les unités irréductibles sont appelées *unités fondamentales*, et les unités qui dépendent de celles-là sont nommées *unités dérivées*.

Les unités fondamentales adoptées pour constituer le système absolu des mesures électriques, sont : l'unité de longueur, l'unité de masse et l'unité de temps.

50. *Unités fondamentales*. Pour l'unité de temps, la seconde s'imposait naturellement. Gauss et Weber, qui ont introduit dans la science le premier système absolu, avaient choisi, pour unité de longueur, le millimètre et pour unité de masse, la masse d'un corps pesant un milligramme. En 1863, l'Association britannique nomma un comité pour établir un système d'unités électriques ; au bout de huit années de travaux, le comité présenta un système ayant pour point de départ, la seconde, le mètre et le gramme ; ce système fut appelé système de l'Association britannique et désigné par la notation B.A. (British Association).

Il est facile de voir que ce système manquait d'uniformité. Le mètre cube étant l'unité de volume, et la masse d'un centimètre cube d'eau étant 1, la masse de l'unité de volume d'eau eût été 1000000. Il était plus avantageux d'adopter le centimètre pour unité de longueur, car l'unité de volume, étant alors le centimètre cube, est représentée par 1 en même temps que l'unité de masse. D'autre part, le centimètre cube étant l'unité de volume, la densité d'un corps quelconque ou sa masse sous l'unité de volume, est représentée par le même nombre que son poids spécifique, c'est-à-dire par le rapport de son poids par unité de volume au poids de l'unité de volume de l'eau.

C'est en tenant compte de ces considérations, qu'en 1873, l'Association Britannique a remplacé le mètre par le centimètre. Le système B.A. ainsi modifié fut adopté définitivement par le congrès des Électriciens réunis à Paris en 1881 (séance du 19 sept.) ; on le désigne par le symbole C.G.S, abréviation de centimètre-gramme-seconde.

Unités fondamentales C. G. S.

51. *Temps.* — *L'unité de temps dans le système* C. G. S. *est la seconde sexagésimale.*

Longueur. — *L'unité de longueur est le centimètre.*

Masse. — *L'unité de masse est la masse d'un corps qui pèse un gramme.* On l'appelle la masse du gramme, ou simplement le gramme.

Unités dérivées mécaniques C. G. S.

52. *Vitesse.* — *L'unité de vitesse dans le mouvement uniforme est la vitesse d'un corps qui parcourt un centimètre en une seconde.*

Un corps dont le mouvement est varié a l'unité de vitesse à un instant donné, si à partir de l'instant considéré son mouvement étant devenu uniforme, il parcourrait un centimètre pendant une seconde.

Accélération. — *L'unité d'accélération est un accroissement de vitesse d'un centimètre par seconde.*

Force. — *L'unité de force dans le système* C. G. S. *est la force, qui agissant sur la masse d'un gramme pendant une seconde, lui communique un accroissement de vitesse d'un centimètre.* Cette unité a été appelée *dyne*. Il est facile de calculer la dyne en fonction du gramme : la vitesse de l'unité de masse tombant dans le vide sous la latitude de Paris augmente de $g = 980,88$ ou de 981 centimètres par seconde; pour que l'accélération se réduisît à un centimètre, la force accélératrice devrait être la 981° partie du poids de l'unité de masse ou du gramme; il en résulte que *la dyne est le* $\frac{1}{981}$ *de la force qu'exerce la pesanteur sur l'unité de masse à Paris,* donc

$$1 \text{ dyne} = \frac{1^{gr}}{981} = \frac{1^{kg}}{981 \cdot 10^3};$$

inversement

$$1^{gr} = 981 \text{ dynes.}$$

$$1 \text{ kilogr.} = 981 \cdot 10^3 \text{ dynes.}$$

53. *Travail.* — *L'unité de travail est appelé l'erg; c'est le travail nécessaire pour déplacer un corps d'un centimètre, quand le corps exerce un effort d'une dyne en sens contraire du déplacement:*

Un gramme-mètre = 100 grammes-centimètres,

» $= 9{,}81 \cdot 10^4$ ergs.

Un kilogrammètre = 1000 · 100 grammes-centimètres,

» $= 9{,}81 \cdot 10^7$ ergs.

Un cheval vapeur = 75 kilogrammètres,

$= 75 \cdot 9{,}81 \cdot 10^7 = 7{,}36 \cdot 10^9$ ergs.

La dyne et l'erg sont des grandeurs excessivement petites, aussi a-t-on adopté l'usage de multiples de ces quantités; la *mégadyne* vaut un million de dynes, et le *megerg* ou *megaerg* vaut un million de ergs.

Un kilogramme $= 981 \cdot 10^3$ dynes,

» $= 981 \cdot 10^{-3}$ mégadynes.

Un kilogrammètre $= 9{,}81 \cdot 10^7$ ergs,

» $= 98{,}1$ megergs.

Un cheval-vapeur $= 7{,}36 \cdot 10^3$ megergs.

54 *Énergie électrique.* — Pour soulever à une hauteur H un poids P qui repose sur le sol, il faut faire un travail PH, ou dépenser un nombre de calories $\dfrac{PH}{424}$. Arrivé à la hauteur H, le corps se trouve dans un état particulier: il a la propriété de restituer le travail dépensé quand il tombe de la hauteur H sur le sol; pour caractériser cet état, on dit que le poids a de *l'énergie potentielle.*

Pour charger un conducteur isolé ou un condensateur, il faut aussi dépenser du travail; ce travail est mécanique, si on produit la charge au moyen d'une machine à plateau; il est chimique lorsque l'électricité est fournie par une pile. Quand le condensateur est chargé, il possède de l'énergie potentielle qu'on appelle *énergie électrique*; pendant la décharge, cette énergie se transforme en travail, en chaleur, en lumière; de sorte que le travail consommé pour élever le corps à un potentiel déterminé, se retrouve dans le travail que les masses électriques effectuent quand le potentiel revient à zéro.

55. *Unité d'énergie électrique.* — L'unité d'énergie est la même que l'unité de travail, puisque l'énergie est représentée par le travail produit dans la décharge; donc *l'unité d'énergie électrique est l'erg.*

56. *Unité de chaleur.* — *L'unité de chaleur, dans le système* C. G. S., *est la quantité de chaleur nécessaire pour élever la température d'un centimètre cube d'eau d'un degré centigrade.*

On appelle cette unité la *calorie* : il est avantageux, de faire suivre ce mot de la désignation C.G.S. ou (gramme-degré), afin d'éviter la confusion avec la calorie des ingénieurs (kilogramme-degré).

L'équivalent mécanique d'une calorie (kilogramme-degré) étant de 424 kilogrammètres, celui d'une calorie C.G.S. est de 0,424 kilogrammètres; et comme un kilogrammètre équivaut à $9,81 \times 10^7$ ergs (53), il en résulte que l'équivalent mécanique de la calorie C.G.S. est :

$$0,424 \cdot 9,81 \cdot 10^7 = 42 \cdot 10^6 \text{ ergs.}$$

Pour obtenir le nombre de calories C.G.S. correspondant à un nombre d'ergs déterminé, il faut diviser ce nombre par $42 . 10^6$.

57. *Calcul de l'énergie d'un conducteur.* — Soit un conducteur de capacité C, chargé au potentiel v par une quantité q d'électricité; pour augmenter sa charge de dq, il faut amener de l'infini ou du sol, jusque sur le conducteur une quantité dq d'électricité; or, pour amener l'unité d'électricité au point où le potentiel est v, il faut dépenser un travail v (18); le travail exigé par le transport de dq est donc vdq.

Désignant par w l'énergie à l'instant ou le potentiel est v, l'accroissement d'énergie dw résultant de l'augmentation de charge sera

$$dw = vdq = \frac{qdq}{C}.$$

Supposons que la charge passe de Q_0 à Q, l'accroissement d'énergie $W - W_0$ correspondant sera

$$W - W_0 = \frac{1}{C}\int_{Q_0}^{Q} qdq = \frac{1}{2C}(Q^2 - Q_0^2);$$

si $Q_0 = 0$, on a $W_0 = 0$, car l'énergie est nulle s'il n'y a pas d'électricité, et par conséquent :

$$W = \frac{Q^2}{2C} = \frac{CV^2}{2} = \frac{1}{2}QV.$$

L'énergie électrique d'un conducteur est donc proportionnelle au carré de sa charge ou au carré du potentiel.

58. *Énergie d'une batterie électrique.* — Nous avons trouvé pour la capacité d'une batterie de n jarres (42)

$$C = \frac{KnS}{4\pi e}.$$

Remplaçant C par sa valeur dans l'expression de l'énergie, on trouve

$$W = \frac{CV^2}{2} = \frac{KnSV^2}{8\pi e}.$$

Unités dérivées électriques.

59. *Différents systèmes d'unités électriques.* — Les unités électriques constituent trois systèmes distincts suivant la loi adoptée pour définir l'unité de l'une des cinq grandeurs électriques. C'est ainsi qu'on peut définir : 1° l'unité de quantité au moyen des lois de Coulomb, 2° l'unité de courant au moyen de la formule qui exprime l'action d'un élément de courant sur un pôle magnétique, 3° l'unité de courant au moyen de la formule électrodynamique d'Ampère, formule qui exprime l'action mutuelle de deux éléments de courant. De là trois systèmes absolus dans lesquels les unités dérivent des unités fondamentales de manières différentes ; on leur a donné les noms de système *électrostatique*, système *électromagnétique* et système *éloctrodynamique* ; nous ne nous occuperons que des deux premiers qui offrent seuls une importance pratique.

CHAPITRE III.

SYSTÈME D'UNITÉS ÉLECTROSTATIQUES.

§ 1. DÉFINITIONS DES UNITÉS.

60. *Unité de quantité.* — Soient q et q' deux masses électriques de dimensions très petites par rapport à leur distence, r leur distance et f leur action mutuelle, ces quantités sont reliées par la formule qui exprime les lois énoncées au n° 6 :

$$f = \frac{qq'}{r^2} \, ;$$

si $q = q'$, on a

$$f = \frac{q^2}{r^2} \, ,$$

et si l'on fait $r = 1$, $f = 1$, on a $q = 1$; donc, l'unité de quantité d'électricité est celle qui exerce sur une quantité égale, placée à l'unité de distance, une force égale à l'unité.

Dans le système C.G.S. *l'unité de quantité d'électricité est celle qui exerce sur une quantité égale, placée à la distance d'un centimètre, une force égale à une dyne.*

61. *Unité de courant.* — L'intensité d'un courant est proportionnelle à la quantité d'électricité qui passe à travers la section d'un conducteur pendant un temps donné (26).

L'unité de courant est donc le courant qui laisse passer l'unité de quantité pendant l'unité de temps.

Dans le système C. G. S., *l'unité de courant est le courant qui laisse écouler l'unité* C. G. S. *de quantité pendant une seconde à travers une section d'un fil conducteur.*

62. *Unité de potentiel.* — La définition algébrique (10) du potentiel est $V = \dfrac{q}{r}$; si $q = 1$ et $r = 1$, on a aussi $V = 1$, donc : *l'unité* C.G.S. *de potentiel est le potentiel produit à la distance d'un centimètre par l'unité* C.G.S. *de quantité d'électricité.*

L'unité peut encore être définie, en prenant pour point de départ la définition mécanique (18) du potentiel :

L'unité de potentiel existe sur un conducteur, quand le travail correspondant au passage de l'unité d'électricité positive, de l'infini ou du sol à ce conducteur, est égal à l'unité.

L'unité C.G.S. *de potentiel d'un conducteur correspond à un travail d'un erg, quand l'unité* C.G.S. *de quantité positive passe de l'infini ou du sol sur ce conducteur.*

L'unité C.G.S. *de force électromotrice ou de différence de potentiels existe entre deux points, quand l'unité* C.G.S. *d'électricité positive consomme ou produit un erg, en passant de l'un des points considérés à l'autre.*

63. La définition expérimentale du potentiel (20) conduit à la définition suivante de l'unité :

L'unité C.G.S. *de potentiel est le potentiel d'un conducteur qui communique l'unité* C.G.S. *de quantité à une sphère d'un centimètre de rayon, reliée métalliquement au conducteur et soustraite à l'influence directe.*

64. *Unité de résistance.* — L'unité de résistance est définie par la loi de Ohm

$$R = \frac{E}{I}.$$

Pour $E = 1$, et $I = 1$, on a $R = 1$; donc, l'unité de résistance est celle d'un fil conducteur dont une section est traversée par l'unité d'électricité pendant l'unité de temps, quand la différence des potentiels aux extrémités du fil est égale à l'unité.

Dans le système C.G.S., l'unité de résistance est la résistance d'un fil conducteur dont la section est traversée par l'unité C. G. S. de quantité pendant une seconde, lorsque la différence des potentiels à ses extrémités est égale à l'unité C.G.S. de potentiel.

65. *Unité de capacité.* — L'unité de capacité est la capacité d'un conducteur dont le potentiel est égal à l'unité lorsque sa charge électrique est aussi égale à l'unité.

Comme la capacité d'une sphère est exprimée par le même nombre que son rayon, on peut dire : *l'unité C.G.S. de capacité est la capacité d'une sphère dont le rayon est égal à un centimètre.*

66. *Électromètre absolu de M. W. Thomson.* — Cet appareil sert à mesurer la différence des potentiels de deux corps électrisés, les potentiels

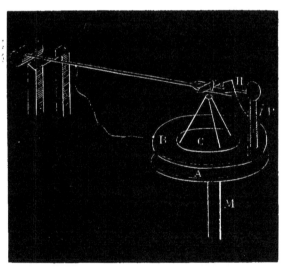

Fig. 10.

étant rapportés à l'unité définie au n° 20. Voici les parties essentielles de l'appareil (1) (fig. 10).

---

(1) Voir, pour les détails, le *Traité expérimental d'électricité et de magnétisme,* par GORDON, tome I, p. 86 et suivantes.

Un disque de métal A horizontal et isolé peut être élevé ou abaissé à l'aide d'une vis micrométrique M; un plateau métallique B, évidé au centre et nommé plateau de garde, est maintenu fixe au-dessus du premier; il porte une loupe fixée sur un support P, et au foyer de la loupe se trouve une plaque percée de deux petits trous situés sur une verticale.

Un disque C est suspendu par trois fils conducteurs à l'extrémité d'un levier en métal qui est en communication électrique avec le plateau B. Le disque passe à travers l'anneau B, et lorsque l'anneau et le plateau C sont dans le même plan, un cheveu tendu horizontalement entre les dents d'une fourche H qui termine le fléau se voit à travers la loupe entre les deux trous qui sont très voisins.

Pour mesurer la différence des potentiels $V_1 - V_2$ de deux corps électrisés, on opère de la manière suivante :

Les plateaux A et B étant à l'état neutre, on met sur le plateau C un poids connu p, et à l'aide d'un cavalier posé sur le levier, on met le cheveu entre ses repères; ensuite on ôte le poids p et le levier vient buter contre un arrêt convenablement placé. Cela posé, on met le plateau A à un potentiel constant, en le reliant, par exemple, au pôle négatif d'une pile isolée dont l'autre pôle communique avec le sol; on fait ensuite communiquer le plateau B avec le corps au potentiel V_1; une attraction s'exerce alors entre les plateaux A et C, et on soulève le plateau A au moyen de la vis micrométrique jusqu'à ce que le cheveu soit entre ses repères; l'attraction est alors égale au poids p. Si V est le potentiel du plateau A, d la distance des deux plateaux et S la surface du disque C, on a

$$V - V_1 = d\sqrt{\frac{8\pi p}{S}} \text{ (1)}.$$

On recommence ensuite l'expérience, en faisant communiquer le plateau C avec le corps au potentiel V_2; soit d' la nouvelle distance des deux plateaux, on a encore

$$V - V_2 = d'\sqrt{\frac{8\pi p}{S}},$$

---

(1) Pour la démonstration, voir les *Leçons sur l'électricité et le magnétisme*, par MASCART, page 81.

ou, en retranchant

$$V_1 - V_2 = (d' - d) \sqrt{\frac{8\pi p}{S}} \; ;$$

dès lors, la différence des potentiels est connue, puisque $d' - d$ est le déplacement du plateau A, déplacement mesuré exactement par la vis micrométrique.

Si l'on veut connaître le potentiel V_1 d'un corps électrisé, ou, ce qui revient au même, la différence entre le potentiel de ce corps et celui de la terre, on fera les mêmes expériences, en remplaçant le corps au potentiel V_2 par le sol. L'on aura encore

$$V_1 = (d' - d) \sqrt{\frac{8\pi p}{S}} = D \sqrt{\frac{8\pi p}{S}} \, .$$

Dans les calculs numériques, on ne doit pas perdre de vue que pour obtenir la valeur de $V_1 - V_2$ ou de V_1 en unités C.G.S. de potentiel, on doit exprimer $d' - d$ en centimètres, p en dynes et S en centimètres carrés.

§ 2. APPLICATIONS NUMÉRIQUES[1].

67. *Potentiel d'un élément Daniell*. — Pour cette détermination, Thomson s'est servi de l'électromètre absolu. Le disque C (fig. 10) était mis en communication avec le pôle d'une pile de 1000 éléments Daniell; il fallut un poids de 0,057 grammes par centimètre carré pour établir l'équilibre, les disques A et C étant à une distance de 1 millimètre. Faisant dans la relation

$$V = D \sqrt{\frac{8\pi p}{S}} \, ,$$

$$S = 1, \quad p = 0,057 \cdot 981, \quad \pi = 3,1416, \quad D = 0,1,$$

---

(1) Ces applications sont empruntées aux notes que M. Raynaud a ajoutées à sa traduction du *Traité expérimental d'électricité et de magnétisme* de GORDON.

on a en unités C. G. S.,

$$V = 0,1 \sqrt{8 \cdot 3,1416 \cdot 0,057 \cdot 981} = 3,74.$$

Le potentiel d'un des éléments Daniell, employé par Thomson, est donc 0,00374.

68. *Charge que peut communiquer la pile précédente à un conducteur isolé.* — Soit une sphère conductrice isolée d'un centimètre de diamètre; si elle est électrisée par 1000 éléments Daniell, elle prend une charge donnée par la formule

$$q = CV\ ;$$

faisant

$$C = 0,5, \quad V = 3,74,$$

on trouve

$$q = 1,87 \text{ unités d'électricité C.G.S.}$$

69. *Force exercée sur une charge égale.* — La sphère chargée repousserait une boule de même diamètre, portant la même charge et placée à un mètre de distance, avec une force donnée par la formule

$$f = \frac{q^2}{d^2} \cdot$$

Si l'on fait $q = 1,87$, $d = 100$, on trouve :

$$f = \frac{\overline{1,87}^2}{10000} = 0^{\text{djne}},00035,$$

et en grammes,

$$f = \frac{0,00035}{981},$$

ou, approximativement, en écrivant 1000 au lieu de 981,

$$f = 0^{\text{gr}},00000035.$$

70. *Potentiel des machines.* — D'après Thomson, les machines à frottement, donnant des étincelles de 30 centimètres de longueur, ont un potentiel équivalent à celui d'une pile de 80000 à 100000 éléments Daniell. Adoptant 80000, le potentiel d'une telle machine serait donc

$$0,00374 \cdot 80000 = 300 \text{ environ.}$$

71. *Charge communiquée par la machine à une sphère d'un centimètre de diamètre.*

On a
$$q = 0,5 \cdot 300 = 150 \text{ unités C.G.S.}$$

72. *Force exercée sur une charge égale.* — Supposons une charge égale placée à un mètre de distance, la force est

$$f = \frac{\overline{150}^2}{10000} = 2,25 \text{ dynes}$$

ou
$$f = 2,25 : 1000 = 0,00225 \text{ grammes.}$$

73. *Charge d'un condensateur à air.* — Soit un condensateur à air de 1 mètre carré, composé de deux plateaux maintenus à un millimètre de distance, électrisé par 1000 éléments Daniell; faisant $V = 3,47$, $S = 10000$, $d = 0,1$ dans la formule

$$Q = CV = \frac{S}{4\,\pi d}\, V,$$

il vient
$$Q = \frac{10000 \cdot 3,74}{4 \cdot 3,14 \cdot 0,1} = 2976 \text{ unités C.G.S.}$$

Si l'air était remplacé par de la gutta-percha, substance pour laquelle $K = 4,2$ (39), on aurait
$$Q = 2976 \cdot 4,2 = 12499 \text{ unités C.G.S.}$$

74. *Capacité d'un câble.* — La capacité d'un mille marin (1852 mètres) d'un câble atlantique dont le rapport des diamètres de la gutta-percha et du conducteur en cuivre est 2,8, s'obtient en faisant dans la formule (39)

$$C = K \frac{l \cdot 0,4343}{2\,log\,\dfrac{D}{d}},$$

$$l = 185200, \frac{D}{d} = 2,8,\ K = 4,2;$$

la substitution donne

$$C = \frac{185200 \cdot 0,4343 \cdot 4,2}{2 \, log \, 2,8} = 377000 \text{ unités C.G.S.}$$

Calculons la surface qu'il faudrait donner à un condensateur plan de même capacité. Supposons l'appareil formé de lames d'étain séparées par du papier paraffiné d'un tiers de mm. d'épaisseur, et faisons K = 2. La surface S doit satisfaire à la condition :

$$\frac{S}{4\pi \cdot 0,033} \cdot 2 = 377000 \,;$$

d'où,

$$S = 77600 \text{ c. carrés} = 7^{mc},76.$$

75. *Énergie d'une batterie.* — Soit une batterie de 10 jarres dont la hauteur est de 40 centimètres, le diamètre de 25 centimètres, et l'épaisseur du verre de 2^{mm} ; adoptons pour coëfficient du verre K = 1,8, et chargeons la batterie au potentiel 300 au moyen d'une machine électrique. Pour calculer l'énergie, nous ferons dans la formule

$$W = n\frac{KV^2S}{8\pi e},$$

$$n = 10, \quad K = 1,8, \quad V = 300, \quad e = 0,2, \quad S = \pi \cdot 40 \cdot 25,$$

il vient

$$W = \frac{10 \cdot 1,8 \cdot \overline{300}^2 \cdot \pi \cdot 40 \cdot 25}{8\pi \cdot 0,2.} = 102 \cdot 10^7 \text{ ergs.}$$

76. *Calcul de la chaleur dégagée par la décharge.* — Supposons que la décharge ait lieu dans des conditions telles que tout le travail soit transformé en chaleur. On obtient le nombre de calories C.G.S. dégagées en divisant le nombre d'ergs par $42 \cdot 10^6$, ce qui donne

$$\frac{102 \cdot 10^7}{42 \cdot 10^6} = 24^{cal},3 \text{ (gramme-degré)}.$$

Faisons passer la décharge dans un fil de fer de $\frac{2}{10}$ millim. de diamètre et de 100 centimètres de longueur, dont le poids est $0^{gr},2512$; comme la quantité de chaleur nécessaire pour élever de 1° centigrade un gramme de fer est 0^{cal},114, le fil de fer est porté par la décharge à une température de

$$\frac{24,3}{0,2512 \cdot 0,114} = 848°.$$

Calculons la longueur du fil de fer que cette décharge pourrait fondre : soient l cette longueur, q la quantité de chaleur de la décharge, c le calorique spécifique du fer ($c = 0,114$) et adoptons pour point de fusion de ce métal 1500°, on aura

$$q = lc \cdot 1500 \quad \text{et} \quad q = 100 \cdot c \cdot 848$$

d'où, en divisant,

$$\frac{l \cdot 1500}{100 \cdot 848} = 1;$$

d'où,

$$l = 56 \text{ centimètres.}$$

Telle est la longueur d'un fil de fer de $\frac{2}{10}$ mm. de diamètre que pourrait fondre la décharge d'une batterie de 10 bouteilles chargée par une machine de 30 centimètres d'étincelle, si toutefois la décharge entière était employée à la fusion du fil.

CHAPITRE IV.

NOTIONS DE MAGNÉTISME ET D'ÉLECTROMAGNÉTISME.

§ 1. MAGNÉTISME.

77. *Champ magnétique.* -- L'observation apprend qu'un aimant fixe a la propriété de placer dans une position déterminée l'axe d'un autre aimant librement suspendu par son centre de gravité. L'espace dans lequel se fait sentir cette action directrice de l'aimant fixe s'appelle le *champ magnétique* de l'aimant. La terre produit aussi un champ électrique, puisqu'elle dirige un aimant quelconque suspendu en un point de sa surface ; mais les forces qui émanent de la terre sont sensiblement constantes et parallèles dans un espace dont les dimensions sont très petites par rapport à celles du globe. On dit, pour ce motif, que le champ magnétique de la terre est *uniforme.*

78. *Lignes de force.* — On appelle ligne de force d'un champ magnétique, la ligne suivant laquelle tend à se déplacer un pôle d'aimant placé en un point du champ. C'est donc une ligne tangente en chacun de ses points, à la direction de la force attractive ou répulsive qui sollicite un pôle placé en ce point. La direction d'une ligne de force en un point du champ se trouve indiquée par la position d'équilibre d'une petite aiguille aimantée suspendue par son centre de gravité au point considéré ; dans le champ uniforme de la terre, les lignes de force sont parallèles à l'axe de l'aiguille d'inclinaison.

Par l'expérience connue du spectre magnétique, on matérialise les lignes de force d'une façon saisissante : au dessus du pôle d'un aimant, on place une feuille de papier sur laquelle on répand de la limaille de fer au moyen d'un tamis; chaque parcelle de limaille s'aimante par influence, et s'oriente au point où elle est tombée, de manière à présenter sa plus grande longueur dans la direction de l'action qui la sollicite; la limaille se dispose ainsi en chaînes continues, représentant la distribution des lignes de force dans le plan de la feuille de papier; en changeant la position de ce plan par rapport à l'aimant, on étudie ces lignes dans toute l'étendue du champ magnétique. Le spectre magnétique permet de constater que les lignes de force sont le plus resserrées dans les régions du champ où l'action est la plus intense.

Quand le pôle magnétique peut être considéré comme se réduisant à un point, les lignes de force sont des droites passant par ce pôle.

79. *Intensité du champ magnétique* — L'intensité d'un champ magnétique en un point est la grandeur de la force qui agit sur un pôle déterminé placé en ce point. Pour se rendre compte de l'intensité du champ magnétique, on a recours à une représentation géométrique due à Faraday: ce physicien considère le champ comme un espace traversé par des lignes de force et d'autant plus nombreuses dans une région donnée que l'intensité du champ y est plus considérable. Si l'on imagine, par exemple, un millimètre carré placé normalement aux lignes de force, en un point où la force agissant sur un pôle déterminé est égale à l'unité, ou admettra que cette petite aire n'est traversée que par une seule ligne de force; tandis que si la force agissant sur le même pôle en un autre point du champ était égale à n unités, le millimètre carré placé en ce point serait traversé par n lignes. Dans le champ uniforme de la terre, on doit considérer toutes les lignes de force comme équidistantes, de sorte que des aires égales et également inclinées sur la direction commune des lignes de force sont traversées par un même nombre de lignes.

80. *Quantité de magnétisme.* — Les phénomènes électriques et magnétiques offrent une certaine analogie; les pôles des aimants exercent des

attractions et des répulsions sur les pôles d'autres aimants ; le magnétisme, de même que l'électricité, se manifeste de deux manières différentes ;
un pôle magnétique repousse un pôle de même nom et attire un pôle de
nom contraire ; de plus, quand on replie un aimant de manière à réunir
ses deux pôles, ceux-ci n'exercent plus ni attraction ni répulsion, les
magnétismes des deux pôles *sont égaux et de signes contraires, leur
somme est zéro.*

Malheureusement, l'analogie est incomplète ; on ne connait pas de
phénomènes qui permettent de fractionner le magnétisme d'un pôle, ou
d'accumuler sur un même pôle les magnétismes d'autres aimants. Cependant il est permis de traiter le magnétisme comme une quantité : soient
en effet, n aiguilles minces en acier, égales en poids et en grandeur, et
aimantées dans les mêmes conditions, de façon à être aussi identiques que
possible au point de vue de leurs propriétés magnétiques. Quand on
disposera ces aiguilles en un faisceau, les pôles de même nom étant
réunis, on pourra regarder l'ensemble comme un aimant unique, et dire
que le pôle de ce nouvel aimant renferme n fois plus de magnétisme
que le pôle de l'une des aiguilles.

D'autre part, si l'on fait agir le pôle de ce faisceau de n aiguilles sur
un autre pôle, on constate que l'action exercée est proportionnelle au
nombre n d'aiguilles qui composent le faisceau.

On conçoit dès lors, que pour mesurer les quantités de magnétisme
qui résident aux pôles de différents aimants, il suffira, comme on le fait
pour les quantités d'électricité, de mesurer les forces que ces pôles
exercent à égale distance sur un pôle déterminé.

81. *Lois des forces magnétiques.* — Les recherches de Coulomb ont
prouvé que *les attractions et les répulsions de deux pôles magnétiques
varient en raison inverse du carré de leur distance ;* on admet aussi que *la
force magnétique est proportionnelle au produit des quantités de magnétisme qui existent aux pôles.*

Si donc on désigne par M et M' les quantités de magnétisme, par r

la distance des deux pôles et par F la force, on aura la relation

$$F = \frac{MM'}{r^2}.$$

82. *Définitions.* — *Unité de quantité de magnétisme.* -- Cette unité se déduit de la relation précédente : c'est la quantité de magnétisme qui doit exister sur un pôle, pour que celui-ci, en agissant à l'unité de distance sur un pôle égal, le repousse avec une force égale à l'unité.

Dans le système C.G.S., *l'unité de magnétisme est la quantité qui repousse une quantité égale avec une force d'une dyne.*

Moment magnétique. — Le moment d'un barreau aimanté est le produit de la quantité de magnétisme de chacun de ses pôles par la distance de ces pôles.

L'unité de moment C.G.S. *est le moment d'un barreau dont la longueur est de 1 centimètre, et dont la quantité de magnétisme de chaque pôle est égale à l'unité* C.G.S. *de quantité.*

Plus généralement, *le moment d'un barreau est égal à l'unité* C.G.S., *quand le produit de la quantité de magnétisme (en unités* C.G.S.) *par la longueur (en centimètres) est égal à 1.*

83. *Action de la terre sur un barreau aimanté* — L'action de la terre sur le pôle A d'un barreau aimanté AB peut être décomposée (fig. 11) en

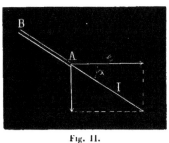

Fig. 11.

deux forces, l'une horizontale, l'autre verticale ; ces composantes étant déterminées, on en déduit par la règle du parallélogramme des forces l'intensité totale de l'action. On peut aussi se borner à évaluer la composante horizontale, si l'inclinaison est connue ; en effet, soient φ l'action horizontale que la terre exerce sur l'unité de magnétisme qui existe au pôle A ; I l'intensité totale de la force sur l'unité de magnétisme, et α l'inclinaison ; on déduit de la figure la relation

$$I = \frac{\varphi}{\cos \alpha},$$

il importe donc de connaître φ.

La méthode suivante, due à Gauss, permet de déterminer cet élément en même temps que le nombre d'unités de magnétisme concentrées au pôle d'un barreau aimanté.

84. 1° Soit un barreau aimanté ab de longueur $2l$, ayant à l'un de ses pôles q unités de magnétisme. Suspendons ce barreau de manière qu'il puisse tourner librement dans un plan horizontal; l'aimant oscillera de part et d'autre du méridien magnétique sous l'influence de l'action directrice de la terre, action dont la valeur est φq; comme cette force est constante en grandeur et direction, la loi des oscillations de l'aimant sera la même que celle du pendule. Or, si nous appelons T la durée de n oscillations, Ω le moment d'inertie d'un pendule, P son poids, d la distance du centre de gravité à l'axe de suspension, la formule du pendule est

$$T = n\pi \sqrt{\frac{\Omega}{Pd}};$$

pour appliquer cette relation aux oscillations de l'aiguille, il suffira de remplacer le moment Pd par le produit $\varphi q l$ de la force φq par la demi-longueur de l'aimant oscillant, et l'on aura

$$T = n\pi \sqrt{\frac{\Omega}{\varphi q l}},$$

d'où,

$$\varphi q = \frac{\Omega \pi^2 n^2}{T^2 l}.$$

La quantité Ω est connue, car elle ne dépend que des dimensions du barreau, elle peut donc être calculée; les quantités, n, l, T sont déterminées par l'expérience; donc, si l'on appelle a un nombre connu, on a entre φ et q la relation

$$\varphi q = a. \tag{1}$$

2° Pour trouver une autre relation entre φ et q, on prend un second aimant AB (fig. 12) dont la quantité de magnétisme sur un des pôles est m, et on le suspend à la place du-barreau ab; sous l'action de la terre, AB se dirige dans le méridien magnétique MM'. On place ensuite dans le

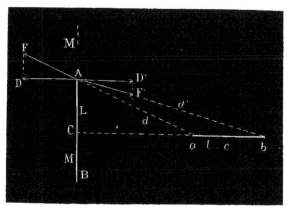

Fig. 12.

même plan horizontal le barreau ab que l'on a fait osciller dans la première expérience, et l'on dispose son axe perpendiculairement à AB et de façon qu'il passe par son centre. Soient 2L la longueur de AB, R, d, d', les distances Cc, aA et bA (la longueur R est très grande par rapport à l et L); les pôles de ab agiront sur ceux de AB : a exerce sur A une force répulsive $AF = \dfrac{qm}{d^2}$ (81), dont la composante AD perpendiculaire à AB est :

$$AD = \frac{qm}{d^2} \cos FAD \quad \text{ou} \quad AD = \frac{qm\,(R-l)}{d^3};$$

b exerce sur A une force attractive $AF' = \dfrac{qm}{d'^2}$, dont la composante AD', perpendiculaire à AB, est :

$$AD' = \frac{qm}{d'^2} \cos D'AF' \quad \text{ou} \quad AD' = \frac{qm\,(R+l)}{d'^3};$$

la force totale en A perpendiculaire à AB est donc

$$AD - AD' = qm \left[\frac{R-l}{d^3} - \frac{R+l}{d'^3} \right].$$

Or,

$$d = \sqrt{(R-l)^2 + L^2}, \qquad d' = \sqrt{(R+l)^2 + L^2},$$

d'où l'on déduit pour la composante AD — AD′ que nous nommerons Y,

$$Y = qm \left\{ \frac{R - l}{[(R - l)^2 + L^2]^{\frac{3}{2}}} - \frac{R + l}{[(R + l)^2 + L^2]^{\frac{3}{2}}} \right\},$$

cette formule devient, en négligeant l et L à côté de R,

$$Y = \frac{4qml}{R^3}.$$

Sous l'action de cette composante, le barreau AB dévie jusqu'à ce que la composante Y fasse équilibre à l'action X de la terre ; condition qui est satisfaite quand la résultante de X et Y (fig. 13) agit suivant le

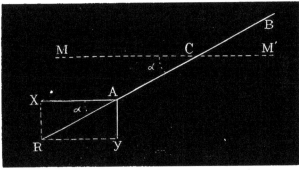

Fig. 13.

prolongement du barreau ; α étant la déviation, on aura alors entre X et Y la relation

$$Y = X \operatorname{tg} \alpha$$

que l'on déduit du triangle ARX. Or,

$$X = m\varphi,$$

d'où, après substitution :

$$\frac{4qml}{R^3} = m \varphi \operatorname{tg} \alpha,$$

ou,

$$\frac{q}{\varphi} = \frac{R^3 \operatorname{tg} \alpha}{4l};$$

on remarquera que cette relation est indépendante de la quantité m de magnétisme du barreau AB.

Les quantités R, α, l sont mesurées ; si donc b est une quantité connue, on aura

$$\frac{q}{\varphi} = b. \tag{2}$$

Des relations (1) et (2) on déduit

$$q = ab \quad \text{et} \quad \varphi = \sqrt{\frac{a}{b}}.$$

Si, dans le calcul numérique, on adopte pour unité de longueur le centimètre, la force φ sera exprimée en dynes et q en unités C.G.S. de magnétisme.

Les instruments qui permettent d'exécuter avec précision les diverses expériences nécessaires pour la détermination de φ et q sont appelés *Magnétomètres*(1). Ces instruments sont construits avec beaucoup de soin ; les résultats définitifs sont déduits d'un grand nombre d'expériences, et dans les observations des temps et des déviations, on se sert des moyens ingénieux et précis que la science moderne met à la disposition de l'expérimentateur.

85. La force φ varie aux divers points de la terre, elle est soumise à des variations séculaires, annuelles et diurnes. A Paris, elle était 0,192 en 1870 ; 0,19324 en janvier 1876 et la moyenne de 1876-77 était 0,19335.

A Greenwich, elle était 0,1716 en 1848 ; de 0,1776 en 1867, et à Kew de 0.1797 en 1879.

§ 2. ÉLECTROMAGNÉTISME

86. *Action d'un courant sur un pôle d'aimant. Règle d'Ampère.* — L'expérience d'Œrsted (1820) apprend qu'un courant électrique circulant dans un fil rectiligne exerce sur le pôle d'un aimant une action normale

---

(1) Voir pour la description détaillée le *Traité expérimental d'électricité et de magnétisme*, par GORDON, planches XII et XIII, tome 1.

au plan passant par le fil et le pôle, de sorte que le pôle tend à tourner autour du fil. Le sens du déplacement est déterminé par la règle d'Ampère : *pour un observateur placé le long du fil, de telle manière qu'il regarde le pôle, et que le courant soit dirigé de ses pieds vers sa tête*[1], *un pôle nord tourne de droite à gauche et un pôle sud de gauche à droite.*

Il résulte de ce qui précède qu'un courant rectiligne produit un champ magnétique dont les lignes de force sont des circonférences concentriques au fil et perpendiculaires à sa direction.

87. *Loi des courants sinueux.* — L'action d'un courant sinueux sur un aimant est identique à celle qu'exerce un courant rectiligne ayant les mêmes extrémités, pourvu que le courant sinueux s'écarte peu de l'autre. On se sert de cette propriété pour remplacer un courant élémentaire par d'autres courants élémentaires formant un polygone ayant les mêmes extrémités que l'élément de courant considéré.

88. *Force électromagnétique.* — Un courant rectiligne de longueur élémentaire agit sur un pôle dans le même sens qu'un courant rectiligne de longueur finie. La force f qu'il exerce sur un pôle est proportionnelle à sa longueur dl, ainsi qu'au sinus de l'angle α que la direction de l'élément fait avec la droite qui unit l'élément au pôle; elle est proportionnelle à l'intensité I du courant et proportionnelle à la quantité q de magnétisme du pôle; enfin elle varie en raison inverse du carré de la distance du pôle à l'élément [2]; l'expression de cette force est donc :

$$f = \frac{q \, \mathrm{I} \, dl \sin \alpha}{r^2} . \tag{1}$$

On l'appelle *force électromagnétique.*

---

(1) Le courant étant personnifié par cette convention, on emploie sans ambiguité, les expressions *droite du courant* et *gauche du courant*.

(2) Ces lois dues à Laplace, ont été vérifiées expérimentalement par Biot et Savart. *Ann. de phys et de ch.* 2ᵉ série, 1820, t. XV.

89. *Action d'un pôle sur un courant*. — Supposons que le pôle soit fixe et le courant mobile ; en vertu du principe de l'action et de la réaction, chaque élément du courant sera à son tour sollicité au mouvement par une force égale à f et de sens contraire. Il tendra à se déplacer perpendiculairement au plan déterminé par sa propre direction et par celle de la ligne de force magnétique qui passe par la position qu'il occupe.

Si l'élément est dirigé suivant la ligne de force, il ne tend pas à se déplacer, car l'angle α étant nul, il en est de même de la force f.

90. *Application au champ de la terre*. — Dans le champ de la terre, tout élément de courant tend à se mouvoir perpendiculairement au plan

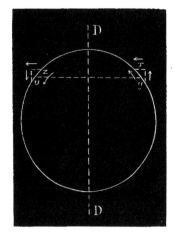

Fig. 14.

déterminé par l'élément et la direction du méridien magnétique.

Si un courant parcourt de bas en haut (courant ascendant) un fil rectiligne mobile, de longueur élémentaire ou finie et disposé de façon à rester vertical, celui-ci se déplacera de l'est vers l'ouest ; le déplacement se fera en sens contraire, quand le courant est dirigé de haut en bas (courant descendant) (1).

Imaginons un fil conducteur courbé en cercle (fig. 14) pouvant tourner autour d'un diamètre vertical D, et faisons passer, par un moyen quelconque, un courant électrique dans ce fil.

Considérons deux éléments xy et zu du courant, situés aux extrémités d'une corde horizontale ; chacun d'eux pourra être remplacé par deux éléments de courant, l'un horizontal, l'autre vertical (87). Il est facile

---

(1) Le pôle magnétique terrestre voisin du nord géographique, agit de la même manière que le pôle boréal d'un aimant très éloigné. Un courant vertical ascendant tend donc à le déplacer vers sa droite ou vers l'est, d'après la règle d'Ampère ; il en résulte que la terre repousse le courant ascendant en sens contraire, c'est-à-dire vers l'ouest.

de voir que les forces magnétiques que la terre exerce sur les éléments horizontaux se détruisent à cause de la résistance de l'axe, et que les actions qui sollicitent les éléments verticaux forment un couple tendant à faire tourner le cercle autour de l'axe de rotation. Il en résulte que le système se déplace : le demi-cercle dans lequel le courant est ascendant se meut vers l'est. Comme l'autre demi-cercle charrie la partie descendante du courant, il se déplacera vers l'ouest, et le fil circulaire tendra vers une position d'équilibre stable ; celle-ci sera atteinte lorsque le plan du cercle sera perpendiculaire aux lignes de force horizontales, c'est-à-dire perpendiculaire au méridien magnétique, et lorsque le courant sera ascendant dans la partie ouest et descendant dans la partie est.

91. *Courants induits. Loi de Lenz.* — Quand un conducteur est déplacé dans un champ magnétique, l'expérience prouve que chacun de ses éléments, en *traversant* les lignes de force du champ devient le siége d'une force électromotrice tendant à produire un courant dans le fil. Ce phénomène est l'*induction électromagnétique.* Le sens du courant est déterminé par la règle suivante due à Lenz et qui porte son nom : *La direction du courant qui naît dans l'élément transporté est contraire à celle du courant qui devrait le parcourir pour que le champ magnétique lui imprimât le même mouvement;* on peut dire encore que la direction est telle que la force magnétique qui prend naissance en même temps que le courant tend à s'opposer au déplacement.

Si la direction du transport est telle que la force magnétique est nulle suivant cette direction, aucun courant ne naîtra dans le fil; c'est ce qui arrive quand l'élément est déplacé suivant sa propre direction ou quand on lui donne un déplacement quelconque dans le plan qui passe par l'élément et par la ligne de force correspondante; une force électromotrice ne peut donc naître que si le conducteur élémentaire *traverse* des lignes de force.

L'intensité du champ sur une aire déterminée est proportionnelle au nombre de lignes de force qui traversent cette aire (79); il en résulte que la force électromotrice est proportionnelle au nombre de lignes de force qui traversent l'aire décrite par l'élément, elle est d'ailleurs proportionnelle a la vitesse du transport, car le nombre de lignes traversées dans un temps donné varie dans le même rapport que cette vitesse. Si le fil a une longueur finie, les forces électromotrices produites dans ses éléments s'ajouteront et le fil sera parcouru par un courant dans un sens ou dans l'autre.

92. *Courants induits par la terre.* — Il résulte de ce qui précède (91) qu'un fil vertical transporté de l'est à l'ouest est parcouru par un courant descendant; le courant induit est au contraire ascendant, quand le transport a lieu de l'ouest vers l'est.

93. *Courants induits dans un cercle vertical.* — Considérons le cercle du nᵒ 90 (fig. 15); supposons qu'il ne soit parcouru par aucun courant,

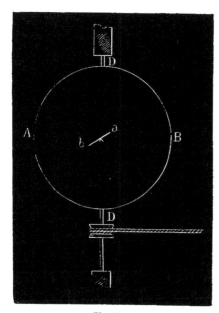

Fig. 15.

et que son plan soit d'abord perpendiculaire au méridien magnétique, le demi-cercle A étant à l'ouest et le demi-cercle B à l'est. Quand on imprimera un mouvement de rotation au cercle, A s'éloignera de l'ouest pour se diriger vers l'est, tandis que B s'éloignera de l'est pour s'approcher de l'ouest; il résulte de la loi de Lenz, que pendant la première demi-révolution, un courant ascendant parcourra A et que dans B il se produira un courant descendant; ces deux courants s'ajoutent dans le fil. Lorsque A aura pris la place de B, et réciproquement, la rotation continuant, A sera transporté vers l'ouest et B vers l'est; un courant descendant parcourra A, et dans B il naîtra un courant ascendant; par suite, ces deux courants s'ajouteront encore.

A chaque demi-révolution, le fil circulaire est donc parcouru par un courant induit qui change de sens quand le plan du cercle passe par la position perpendiculaire au méridien magnétique. Plaçons au centre du cercle une aiguille aimantée *ab*, mobile autour de son point milieu dans un plan horizontal; si les dimensions de l'aiguille sont très petites par rapport au rayon du cercle, l'action des courants induits sur chacun de ses pôles pourra être regardée comme indépendante de la position de ceux-ci et égale à celle qui s'exerce au centre. Sous l'effet des courants qui traversent le fil, l'aiguille s'écartera du méridien magnétique, et, il est facile de s'assurer, en tenant compte de la règle d'Ampère (86), que les courants, quoique alternativement renversés, font dévier le pôle austral de l'aiguille dans le même sens [1]. Si la vitesse est assez grande, les impulsions données au petit barreau se succèderont assez vite, pour que, grâce à son inertie, celui-ci indique une déviation permanente, aussi long-temps que la rotation reste uniforme. D'autre part, quoique l'intensité de chacun des courants varie pendant chaque demi-révolution, en partant de zéro pour revenir à zéro, si la vitesse est assez grande, la déviation produite est due à l'intensité moyenne.

94. *Intensité du courant induit.* — Calculons l'intensité du courant induit : supposons d'abord le cercle perpendiculaire au méridien magné- · tique; soient *r* son rayon, et φ l'action horizontale de la terre sur l'unité de magnétisme (82); le nombre total de lignes de force qui traversent le cercle dans cette position est $\pi r^2 \varphi$; quand les demi-cercles A et B auront accompli chacun une demi-révolution, ils auront coupé ensemble $2\pi r^2 \varphi$ lignes de force; il en résulte que pendant une révolution complète du cercle, $4\pi r^2 \varphi$ lignes auront été traversées. Désignons par *n* le nombre de révolutions par seconde, par ω la vitesse de rotation, on aura l'égalité

$$n = \frac{\omega}{2\pi};$$

---

(1) En effet, au moment ou le courant change de sens dans le fil, celui-ci occupe par rapport à l'aiguille une position opposée.

le nombre de lignes de force traversées par seconde est donc :

$$4\pi r^2 \varphi n = 4\pi r^2 \varphi \frac{\omega}{2\pi} = 2\omega r^2 \varphi;$$

cette expression représente aussi la force électromotrice des courants induits (91), si donc ρ est la résistance du fil et I l'intensité, on aura

$$I = \frac{2\omega r^2 \varphi}{\rho}.$$

CHAPITRE V.

95. *Unité du courant.* — Le point de départ des unités électromagnétiques est la loi qui régit la force exercée par un élément de courant sur un pôle magnétique; cette loi est exprimée par la formule (88) :

$$f = \frac{q \mathrm{I} dl \sin \alpha}{r^2}.\tag{1}$$

Toutes les conséquences mathématiques de cette relation, qui donnent lieu à des expériences possibles, peuvent servir à définir l'unité d'intensité; on adopte ordinairement la conséquence suivante :

Supposons que le courant circule dans un arc de cercle de longueur l et de rayon r, et que la quantité q de magnétisme soit au centre de l'arc; la force exercée par un élément dl du courant circulaire sera encore donné par la formule (1), en y faisant sin $\alpha = 1$; on aura donc

$$f = \frac{q \mathrm{I} dl}{r^2};$$

si l'on désigne par F la force totale exercée par l'arc l, et que l'on remarque que le facteur $\dfrac{q \mathrm{I}}{r^2}$ est constant, on obtient :

$$\mathrm{F} = \frac{q \mathrm{I}}{r^2} \int dl = \frac{q \mathrm{I} l}{r^2};\tag{2}$$

faisant dans (2), $\mathrm{F} = q = l = r = 1$. on a $\mathrm{I} = 1$; de là la définition suivante :

L'unité électromagnétique d'intensité est l'intensité du courant qui, circulant dans un arc de cercle dont le rayon et la longueur sont égaux à l'unité, agit sur l'unité de magnétisme existant au centre, avec une force égale à l'unité.

Dans le système C.G.S., l'unité électromagnétique d'intensité est l'intensité d'un courant qui, circulant dans un arc de cercle dont la longueur et le rayon sont d'un centimètre, agit sur l'unité C.G.S. de magnétisme placée au centre avec la force d'une dyne.

96. *Mesure du courant par la boussole des tangentes.* — On peut employer la boussole des tangentes pour mesurer l'intensité d'un courant rapportée à l'unité qui vient d'être définie.

Dans sa forme la plus simple, la boussole des tangentes se compose d'un ruban vertical de cuivre présentant la forme circulaire [1]. Une aiguille aimantée se trouve suspendue au centre de cet anneau; l'aiguille est assez petite par rapport aux dimensions du cercle pour que dans toutes ses positions, on puisse, comme au n° 93, négliger la différence des distances des différents points de l'aiguille à l'anneau.

Pour se servir de l'appareil, on le place dans une position telle que le plan du ruban coïncide avec le méridien magnétique; l'aiguille est alors dans le plan de l'anneau. Si l'on fait passer un courant dans le cercle, l'aiguille déviera, et, après quelques oscillations, elle se fixera dans une position déterminée sous l'action de la force horizontale terrestre et de la force répulsive du courant. La première de ces forces est parallèle au méridien magnétique MM' (fig. 13), et la seconde est perpendiculaire a cette direction; leur résultante est dirigée suivant l'axe de l'aiguille AB. Soient α la déviation, X la force horizontale et Y la force répulsive du courant, on aura l'équation d'équilibre :

$$Y = X \operatorname{tg} \alpha. \tag{1}$$

---

[1] Voir le *Cours de physique de l'École Polytechnique*, par M. JAMIN, tome 3.

Si q est le nombre d'unités de magnétisme de chaque pôle de l'aiguille, l'action horizontale de la terre est exprimée par

$$X = q\varphi;$$

d'autre part, r étant le rayon du ruban, la valeur de Y est celle de F donnée par la formule (2) (95), dans laquelle on fait $l = 2\pi r$, donc

$$Y = \frac{2\pi r q I}{r^2};$$

la condition (1) devient, après substitution,

$$\frac{2\pi r q I}{r^2} = \varphi q \, \text{tg} \, \alpha,$$

d'où l'on tire

$$I = \frac{\varphi r \, \text{tg} \, \alpha}{2\pi}.$$

Exemple numérique. — Supposons que le rayon de l'anneau soit de 15 centimètres et que le courant produise une déviation de 44°; adoptons pour φ la valeur 0,193 (85); on aura $r = 15$, tg $\alpha = 0,966$, d'où :

$$I = \frac{0.193 \cdot 15 \cdot 0,966}{2 \cdot 3,1416} = 0,44 \text{ unités électrom.}$$

On peut au moyen de la formule calculer les intensités qui correspondent à des déviations données; c'est ainsi que pour la boussole considérée, les intensités seraient données en un. électromagn. par la table suivante qu'il est facile de compléter.

Valeurs de α	Valeurs de tg α	Valeurs de I en un. électrom.
1°	0,017	0,008
2°	0,035	0,016
3°	0,052	0,024
4°	0,070	0,032
5°	0,087	0,040
6°	0,105	0,050
7°	0,123	0,056
8°	0,141	0,065

97. *Unité de quantité d'électricité.* — L'unité électromagnétique de quantité d'électricité est la quantité d'électricité qui traverse pendant une seconde une section d'un fil conducteur parcouru par l'unité de courant.

L'unité C.G.S. de quantité électromagnétique est la quantité qui traverse par seconde la section d'un fil conducteur parcourue par l'unité C.G.S. de courant.

Unité de potentiel ou de force électromotrice. — Cette unité est définie par le travail que produit un courant. Soient W ce travail par seconde, Q la quantité électromagnétique d'électricité mise en mouvement par l'action de la force électromotrice, on a la relation (46, 3°)

$$W = QE;$$

si $W = 1$, $Q = 1$, on a $E = 1$; donc :

*l'unité électromagnétique de force électromotrice est la différence de poten-
tiel qui doit exister aux extrémités d'un circuit, pour que l'unité électromagnétique de quantité développe par seconde l'unité de travail (l'erg,
quand il s'agit du système C.G.S.), en traversant une section du circuit.*

Unité de résistance. — On définit cette unité par la loi de Ohm

$$I = \frac{E}{R};$$

si $I = 1$ et $E = 1$, on a aussi $R = 1$, par suite
*un fil a une résistance égale à l'unité électromagnétique, quand la force
électromotrice étant égale à l'unité, l'intensité du courant qu'elle fait
naître dans le fil est aussi égale à l'unité.*

Unité de capacité. — *L'unité de capacité est la capacité d'un conducteur
qui est chargé de l'unité électromagnétique de quantité quand son potentiel
est égal à l'unité.*

Les unités C.G.S. de force électromotrice, de résistance et de capacité se déduisent facilement des définitions générales de ces unités.

CHAPITRE VI.

§ 1. DES DIMENSIONS DES UNITÉS.

98. *Notations de Maxwell.* — On appelle dimensions d'une unité dérivée, une expression qui indique comment cette unité dépend des unités fondamentales. Ainsi, L représentant l'unité de longueur, l'unité de surface est représentée par L²; l'expression L² apprend que si l'unité fondamentale L change, l'unité dérivée de surface varie proportionnellement au carré de L; de même, l'unité de volume étant L³, la notation L³ exprime que l'unité dérivée de volume change en raison directe du cube de l'unité fondamentale de longueur. Les expressions L² et L³ sont respectivement les dimensions de l'unité de surface et de l'unité de volume.

On représente les unités des grandeurs, par les initiales entre crochets, des noms de ces grandeurs; c'est ainsi que les unités fondamentales de longueur, de masse et de temps sont désignées par les notations [L], [M], [T].

Nous désignerons par des majuscules les unités électrostatiques, et nous emploierons des petites lettres pour représenter les unités électromagnétiques.

Unités dérivées mécaniques.

99. *Vitesse.* — La vitesse est le quotient d'un chemin parcouru, par le temps employé pour le parcourir. Les dimensions de l'unité de vitesse sont donc

$$[V] = \left[\frac{L}{T}\right] = [LT^{-1}].$$

L'unité de vitesse varie donc proportionnellement à l'unité de longueur, et en raison inverse de l'unité de temps. Si, par exemple, on considère un système absolu dans lequel les unités de longueur et de temps sont respectivement le mètre et la minute, l'unité de vitesse dans ce nouveau système est égale aux $\dfrac{100}{60}$ ou aux $\dfrac{5}{3}$ de l'unité C.G.S. de vitesse.

Accélération. — C'est le quotient d'une vitesse par un temps, donc

$$[A] = \left[\frac{V}{T}\right] = [LT^{-2}].$$

Force. — La force est mesurée par le produit d'une masse par une accélération, ce qui donne

$$[F] = [MA] = [LMT^{-2}].$$

Travail ou énergie. — Le travail est le produit d'une force par une longueur. On obtient ainsi

$$[W] = [FL] = [L^2MT^{-2}].$$

Unités dérivées électrostatiques.

100. *Quantités d'électricité.* — Cette quantité a été définie par la loi de Coulomb, c'est-à-dire par la formule

$$f = \frac{q^2}{r^2} \quad \text{ou} \quad q = r\sqrt{f};$$

on en déduit, pour les dimensions de l'unité

$$[Q] = \left[LF^{\frac{1}{2}}\right] = \left[L^{\frac{3}{2}}M^{\frac{1}{2}}T^{-1}\right].$$

Potentiel ou force électromotrice. — Le potentiel est le quotient d'une quantité d'électricité par une distance, et l'on a par conséquent

$$[E] = \left[\frac{Q}{L}\right] = \left[L^{\frac{1}{2}}M^{\frac{1}{2}}T^{-1}\right].$$

Intensité du courant. — L'intensité du courant est la quantité d'électricité qui parcourt le fil pendant l'unité de temps, ou le quotient d'une quantité par le temps, on a donc

$$[I] = \left[\frac{Q}{T}\right] = \left[L^{\frac{3}{2}}M^{\frac{1}{2}}T^{-2}\right].$$

Résistance. — La résistance est définie par la loi de Ohm; c'est le quotient du potentiel par l'intensité du courant, il en résulte que

$$[R] = \left[\frac{E}{I}\right] = [TL^{-1}].$$

L'unité de résistance est numériquement égale à l'inverse d'une vitesse.

Capacité. — La capacité étant le quotient d'une quantité par le potentiel, on aura

$$[C] = \left[\frac{Q}{E}\right] = [L].$$

Unité de magnétisme. — L'unité de magnétisme a été définie par la loi de Coulomb, cette unité varie donc avec les unités fondamentales de la même manière que l'unité d'électricité; si donc, on désigne par [Q'] l'unité de magnétisme, l'on aura

$$[Q'] = \left[L^{\frac{3}{2}}M^{\frac{1}{2}}T^{-1}\right].$$

Unités dérivées électromagnétiques.

101. *Unité d'intensité de courant.* — L'intensité du courant est définie (95) par la formule

$$F = \frac{q\,ll}{r^2},$$

d'où,

$$I = \frac{Fr^2}{ql};$$

les dimensions de l'unité de force F, de l'unité des longueurs l et r, et de l'unité de quantité q de magnétisme étant respectivement

$$[MLT^{-2}], \quad [L], \quad \left[L^{\frac{3}{2}}M^{\frac{1}{2}}T^{-1}\right],$$

on obtient, après substitution, pour les dimensions de l'unité d'intensité

$$[i] = \left[L^{\frac{1}{2}} M^{\frac{1}{2}} T^{-1} \right].$$

Quantité d'électricité. — Dans le système électromagnétique, la quantité d'électricité est égale à l'intensité du courant multipliée par le temps, donc on a

$$[q] = [IT] = \left[L^{\frac{1}{2}} M^{\frac{1}{2}} \right].$$

Force électromotrice. — Le travail produit par un courant est le produit de la force électromotrice par la quantité d'électricité, il en résulte que

$$[e] = \left[\frac{W}{q} \right] = \left[\frac{L^2 M T^{-2}}{L^{\frac{1}{2}} M^{\frac{1}{2}}} \right],$$

ou,

$$[e] = \left[L^{\frac{3}{2}} M^{\frac{1}{2}} T^{-2} \right].$$

Unité de résistance. — La résistance est le quotient de la force électromotrice par l'intensité, on a donc

$$[r] = \left[\frac{e}{i} \right] = \left[\frac{L^{\frac{3}{2}} M^{\frac{1}{2}} T^{-2}}{L^{\frac{1}{2}} M^{\frac{1}{2}} T^{-1}} \right] = [LT^{-1}].$$

L'unité électromagnétique de résistance est exprimée par le même nombre que l'unité de vitesse (99).

Unité de capacité. — La capacité d'un conducteur est le quotient de la quantité d'électricité dont il est chargé par la force électromotrice :

$$[c] = \left[\frac{q}{e} \right] = \left[\frac{L^{\frac{1}{2}} M^{\frac{1}{2}}}{L^{\frac{3}{2}} M^{\frac{1}{2}} T^{-2}} \right] = [L^{-1} T^2].$$

RÉSUMÉ.

102. Le tableau suivant résume les résultats auxquels nous venons d'arriver.

Unités fondamentales.

Longueur.	[L]
Masse	[M]
Temps.	[T]

Unités dérivées mécaniques.

Vitesse	$[LT^{-1}]$
Accélération	$[LT^{-2}]$
Force	$[LMT^{-2}]$
Travail	$[L^2MT^{-2}]$

Unités dérivées électriques.

	Système électrost.	Système électromagn.
Quantité	$\left[L^{\frac{3}{2}}M^{\frac{1}{2}}T^{-1}\right]$	$\left[L^{\frac{1}{2}}M^{\frac{1}{2}}\right]$
Courant.	$\left[L^{\frac{3}{2}}M^{\frac{1}{2}}T^{-2}\right]$	$\left[L^{\frac{1}{2}}M^{\frac{1}{2}}T^{-1}\right]$
Force électromotrice. . . .	$\left[L^{\frac{1}{2}}M^{\frac{1}{2}}T^{-1}\right]$	$\left[L^{\frac{3}{2}}M^{\frac{1}{2}}T^{-2}\right]$
Résistance.	$[L^{-1}T]$	$[LT^{-1}]$
Capacité	$[L]$	$[L^{-1}T^2]$

103. *Rapport des dimensions.* — Prenant le rapport des dimensions des unités électromagnétiques aux dimensions des unités électrostatiques correspondantes, on trouve :

Rapport des dimensions de la quantité. . . $= \left[\dfrac{T}{L}\right]$

     »   du courant. . . $= \left[\dfrac{T}{L}\right]$

       de la force électr. $= \left[\dfrac{L}{T}\right]$

       de la résistance . $= \left[\dfrac{L}{T}\right]^2$

       de la capacité . . $= \left[\dfrac{T}{L}\right]^2$

Il est important d'observer que ces rapports ne dépendent que du rapport $\dfrac{L}{T}$.

104. *La résistance électrostatique est l'inverse d'une vitesse.* — Ce résultat déjà obtenu (100) est susceptible d'une interprétation physique due à M. W. Thomson. Soit une sphère de rayon ρ chargée d'une quantité Q d'électricité, et dont le potentiel est par conséquent $V = \dfrac{Q}{\rho}$. Mettons cette sphère en communication avec le sol au moyen d'un fil conducteur; la charge Q va diminuer en même temps que le potentiel si le rayon reste constant; mais, si l'on imagine que le rayon diminue en même temps que Q et dans le même rapport, V restera invariable.

Soient dQ la diminution de charge, $d\rho$ la diminution du rayon pendant le temps dt, et u la vitesse avec laquelle ρ diminue, on aura

$$d\rho = udt; \tag{1}$$

comme le potentiel reste constant, on pourra écrire

$$V = \frac{Q}{\rho} = \frac{Q - dQ}{\rho - d\rho} = \frac{dQ}{d\rho}; \tag{2}$$

d'autre part, si I représente l'intensité du courant et R la résistance, on aura

$$I = \frac{dQ}{dt} = \frac{V}{R},$$

d'où,

$$dQ = \frac{V}{R} dt. \tag{3}$$

Remplaçons les valeurs de $d\rho$ et dQ déduites de (1) et (3) dans l'équation (2), on obtient, après simplification

$$Ru = 1;$$

donc

$$R = \frac{1}{u}.$$

Ainsi, la résistance R d'un fil conducteur est mesurée en unités électrostatiques par l'inverse de la vitesse u avec laquelle devrait décroître le rayon d'une sphère, pour que le potentiel de celle-ci restât constant malgré la perte d'électricité, quand on fait communiquer la sphère avec la terre au moyen d'un fil conducteur. Il résulte encore de là, que la conductibilité du fil est exprimée par le même nombre qu'une vitesse.

105. *La résistance électromagnétique est une vitesse* (101). — Soient (fig. 16) deux rails conducteurs parallèles AA′ et BB′, situés à une

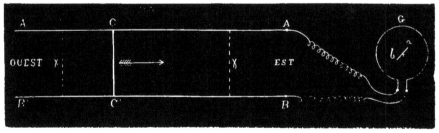

Fig. 16.

distance D dans un plan vertical perpendiculaire au méridien magnétique, et dont les extrémités A et B sont réunies par un fil métallique. Supposons qu'une barre verticale CC′ glisse sur ces deux rails, et que la résistance des conducteurs AA′ et BB′ soit négligeable devant celle du reste du circuit. (Pour l'observateur qui regarde la figure, le pôle boréal magnétique de la terre est derrière le papier.)

Faisons glisser la barre CC′ vers l'est d'un mouvement uniforme de la position γ à la position γ'; le conducteur CC′ sera parcouru par un courant ascendant (92), et ce courant traversera, par conséquent, le circuit dans le sens C′C ABC′.

Soient e la distance parcourue, t le temps employé, r la résistance du circuit; la force électromotrice est proportionnelle à la longueur D = CC′. à la vitesse $\dfrac{e}{t} = u$ du transport, et à l'intensité horizontale terrestre φ l'intensité du courant induit est donc

$$I = \frac{De\varphi}{tr} = \frac{D\varphi}{r} u. \tag{1}$$

Supposons que le circuit renferme une boussole des tangentes G, et soit L la longueur du ruban (ou la longueur du fil, si le ruban de la boussole est remplacé par une bobine de fil métallique); l'action du courant sur le pôle de l'aiguille est exprimée par (95)

$$F = \frac{ILq}{A^2},$$

q étant la quantité de magnétisme, et A le rayon de la boussole; la déviation étant α, l'équation d'équilibre est

$$\frac{ILq}{A^2} = \varphi q \, \text{tg} \, \alpha; \tag{2}$$

éliminant I entre (1) et (2), on trouve

$$r = \frac{DL}{A^2 \, \text{tg} \, \alpha} u.$$

Si la vitesse du transport est assez grande pour que l'action du courant soit égale à celle de la terre, l'aiguille fait un angle de 45° avec le méridien, et l'on a

$$r = \frac{DL}{A^2} u;$$

si l'on prend

$$A^2 = DL, \qquad (3)$$

on obtient

$$r = u.$$

La résistance électromagnétique du circuit est donc exprimée par le même nombre que la vitesse uniforme avec laquelle devrait glisser la barre CC' pour que le courant induit dans le circuit fît dévier de 45° l'aiguille d'une boussole, les dimensions de l'instrument satisfaisant à l'équation (3).

§ 2. RAPPORT DES DEUX SÉRIES D'UNITÉS ÉLECTRIQUES.

106. *Principe.* — Pour établir ce rapport, nous nous appuierons sur le principe suivant.

Soit n l'expression numérique d'une grandeur, c'est-à-dire le nombre d'unités de même espèce qu'elle renferme, et désignons par U cette unité; soit aussi n' l'expression numérique de la *même grandeur*, mais rapportée à une autre unité U', on aura l'égalité

$$nU = n'U' ;$$

d'où,

$$\frac{n}{n'} = \frac{U'}{U} .$$

Le rapport des valeurs numériques d'une même grandeur est donc égal à l'inverse du rapport des unités qui ont servi à la mesurer.

Pour éclaircir ce qui précède par un exemple, admettons que le rapport de la toise au mètre soit inconnu; si on voulait le déterminer, on pourrait mesurer une même longueur successivement avec la toise et avec le mètre : supposons que le résultat de la première mesure soit 51,307 et le résultat de la seconde 100; le rapport des deux nombres serait 51,370 : 100, et par suite, le rapport de la toise au mètre est le rapport inverse 100 : 51,307, c'est-à-dire que

$$1^m = 0^T,51307 .$$

107. A l'aide de ce principe, il sera facile de trouver le rapport de l'unité électromagnétique C.G.S. à l'unité électrostatique C.G.S. de quantité A cet effet[1], soit un système absolu dont les unités fondamentales sont L centimètres, M grammes, T secondes, L, M, T étant des indéterminées; ce système sera désigné par L.M.T., de la même manière qu'on désigne par C.G.S. le système dans lequel L = 1 centimètre, M = 1 gramme, T = 1 seconde. D'après le tableau des dimensions des unités, une unité électromagnétique L.M.T. renferme $L^{\frac{1}{2}}M^{\frac{1}{2}}$ unités élec‑tromagnétiques C.G.S. de quantité, et une unité électrostatique L.M.T. contient $L^{\frac{3}{2}}M^{\frac{1}{2}}T^{-1}$ unités électrostatiques C.G.S. de quantité.

Cela posé, on peut déterminer L et T de telle manière que les deux unités L.M.T. expriment une même charge d'électricité, celle d'une bouteille de Leyde, par exemple; $L^{\frac{1}{2}}M^{\frac{1}{2}}$ et $M^{\frac{1}{2}}L^{\frac{3}{2}}T^{-1}$ seront, dans cas, les expressions numériques d'une même grandeur; le premier de ces nombres est rapporté à l'unité électromagnétique C.G.S. de quantité, le second est rapporté à l'unité électrostatique C.G.S., et comme le rapport des deux nombres est

$$\frac{M^{\frac{1}{2}}L^{\frac{1}{2}}}{M^{\frac{1}{2}}L^{\frac{3}{2}}T^{-1}} = \frac{T}{L},$$

il en résulte (106), que l'inverse de ce rapport ou $\dfrac{L}{T}$ est le rapport de l'unité électromagnétique C.G.S. à l'unité électrostatique C.G.S. de quantité.

Pour trouver le rapport des unités C.G.S. de courant, on raisonnera de la même manière :

L'unité électromagnétique L.M.T. du courant vaut $L^{\frac{1}{2}}M^{\frac{1}{2}}T^{-1}$ unités électromagnétiques C.G.S., et l'unité électrostatique L.M.T. est égale à $L^{\frac{3}{2}}M^{\frac{1}{2}}T^{-2}$ unités électrostatiques C.G.S.; les quantités L.M.T. peuvent être choisies de manière que les deux unités L.M.T. représentent l'intensité d'un même courant, il faudra que, dans ce cas particulier, les nombres

---

(1) Ce mode de raisonnement est dû à Everett (*Units and physical Constants*).

$L^{\frac{1}{2}}M^{\frac{1}{2}}T^{-1}$ et $L^{\frac{3}{2}}M^{\frac{1}{2}}T^{-2}$ représentent la même grandeur, et comme leur rapport est

$$\frac{L^{\frac{1}{2}}M^{\frac{1}{2}}T^{-1}}{L^{\frac{3}{2}}M^{\frac{1}{2}}T^{-2}} = \frac{T}{L},$$

il en résulte, comme précédemment, que le rapport inverse $\frac{L}{T}$ est égal au rapport de l'unité électromagnétique C.G.S. à l'unité électrostatique C.G.S. de courant.

108. On remarquera ici, que les rapports des deux unités de quantité et de deux unités de courant sont égaux aux rapports inverses de leurs dimensions. Cette propriété existe également pour les rapports des autres unités, comme il est facile de le vérifier en répétant les raisonnements qui viennent d'être faits pour les deux premiers rapports; par conséquent, tous ces rapports ne dépendent, comme ceux des dimensions, que de $\frac{L}{T}$.

109. La quantité $\frac{L}{T}$, considérée comme quantité concrète est une *vitesse*, puisqu'elle est le rapport d'une longueur au temps; sa valeur numérique est le rapport de l'unité électromagnétique à l'unité électrostatique de quantité, et de la manière dont ce rapport vient d'être établi, on peut conclure qu'il est indépendant de la grandeur des unités fondamentales. Désignant $\frac{L}{T}$ par v, on pourra donc écrire entre les unités C.G.S. des deux systèmes les relations suivantes :

$$\frac{\text{Unité électromagn. de quantité}}{\text{» électrost. » »}} = v,$$

$$\frac{\text{Unité électromagn. de courant}}{\text{» électrost. » »}} = v,$$

$$\frac{\text{Unité électromagn. de force électr.}}{\text{» électrost. » »}} = v^{-1},$$

$$\frac{\text{Unité électromagn. de résistance}}{\text{» électrost. » »}} = v^{-2},$$

$$\frac{\text{Unité électromagn. de capacité}}{\text{» électrost. » »}} = v^{2}.$$

la quantité v considérée comme vitesse, étant rapportée au centimètre.

110. *Théorie de Maxwell.* — La lumière est un mouvement vibratoire ou une déformation élastique d'un milieu qu'on appelle éther; d'après Maxwell, il en serait de même de l'électricité : l'induction électromagnétique n'est pas une action à distance, mais se transmet de proche en proche à travers l'espace sous la forme d'un ébranlement particulier du même milieu qui transmet les vibrations lumineuses. En prenant cette hypothèse pour point de départ de ses calculs, Maxwell prouve que le rapport $\dfrac{L}{T}$ est la vitesse de propagation du mouvement électrique. Parmi les arguments qui justifient la théorie de Maxwell, le plus solide est fourni par l'égalité de la vitesse v et de la vitesse de la lumière.

111. *Détermination expérimentale du rapport v et résultats.* — Le principe des méthodes qui ont permis de déterminer v est le suivant : on mesure une même grandeur électrique en unités électrostatiques et aussi en unités électromagnétiques, l'inverse du rapport des nombres obtenus donne v.

C'est ainsi que Weber et Kohlrausch ont mesuré dans les deux systèmes la charge d'une bouteille de Leyde[1] : sa valeur en unités électrostatiques est le produit de la capacité de la bouteille par le potentiel, éléments qui peuvent être déterminés; pour évaluer la charge en unités électromagnétiques, ils l'ont fait passer dans un galvanomètre, le courant total a été déduit, par le calcul, de l'impulsion de l'aiguille; la comparaison des nombres exprimant la charge a donné

$$v = 3,1074 \times 10^{10} \text{ centimètres par seconde.}$$

M. W. Thomson[2] mesure dans les deux systèmes la force électromotrice d'une pile, et trouve pour résultat moyen de plusieurs expériences

$$v = 2,93 \times 10^{10}.$$

---

(1) *Annales de Poggendorf* XCIX, 10 avril 1856.
(2) *Philos. Mag.* 1879. I, page 277.

MM. Ayrton et Perry[1] ont mesuré dans les deux systèmes, la capacité d'un condensateur à air ; d'après leurs travaux,

$$v = 2,98 \cdot 10^{10}.$$

La moyenne des résultats précédents est

$$v = 3,04 \cdot 10^{10} \text{ centimètres.}$$

D'autre part, les expériences les plus récentes et les plus exactes qui aient été faites pour déterminer la vitesse de la lumière sont celles de M. Cornu (1874)[2], elles donnent pour la vitesse de la lumière dans l'air

$$3,003 \cdot 10^{10} \text{ centimètres par seconde ;}$$

on peut donc dire que, *dans l'air, les vitesses de la lumière et de l'induction électromagnétique sont très probablement égales.*

Ce résultat est un fait scientifique d'une importance considérable, parce qu'il établit un lien étroit entre les phénomènes lumineux et les phénomènes électriques, et fait faire un pas immense à la théorie de l'unité des forces physiques.

---

(1) *Proceedings of the Royal Society,* vol. X, p. 319.
(2) *Annales de l'observatoire de Paris,* 1874. Mémoires, tome XIII.

CHAPITRE VII.

112. Les valeurs des unités électrostatiques et électromagnétiques ne sont pas en rapport avec les grandeurs que l'on doit mesurer dans la pratique Elles sont, ou énormément trop grandes ou excessivement petites. Ainsi l'unité absolue de résistance électromagnétique C.G.S. n'est guère que la résistance d'un vingt millième de millimètre de fil de cuivre d'un millimètre de diamètre, et l'unité de force électromotrice est la cent-millionième partie de celle d'un élément Daniell. C'est pour éviter cet inconvénient que le comité de l'Association britannique a adopté un système d'unités se prêtant mieux aux exigences des applications de l'électricité. Prenant pour point de départ le système électromagnétique C.G.S., il a adopté comme unités pratiques, certains multiples et sous-multiples décimaux des unités électromagnétiques, et les a désignés par des noms rappelant ceux des électriciens les plus célèbres. Ce système d'unités pratiques a été consacré sous la forme suivante par le congrès des électriciens dans sa séance du 21 septembre 1881.

§ 1. DÉFINITIONS DES UNITÉS PRATIQUES.

113. 1° L'unité de courant est l'*ampère* qui vaut le $\dfrac{1}{10}$ de l'unité électromagnétique C.G.S. de courant.

Avant le congrès, l'unité B.A. de *courant* s'appelait *weber*; le changement de nom a été nécessité par le fait qu'on se servait en Allemagne d'une autre unité due à *Weber,* portant son nom et équivalente au $\frac{1}{10}$ de l'unité de l'Association britannique.

2° L'unité de *quantité* est le *coulomb,* qui vaut le $\frac{1}{10}$ de l'unité électromagnétique de quantité.

L'Association britannique avait primitivement nommé *weber* l'unité de quantité; de là une nouvelle confusion que l'adoption du mot *coulomb* a fait disparaître.

3° L'unité de *force électromotrice* est le *volt* qui est égal à 10^8 unités C.G.S. de force électromotrice.

4° L'unité de *résistance* est l'*ohm* dont la valeur est 10^9 unités électromagnétiques C.G.S. de résistance.

5° L'unité de *capacité* est le *farad* qui vaut 10^{-9} unités électromagnétiques C.G.S. de capacité.

114. *Relations entre les unités pratiques.* — On déduit ces relations des formules qui lient entre elles les grandeurs électriques (46).

Le *coulomb* est la quantité d'électricité qui traverse par seconde la section d'un fil conducteur quand la force électromotrice aux extrémités est un *volt* et la résistance un *ohm.*

L'*ampère* est l'intensité d'un courant parcourant un fil d'une résistance égale à un *ohm* quand la force électromotrice aux extrémités du fil est un *volt.*

Le *farad* est la capacité d'un condensateur qui contient un *coulomb* au potentiel d'un *volt.*

115. *Multiples et sous-multiples des unités pratiques.* — Dans les applications, ces unités ne se prêteraient pas à toutes les mesures sans donner lieu à de grands nombres ou à de nombreuses décimales, ce qui est une cause d'erreur. Ainsi tandis que les courants des machines puissantes qui alimentent les régulateurs électriques fournissent des courants d'un grand nombre d'ampères (1), les courants utilisés dans la télégraphie et pour les usages domestiques sont de quelques millièmes d'ampère, et les courants téléphoniques ont une intensité de quelques millionièmes seulement. Le farad qui n'est égal qu'au billionième de l'unité C.G.S. de capacité est cependant une quantité trop grande au point de vue pratique, attendu que la capacité de la terre, comme nous le verrons, n'est que le $\dfrac{1}{1400}$ d'un farad. Pour éviter ces inconvénients, on emploie certains multiples et sous-multiples des unités pratiques ; on fait usage de la préfixe *micro* pour représenter le millionième et de la préfixe *milli* pour désigner le millieme d'une unite ; le mot *kilo* indique mille et *méga* ou *meg* un million d'unités. C'est ainsi qu'on dit un *microvolt* pour exprimer un millionieme de volt, un *milliampère* pour un millième d'ampere, un *microfarad* pour la millionième partie d'un farad.

116. *Remarques.* — 1° Le système d'unités pratiques constitue lui-même un systéme absolu d'unités électromagnétiques dont les unités fondamentales sont respectivement [L] = 10^9 centimètres, [M] = 10^{-11} de la masse du gramme, [T] = 1 seconde.

Il suffira de vérifier l'exactitude de cette remarque pour l'une quelconque des unités pratiques, la force électromotrice, par exemple :

L'unité C.G.S. s'obtient en faisant dans les dimensions $\left[L^{\frac{3}{2}} M^{\frac{1}{2}} T^{-2} \right]$ de l'unité électromagnétique, L = 1 centimètre, M = 1 gramme, T = 1 seconde ; si, d'autre part, l'on remplace L, M, T, par les valeurs 10^9, 10^{-11} et 1, il vient

$$\left[L^{\frac{3}{2}} M^{\frac{1}{2}} T^{-2} \right] = \left[10^{\frac{9 \cdot 7}{2}} \, 10^{-\frac{11}{2}} \, 1^{-2} \right] = 10^8.$$

---

(1) La grande machine dynamo d'Édison qui figurait à l'exposition de 1881, a une résistance intérieure ne dépassant pas 0^{ohm},008, la force électrom. est 105 volts pour une vitesse de 750 tours par minute ; l'intensité en court circuit serait donc, d'apres ces données, de plus de 13000 ampères.

L'unité de force électromotrice rapportée aux unités fondamentales précédentes vaut donc 10^8 unités C.G.S., donc cette unité n'est autre que le *voll*. Une vérification analogue de la remarque est applicable à chacune des autres unités pratiques.

117. 2° Il est important de signaler que, dans le système pratique, il suffit de diviser par $g = 9,81$ l'expression du travail électrique pour obtenir la valeur de ce travail en kilogrammètres. L'expression du travail est en effet

$$W = QE;$$

en rapportant ce travail à la seconde, la quantité d'électricité Q qui passe en une seconde dans une section du conducteur n'est autre que l'intensité I du courant; dès lors, l'unité de travail, dans le système pratique, est le produit d'un volt par un ampère; or, on a :

1 volt $\times$ 1 amp. $= 10^8$ un. C.G.S. force él. $\times$ 10^{-1} un. C.G.S. de courant,

ou,

$$1 \text{ volt} \times 1 \text{ amp.} = 10^7 \text{ ergs};$$

d'autre part (53),

$$1 \text{ kilogrammètre} = 981 \cdot 10^5 = 9,81 \cdot 10^7 \text{ ergs,}$$

on aura donc aussi

$$1 \text{ kilogrammètre} = 9,81 \text{ unités de travail (volt-ampère).}$$

Il en résulte que l'on obtient le travail par seconde exprimé en kilogrammètres, en divisant l'expression IE (volt-ampère) par le nombre 9,81 ou approximativement par 10, on a donc

$$W = \frac{IE}{9,81}, \quad \text{ou} \quad \frac{IE}{10} \text{kilogrammètres.}$$

On déduit de là la quantité de chaleur produite par un courant pendant l'unité de temps; puisque le travail est représenté par $\dfrac{IE}{9,81}$, le nombre de calories correspondant sera

$$C = \frac{IE}{9,81.424} = 0,0002404 \text{ IE calories (kilogramme-degré),}$$

et,

$$C = 0,2404 \text{ IE calories (gramme-degré).}$$

L'expression de la chaleur produite dans le circuit pendant une seconde est encore donnée (46,3°) par les formules

$$C = 0,0002404 \ I^2R \text{ calories, (kil-degré)}$$

$$C = 0,2404 \ I^2R \text{ calories, (gramme-degré)(1)}$$

les quantités I, R étant exprimées en ampères et ohms.

118. 3° Puisqu'on a les relations

$$r = \frac{R}{v^2} \quad \text{et} \quad c = Cv^2,$$

on a aussi

$$rc = RC \, ;$$

d'autre part, le farad vaut 10^{-9} unités C.G.S., et l'ohm 10^9 unités C.G.S.; le microfarad est équivalent à 10^{-15} unités C.G.S., et le mégohm à 10^{15} unités C.G.S.; il résulte de là que toutes les formules qui ne dépendent que du produit de la résistance par la capacité ne subissent pas de changement quand les deux facteurs sont exprimés ou en unités électromagnétiques, ou en unités électrostatiques, ou en unités pratiques : farads et ohms, microfarads et mégohms.

119. Le tableau suivant permet de passer de l'un des systèmes d'unités électriques aux autres; nous y avons joint les anciennes unités de Gauss et Weber, afin de faciliter la lecture des travaux dans lesquels on a fait usage des unités électromagnétiques que ces électriciens ont introduites dans la science.

---

(1) Le mot *watt*, proposé en 1882 par M. W. Siemens à l'Association britannique remplace souvent l'expression *volt-ampère*. On appelle *joule*, surtout en Angleterre, la quantité de chaleur engendrée en une seconde par un courant d'un ampère circulant à travers une résistance d'un ohm; c'est la chaleur qui correspond au watt :

$$\text{Un joule} = 0,2404 \text{ cal. gr. deg. (117)}$$

$$\text{Une calorie gr. d.} = \frac{1^J}{0,2404} = 4,2 \text{ joules.}$$

Tableau comparatif des unités électriques.

Unités pratiques et principaux multiples et sous-multiples.		Unités électromagnétiques C.G.S.	Unités électrostatiques C.G.S.	Unités de Gauss et Weber. Millimètre. Milligramme. Seconde.
Quantité . . .	Mégacoulomb . .	10^5	$10^5.3.10^{10} = 3.10^{15}$	10^7
	Coulomb . . .	10^{-1}	$10^{-1}.3.10^{10} = 3\ 10^9$	10
	Microcoulomb .	10^{-7}	$10^{-7}.3.10^{10} = 3.10^3$	10^{-5}
Courant . . .	Ampère . . .	10^{-1}	$10^{-1}.3.10^{10} = 3.10^9$	10
	Milliampère . .	10^{-4}	$10^{-4}.3\ 10^{10} = 3.10^6$	10^{-2}
	Microampère .	10^{-7}	$10^{-7}.3.10^{10} = 3.10^3$	10^{-5}
Force électrom.	Mégavolt . .	10^{14}	$10^{14} : (3\ 10^{10}) = \dfrac{10^4}{3}$	10^{17}
	Volt	10^8	$10^8 : (3.10^{10}) = \dfrac{10^{-2}}{3}$	10^{11}
	Microvolt . .	10^2	$10^2 : (3.10^{10}) = \dfrac{10^{-8}}{3}$	10^5
Résistance . .	Mégohm . . .	10^{15}	$10^{15} : (9.10^{20}) = \dfrac{10^{-5}}{9}$	10^{16}
	Ohm	10^9	$10^9 : (9.10^{20}) = \dfrac{10^{-11}}{9}$	10^{10}
	Microhm . . .	10^3	$10^3 : (9.10^{20}) = \dfrac{10^{-17}}{9}$	10^4
Capacité . . .	Farad . . .	10^{-9}	$10^{-9} : (9.10^{20}) = \dfrac{10^{-29}}{9}$	10^{-10}
	Microfarad . .	10^{-15}	$10^{-15} : (9.10^{20}) = \dfrac{10^{-35}}{9}$	10^{-16}

§ 2. APPLICATIONS NUMÉRIQUES.

120. *Potentiel d'un élément Daniell.* — En unités électrostatiques, le potentiel de l'élément Daniell des expériences de Thomson est (67)

$$E = 0,00374,$$

en unités électromagnétiques,

$$E = 0,00374 \cdot v = 0,00374 \cdot 3 \cdot 10^{10} = 1112 \cdot 10^{5};$$

en volts,

$$E = 1112 \cdot 10^{5} : 10^{8} = 1,112 \text{ volts.}$$

121. *Potentiel de la machine de 30 centim. d'étincelle* (70).

En unités électrostatiques

$$E = 300; \quad \cdot$$

en unités électromagnétiques, on aurait

$$E = 300 \cdot 3 \cdot 10^{10} = 9 \cdot 10^{12};$$

en volts,

$$E = 9 \cdot 10^{12} \cdot 10^{8} = 90000 \text{ volts.}$$

122. *Charge d'un condensateur à air* de 1^{mc} composé de deux plateaux à 1^{mm} de distance et chargé par 100 éléments Daniell. — On a trouvé en unités électrostatiques (73) :

$$Q = 2976;$$

en unités électromagnétiques on a

$$Q = 2976 \cdot v^{-1} = 992 \cdot 10^{-10},$$

et en coulombs,

$$Q = 992 \cdot 10^{-10} \cdot 10^{-1} = 992 \cdot 10^{-11}.$$

123. *Capacité d'un câble sous-marin.* — Nous avons trouvé pour la capacité d'un mille de câble sous-marin en gutta-percha (74) :

$$C = 377000 \text{ unités électrost.,}$$

ce qui correspond à :

$$C = \frac{377000}{v^{2}} = \frac{377000}{9} \cdot 10^{-20} = 42 \cdot 10^{-17} \text{ unités électromagn.;}$$

réduisant en farads, on aura

$$42 \cdot 10^{-17} = 42 \cdot 10^{-8} \text{ farads,}$$

ou,

$$42 \cdot 10^{-8} \cdot 10^{6} = 42 \cdot 10^{-2} = 0,42 \text{ microfarad.}$$

124. *Capacité de la terre.* — En unités électrostatiques C.G.S., la capacité de la terre est égale à son rayon en centimètres, donc

$$C = 6,37 \cdot 10^8 \text{ unités électrost.,}$$

$$C = \frac{6,37 \cdot 10^8}{v^2} = 0,71 \cdot 10^{-12} \text{ unités électromagn.,}$$

$$C = 0,71 \cdot 10^{-12} \cdot 10^9 = \frac{1}{1400} \text{ de farad environ.}$$

125. *Problème.* — Une pile de 20 éléments Daniell disposés en série, lance un courant dans un fil télégraphique de 100 kilomètres, quelle est l'intensité exprimée en ampères ?

La résistance de 100 mètres de fil télégraphique étant 1 ohm, la résistance du fil est R = 1000 ohms; la force électromotrice d'un Daniell est $e = 1,08$, ou approximativement 1 volt; nous supposons que l'élément a une résistance $r = 10$ ohms; dès lors, n étant le nombre d'éléments et I l'intensité, on calculera I par la formule

$$I = \frac{ne}{nr + R} = \frac{20 \cdot 1}{20 \cdot 10 + 1000} = \frac{1}{6} \text{ ampère,}$$

ou,

$$I = 16,66 \text{ milliampères.}$$

126. *Problème.* — Calculer la chaleur dégagée par minute dans le circuit du n° 125.

La formule qui permet de calculer le nombre de calories (gramme-degré) par seconde est (117)

$$C = 0,2404 \, I^2 R.$$

Or,

$$I = \frac{1}{6}, \quad R = 1200,$$

d'où, après substitution et calculs

$$C = 8,01 \text{ (gr. deg.),}$$

et par conséquent, par minute, on aura

$$C = 8,01 \cdot 60 = 48,06 \text{ (gr. deg.).}$$

127. *Problème.* — Calculer la force électromotrice engendrée dans l'essieu d'un système de deux roues roulant sur les rails d'une voié ferrée horizontale, perpendiculairement au méridien magnétique. La vitesse étant de 56 kilom. à l'heure; l'intensité horizontale magnétique étant 0,474, l'inclinaison 67°,50′ et la longueur de l'essieu 1m,75.

La force électromotrice est produite par la composante verticale du champ terrestre coupée par l'essieu, car l'essieu glissant le long des composantes horizontales, celles-ci sont inefficaces (91).

On a donc

$$\text{intensité verticale} = 0{,}474 \cdot \text{tg } 67°{,}50′ = 1{,}142,$$
$$\text{vitesse en cent. par sec.} = 1555,$$
$$\text{longueur de l'essieu en cent.} = 175.$$

La force électromotrice E est égale au produit de ces trois éléments, donc

$$E = 175 \cdot 1555 \cdot 1{,}142 = 276506 \text{ unités électrom.}$$

ou,

$$E = 276506 : 10^8 = 0^{volt}{,}00276.$$

§ 3. ÉTALONS DES UNITÉS PRATIQUES.

128. *Volt.* — Il n'existe pas d'étalon matériel représentant exactement un volt, mais on a mesuré avec précision la force électromotrice des couples voltaïques les plus constants. Dans les applications qui n'exigent que peu d'exactitude, on peut se servir de l'élément Daniell dont la force électromotrice est 1,079. Les éléments employés par les praticiens sont de très petites dimensions; ils sont formés de petits vases en verre de 5 à 6 centimètres de hauteur et de 4 centimètres de diamètre; on les groupe dans des caisses plates dont le maniement est commode.

Le couple qui convient le mieux comme étalon est celui de M. Latimer Clark[1] : l'électrode négative est un morceau de zinc distillé, suspendu

---

[1] *Philosoph. Transact*, 19 juin, 1873.

dans une pâte formée de sulfate de mercure et de sulfate de zinc; cette pâte est versée sur du mercure que l'on a mis préalablement dans un vase de pile. Un fil de platine qui sert de rhéophore positif pénètre dans le vase près du fond et aboutit dans le mercure.

De nombreuses comparaisons faites entre des éléments, les uns neufs, les autres construits depuis plusieurs mois ont établi que les variations de la force électromotrice de cet élément n'atteignaient pas un millième de sa valeur. La force électromotrice de ce couple est de 1,457 volt.

129. *Ohm.* — Le comité de l'Association britannique a réalisé un étalon représentant l'ohm ou 10^9 unités électromagnétiques avec autant d'exactitude que possible; on a eu recours à une méthode proposée par W. Thomson et dont voici le principe :

Remplaçons le fil circulaire du n° 93, par une bobine verticale de même rayon recouverte d'un fil conducteur isolé, et communiquons à cet appareil un mouvement de rotation très rapide. La force électromotrice du courant induit sera proportionnelle au nombre de spires du fil; en effet, chacune des spires coupant le même nombre de lignes de force pendant le même temps, devient le siège d'une force électromotrice dont la valeur a été déterminée (94), et toutes ces forces électromotrices s'ajoutent dans le fil; d'autre part, la résistance est aussi proportionnelle à la longueur du fil, c'est à dire au nombre de spires; il en résulte que l'intensité, qui est le rapport de la force électromotrice totale à la résistance totale est indépendante du nombre de spires du fil. L'intensité du courant induit dans une spire est (94)

$$I = \frac{2\omega r^2 \varphi}{\rho} \, ;$$

désignons par m le nombre de tours du fil, par R sa résistance totale, par L sa longueur, on aura

$$I = \frac{2\omega r^2 \varphi m}{R} \, ;$$

mais,

$$L = m 2\pi r,$$

d'où, en éliminant m,

$$I = \frac{\omega L r \alpha}{\pi R} \cdot$$

Si l'on suspend au centre du cercle, une petite aiguille aimantée, chacun de ses pôles sera sollicité par deux forces ; la première, parallèle au méridien magnétique et émanant de la terre, elle est mesurée par φq ; la seconde perpendiculaire au méridien magnétique. Le calcul conduit pour la valeur de cette dernière force à l'expression[1]

$$F = \frac{L^2 \omega \varphi q}{4 r R} \cdot$$

L'aiguille est en équilibre, quand la résultante de ces actions agit suivant le prolongement de son axe; si donc on désigne par α la déviation, on aura la relation

$$F = \varphi q \ \text{tg} \ \alpha,$$

ou,

$$\frac{L^2 \omega \varphi q}{4 r R} = \varphi q \ \text{tg} \ \alpha,$$

d'où l'on déduit

$$R = \frac{\omega L^2}{4 r \ \text{tg} \ \alpha} \cdot$$

Les longueurs L et r étant exprimées en centimètres, la résistance R sera exprimée en unités électromagnétiques.

Le quotient $\frac{R}{10^9}$ représente en ohms la résistance du fil, et $L : \frac{R}{10^9}$ est la longueur du fil de la bobine dont la résistance est d'un ohm. Dès lors, il suffit d'adopter pour la construction de l'étalon de résistance un fil conducteur d'une substance déterminée et de chercher la longueur qu'il faut lui donner pour qu'il offre la même résistance qu'une longueur $L : \frac{R}{10^9}$ du fil de la bobine. On peut faire cette détermination expérimen-

---

[1] *Reports on electrical Standards.* Page 48. London, 1873.

talement ou par le calcul en employant la formule des conducteurs équivalents (28).

130. Plusieurs étalons de l'ohm ont été construits par le comité de l'Association britannique; les uns sont en platine-argent, les autres en maillechort[1] (cuivre, zinc, nickel); d'autres encore sont en platine-iridium. Le comité a fixé son choix sur ces alliages, parce qu'ils satisfont à plusieurs conditions dont la plus importante est la faible variation de leur conductibilité quand la température change.

131. *Forme de l'étalon de résistance.* — Le fil ff représentant l'unité de résistance(fig. 17), est enveloppé de plusieurs couches de soie; il est replié sur lui-même pour éviter les effets d'induction et enroulé sur une bobine isolante B; ses deux bouts sont fixés à deux gros conducteurs C deux fois recourbés à angles droits. Les extrémités de ces conducteurs plongent dans deux godets remplis de mercure, quand l'appareil est intercalé dans un circuit. La bobine est entourée d'une boîte métallique D (la moitié antérieure de la boîte est enlevée dans la figure), cette boîte est remplie de paraffine P dans laquelle le fil est complètement noyé.

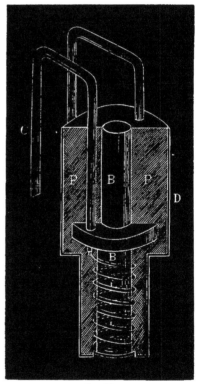

Fig 17.

Comme la conductibilité des métaux diminue quand la température s'élève, la bobine ainsi construite ne correspond à la résistance d'un ohm que pour une température déterminée t que le constructeur inscrit sur l'appareil. Si l'on opère à une

---

(1) Le mot maillechort vient de Maillot et Chorier, deux Français qui ont importé cet alliage d'Allemagne en France.

température autre que celle de l'étalonnage, on plonge la caisse D dans un bain à t^o. On peut aussi faire usage de formules de correction. Ainsi entre les températures 0° et θ^o, on peut employer, d'après Matthiessen, la formule empirique

$$R_\theta = R_0 \left(1 + a\theta + b\theta^2\right),$$

dans laquelle a et b sont des coëfficients dépendant des métaux considérés.

132. *Boîtes de résistance.* — Pour les mesures courantes, on réunit en une seule boîte plusieurs bobines représentant l'ohm et ses multiples; et on adopte souvent la disposition indiquée dans la fig. 18; a, a', a''... sont des pièces épaisses en laiton dont la résistance est négligeable, b, b', b''... sont des chevilles en laiton dont la tête est en bois; c, c', c''...

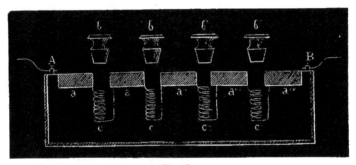

Fig. 18.

sont les bobines. Sur le couvercle de la boîte, on inscrit au-dessus de chaque bobine la résistance qu'elle offre. La manœuvre de l'appareil est très simple : on l'introduit par les bornes A et B dans le circuit; quand toutes les chevilles sont en place, le courant n'éprouve pas de résistance appréciable dans la boîte; en enlevant la cheville b, on introduit dans le circuit la résistance de la bobine c, en enlevant la cheville b', on introduit la résistance de c', et ainsi de suite, de sorte que la résistance du circuit se trouve augmentée de celle de la bobine dont on enlève la cheville. La combinaison des résistances des bobines pourra donner lieu à toutes les résistances possibles ; c'est ainsi qu'une boîte dont les bobines auraient un maximum de résistance de 1000 ohms, permettrait d'introduire toutes les résistances depuis 1 jusqu'à 2110 ohms si elle renfermait les treize bobines suivantes :

	Ohms		
1	10	100	1000.
2	20	200	
2	20	200	
5	50	500	

Malgré tous les soins apportés par le Comité de l'Association britannique à la détermination de l'ohm, le problème de l'étalon de résistance ne paraît pas définitivement résolu : les résultats des expériences sont entachés de légères erreurs provenant de perturbations dont il est difficile de tenir compte. Ces perturbations sont dues surtout à l'induction des spires du fil sur elles-mêmes, et des courants induits que l'aiguille fait naître dans le fil. De plus, comme il est probable que les propriétés électriques des alliages ne restent pas rigoureusement inaltérées avec le temps, le congrès des électriciens, dans sa séance du 19 septembre 1881, a décidé sur la proposition de M. Mascart que l'ohm serait représenté par la résistance d'une colonne de mercure d'un millimètre carré de section et à la température de 0°, et qu'une commission internationale serait chargée de déterminer par de nouvelles expériences, la longueur exacte de cette colonne. On peut se faire une idée de la résistance de l'ohm par les chiffres suivants : cette unité correspond à peu près à la résistance d'un fil de cuivre pur de 1 mm. de diamètre et de 50 mètres de longueur, ou à celle de 100 mètres de fil télégraphique de 4 mm. de diamètre, ou encore à celle d'une colonne de mercure d'un mm. c. de section et d'une longueur comprise entre $1^m,04$ et $1^m,05$.

Depuis le Congrès, plusieurs savants ont proposé d'autres méthodes, nous citerons celle de M. Lippmann.

133. *Méthode de M. G. Lippmann pour la détermination de l'ohm* [1]. — Dans une note du mois d'octobre 1881, M. Lippmann propose de

---

(1) Comptes-rendus de l'Acad. des Sc., tome 93, p. 713.

déterminer, de la manière suivante, la résistance en unités absolues d'un étalon E quelconque, une colonne de mercure à 0", par exemple. On intercale E dans le circuit d'une pile P à courant constant (fig. 19); soit R la résistance cherchée, i l'intensité de la pile et e la différence des potentiels aux extrémités de E, on aura la relation

$$R = \frac{e}{i},$$

e et i étant exprimées en unités électromagnétiques. Pour connaître i, on fait passer le courant de la pile dans une boussole des tangentes B;

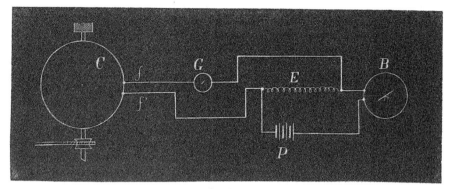

Fig. 19.

la quantité e est déterminée par une méthode d'opposition. On met, à cet effet, a une grande distance de la boussole, un cadre vertical C mobile autour de son diamètre vertical, et auquel on imprime une vitesse de rotation de n tours par seconde. Ce cadre porte un fil de cuivre dont le circuit est toujours ouvert; aucun courant n'y prend naissance; seulement le magnétisme terrestre y fait .naître une force électromotrice d'induction qui atteint le maximum de sa valeur au moment où le plan du cadre coïncide avec le plan du méridien magnétique. A ce moment, les extrémités du fil induit mobile sont mises en communication pendant un temps très court et par l'intermédiaire de deux fils f et f' fixes, avec les extrémités de l'étalon E. Un galvanomètre astatique sensible G se trouve sur le parcours du fil f. Pour établir à chaque tour cette communication, le diamètre horizontal du cadre C porte deux petits balais fixés à ses extrémités, on termine f et f'

par deux contacts fixés dans le méridien magnétique et que les balais viennent toucher à chaque révolution.

Pour faire les déterminations de e et i, un premier observateur rend la vitesse constante et enrégistre n; un second observateur fait varier l'intensité i du courant de la pile au moyen d'un rhéostat, le troisième note la déviation α de la boussole B. L'aiguille du galvanomètre G dévie sous l'action du courant différentiel qui traverse sa bobine; mais pour une valeur convenable de i, la déviation est nulle. A ce moment, la valeur correspondante de e est précisément celle que l'action terrestre fait naître aux extrémités des fils f et f'. On a donc d'une part,

$$e = n\mathrm{S}\varphi. \quad (94)$$

S étant l'aire du cadre C en centim. c., et d'autre part,

$$i = \frac{\varphi \cdot r \operatorname{tg} \alpha}{2\pi} \cdot \quad (96)$$

Donc pour déterminer R,

$$R = \frac{2\pi \, n\mathrm{S}}{r \operatorname{tg} \alpha} \text{ unités électrom.}$$

Connaissant les dimensions de la colonne de mercure employée, on détermine facilement par le calcul la longueur d'une colonne de 1^{mmc} de section dont la resistance est égale à l'ohm ou 10^9 unités électrom.

Cette méthode a l'avantage que le cadre portant le fil induit C étant très éloigné des aiguilles aimantées, celles-ci ne font pas naître de courants d'induction parasites; ensuite, d'après M. Lippmann le circuit étant constamment ouvert, il n'y a pas de corrections à faire du chef des extra-courants.

134. *Microfarad.* — On construit également des étalons de capacité; ce sont des condensateurs formés de feuilles de papier d'étain séparés par des lames de mica. Ces feuilles et ces lames sont empilées et superposées alternativement. Les feuilles de rang pair sont reliées entre elles et il en est de même des feuilles impaires; de cette manière, on forme un coudensateur à grande surface; le tout est noyé dans la paraffine afin que la distance des lames et par conséquent, la capacité reste invariable. Un microfarad renferme environ 300 feuilles circulaires d'étain et est contenu dans une boîte close de 8 centimètres de hauteur et de 16 centimètres de diamètre ; une cheville sert à décharger le condensateur. On construit aussi des boîtes de capacité analogues aux boîtes de résistance, et fournissant par une manœuvre convenable de chevilles, des capacités de différentes grandeurs.

§ 4. COMPARAISON DE L'OHM AUX AUTRES UNITÉS DE RÉSISTANCE.

135. L'Association britannique a comparé son unité pratique aux diverses unités qui étaient en usage antérieurement, ces unités sont :

A. L'unité de Jacobi, 25 pieds ($8^m,12$) d'un fil de cuivre pesant 345 grains ($22^{gr},4$).

B. L'unité de Siemens, un cylindre de mercure pur, à $0°$, ayant 1^m de longueur et 1^{mmc} de section.

C. L'unité de l'Association britannique (ohm).

D. L'unité télégraphique française suivant Digney, 1 kilomètre de fil de fer de 4^{mm} de diamètre.

E. L'unité télégraphique de Bréguet, présentant avec la précédente une légère différence dans sa valeur pratique.

F. L'unité télégraphique suisse, suivant Hipp, différant très peu des deux précédentes.

G. L'unité de Matthiessen, 1 mille anglais ($1609^m,34$) de fil de cuivre pur de $\dfrac{1}{16}$ de pouce ($0^m,0016$) de diamètre à $15°,5$ C.

H. L'unité de Varley, 1 mille anglais d'un fil de cuivre particulier, ayant $\dfrac{1}{16}$ de pouce de diamètre.

I. L'unité télégraphique allemande avant 1848, 1 mille allemand ($7532^m,83$) de fil de cuivre ayant $\dfrac{1}{12}$ de pouce ($0^m,0021$) à $20°$ C.

136. La table suivante permet de passer d'une unité à une autre : à cet effet, on cherche dans la première colonne verticale le nom de l'unité à laquelle est rapporté le nombre donné, puis on suit la ligne horizontale qui part de ce nom jusqu'à la colonne verticale en tête de laquelle est inscrite la lettre indicatrice de la seconde unité. Le nombre rencontré est le facteur de conversion. Ainsi s'il s'agit de convertir en unités Siemens une résistance évaluée en fil télégraphique de Bréguet, la première colonne verticale fournit à la lettre E l'unité de Bréguet; l'unité Siemens étant désignée par B, on suit la ligne horizontale partant de E, et on s'arrête à la colonne verticale marquée B, le nombre trouvé est 10,23. C'est par ce nombre qu'il faut multiplier le nombre d'unités Bréguet pour avoir le nombre correspondant d'unités Siemens.

Un deuxième tableau donne les résistances spécifiques de quelques métaux évalués en ohms; les résistances ont été déterminées par Matthiessen, et les résultats réduits en ohms par Fleeming Jenkin :

Comparaison des unités de résistance (d'après Jenkin) (1).

	A	B	C	D	E	F	G	H	I
A. Unité Jacobi.	1,000	0,6675	0,6367	0,06869	0,06520	0,06106	0,04686	0,02486	0,01108
B. Unité Siemens	1,498	1,000	0,9536	0,1030	0,0977	0,0915	0,07026	0,03726	0,0166
C. Ohm	1,570	1,0486	1,0000	0,1079	0,1024	0,0959	0,0736	0,'3905	0,01741
D. Unité télégraphique (Digney). .	14,56	10,0971	9,266	1,000	0,9491	0,8889	0,6822	0,3620	0,1613
E. Unité télégraphique (Bréguet) . .	15,34	10,23	9,760	1,054	1,0000	0,9365	0,7187	0,3814	0,1700
F. Unité télégraphique (Hipp) . .	16,38	10,93	10,42	1,125	1,068	1,0000	0,7675	0,4072	0,1815
G. Unité Matthiessen	21,34	14,23	13,59	1,66	1,391	1,303	1,'00	0,5305	0,2365
H. Unité Varley	40,21	26,83	25,61	2,763	2,622	2,456	1,885	1,'00	0,4457
I. Unité télégraphique allemande . .	90,22	60,21	57,44	6,198	5,882	5,509	4,228	2,243	1,000

(1) *Reports on Electrical Standards* London, 1873.

Tableau des résistances spécifiques de diverses substances à 0°.

SUBSTANCES.	Résistance de 1 c. cube entre deux faces opposées.	Résistance d'un fil de 1m de longueur et de 1mm de diamètre.	Résistance d'un fil de 1m de long. et pesant 1 gramme.
Métaux.	Michroms.	Ohms.	Ohms.
Argent recuit.	1,521	0,01937	0,1544
» écroui.	1,652	0,02103	0,1680
Cuivre recuit	1,616	0,02057	0,1440
» écroui.	1,652	0,02104	0,1469
Or recuit	2,081	0,02650	0,4080
» écroui	2,118	0,02697	0,4150
Aluminium recuit	2,945	0,03751	0,0757
Zinc écroui	5,689	0,07244	0,4067
Platine recuit.	9,158	0,1166	1,96
Fer recuit	9,825	0,1251	0,7654
Nickel recuit	12,60	0,1604	1,071
Étain écroui	13,65	0,1701	0,9738
Plomb	19,85	0,2526	2,257
Mercure	99,74	1,2247	13,06

Alliages recuits ou écrouis.

SUBSTANCES.			
Argent 2, platine 1	24,66	0,3140	2,959
Maillechort. Cuivre 50, zinc 25, nickel 25	21,77	0,2695	1,85
Or 2, argent 1.	10,99	0,1399	1,668

CHAPITRE VIII.

§ 1. LOIS DE L'ÉLECTROLYSE.

Lorsqu'on ne dispose pas d'instruments gradués en unités pratiques, on se sert d'unités arbitraires, et l'on ramène ensuite les résultats aux unités absolues. Les effets chimiques peuvent être choisis pour définir l'unité de courant; nous rappellerons d'abord les lois des actions électrochimiques.

137. *Lois de Faraday.* — Les lois fondamentales de l'électrolyse ou décomposition des corps composés (électrolytes) par le courant électrique peuvent être énoncées de la manière suivante :

1° Le travail chimique effectué par un courant est le même en tous les points du circuit.

2° La quantité d'un même électrolyte décomposée dans un temps donné est proportionnelle à l'intensité du courant.

3° Lorsque, dans un même circuit, divers électrolytes sont soumis à l'action d'un courant, les quantités décomposées de chacun d'eux sont proportionnelles à leurs équivalents chimiques.

138. Cette dernière loi est la plus remarquable, elle apprend que pour séparer des quantités équivalentes au point de vue chimique, il faut une même intensité de courant ou un même travail électrique. Ainsi, lorsqu'on dispose sur un même circuit des tubes renfermant de l'eau acidulée, du chlorure de plomb, du protochlorure d'étain, du nitrate d'argent,... tous les électrolytes sont décomposés; l'hydrogène et les métaux dégagés de leurs combinaisons sont transportés par le courant sur les surfaces polaires négatives des tubes. Si l'on représente par 1 le poids de l'hydrogène dégagé pendant un temps déterminé, les poids de plomb, d'étain, d'argent... déposés pendant le même temps sont respectivement 103,5, 59, 108, ...; or, ces nombres sont précisément les équivalents chimiques de ces métaux.

139. *Equivalents électrochimiques* [1]. — La table suivante contient des exemples de décompositions électrolytiques exigeant des quantités égales d'électricité.

SUBSTANCE DÉCOMPOSÉE.	MASSE DÉCOMPOSÉE.	MASSE DES PRODUITS DE LA DÉCOMPOSITION.	
Eau	9	1 hydrogène.	8 oxygène.
Acide chlorydrique . . .	36,5	1 "	35,5 chlore.
Chlorure de potassium . .	74,5	39 potassium.	35,5 "
" sodium	58,5	23 sodium.	35,5 "
" argent	143,5	108 argent. .	35,5 "
Iodure de potassium . . .	166	39 potassium.	127 iode.
Bromure de potassium . .	119	39 "	80 brome
Chlorure de calcium . . .	55,5	20 calcium.	35,5 chlore.
" zinc	68	32,5 zinc.	35,5
Protochlorure de fer . . .	63,5	28 fer.	35,5
Sesquichlorure de fer . . .	54 $^1/_6$	18 $^2/_3$ fer.	35,5
Sous-chlorure de cuivre . .	198	127 cuivre.	71 "
Protochlorure de cuivre .	134 $^1/_2$	63 $^1/_2$ cuivre.	71 "

(1) EVERETT : *Units and physical constants.*

SUBSTANCE DÉCOMPOSÉE.	MASSE DÉCOMPOSÉE.	MASSE DES PRODUITS DE LA DÉCOMPOSITION.	
Protochlorure de mercure .	271	200 mercure.	71 chlore.
(Sublimé corrosif) . . .	135,5	100 mercure.	35,5 »
Sulfate de potasse	87	39 potassium.	
» de zinc	81,5	32,5 zinc.	
Azotate de plomb	165,5	103,5 plomb.	
» d'argent	170	108 argent.	
Protochlorure d'etain . . .	94,5	59 étain.	35,5
Bichlorure d'étain	65	29,5 étain.	35,5 »

140. *Mesure du courant par l'effet chimique.* — Le poids d'un élec-trolyte décomposé pendant un temps donné étant proportionnel à la quantité d'électricité qui le traverse, il en résulte qu'on peut mesurer cette quantité, et par suite, l'intensité du courant, par le poids du corps décomposé. Un appareil disposé de manière à recueillir les produits de la décomposition s'appelle *voltamètre*.

Lorsqu'on se sert comme électrolyte d'une dissolution saline métallique, les électrodes sont des plaques de même métal que celui du sel et l'on déduit l'intensité du courant de l'augmentation de poids de l'électrode négative, ou de la diminution de poids de l'autre électrode (1).

141. *Voltamètre.* — Quand l'électrolyte est l'eau acidulée, le volta-mètre se compose d'un vase de verre dont le fond est percé de deux trous, dans lesquels sont mastiqués deux fils de platine qui servent d'électrodes. Le vase est rempli d'eau acidulée, et au-dessus des fils de platine on dispose de petites cloches graduées et remplies d'eau. Quand le courant

---

(1) Voir une excellente description des compteurs d'électricité d'EDISON dans : *La Nature*, 29 avril 1883.

a agi pendant un temps déterminé, on obtient un certain volume
d'hydrogène dans le tube qui recouvre le fil négatif; en divisant ce
volume par le temps, on obtient le volume dégagé pendant l'unité de
temps, et on en déduit par le calcul, la valeur numérique de l'intensité
du courant rapportée à l'unité que l'on adopte.

L'unité *électrochimique* de courant généralement admise, est l'intensité
du courant qui dégage 1 milligramme d'hydrogène par seconde, ce qui
correspond à la décomposition de 9 milligrammes d'eau.

142. *Poids de l'hydrogène dégagé*. — Pour mesurer le volume
d'hydrogène, on bouche avec le doigt l'extrémité ouverte du tube, on le
porte verticalement dans un vase rempli d'eau, et on l'enfonce jusqu'à
ce que le niveau de l'eau y soit le même que dans le vase. La pression de
l'hydrogène de la cloche, augmentée de la pression de la vapeur d'eau
qui la sature est alors égale à la pression atmosphérique; on lit le
volume occupé sur la division gravée le long du tube.

Soient V le volume du gaz mesuré en centimètres cubes, T le
nombre de secondes, H_o la hauteur barométrique ramenée à $0"$, t la température, f la pression de la vapeur d'eau saturée à t^v (H_o et f_l étant
exprimées en millimètres) Le poids du volume V d'hydrogène dégagé
par seconde est donné par l'expression

$$\frac{V \cdot 0,0896 \, (H_o - f)}{(1 + 0,003665t) \, 760},$$

dans laquelle 0,0896 est le poids d'un centimètre cube d'hydrogène à $0°$
et sous la pression de 760 mm. et 0,003665 le coëfficient de dilatation
des gaz. L'intensité est, par conséquent, exprimée en unités électrochimiques par la formule

$$I = \frac{V \cdot 0,0896 \, (H_o - f)}{T \, (1 + 0,003665t) \, 760}. \tag{1}$$

143 La table suivante donne les valeurs de l'expression

$$\frac{0,0896 \, (H_o - f)}{(1 + 0,003665t) \, 760}$$

pour quelques valeurs de t et de $H_o - f$.

Valeurs de $\dfrac{0,0896\,(H_o - f)}{(1 + 0,003665t)760}$.

$H_0 - f$	TÉMPÉRATURES									
	0°	2°	4°	6°	8°	10°	12°	14°	16°	18°
	0,0	0,0	0,0	0,0	0,0	0,0	0,0	0,0	0,0	0,0
700	8253	8133	8133	8075	8018	7961	7905	7850	7796	7742
702	8276	8216	8156	8098	8041	7984	7928	7872	7818	7764
704	8300	8239	8180	8121	8063	8006	7950	7895	7840	7786
706	8323	8263	8203	8144	8086	8029	7973	7917	7862	7808
708	8347	8286	8226	8167	8109	8052	7995	7940	7885	7830
710	8371	8310	8249	8191	8132	8075	8018	7962	7907	7852
712	8394	8333	8273	8214	8155	8097	8041	7984	7929	7875
714	8418	8357	8296	8237	8178	8120	8063	8007	7952	7879
716	8441	8380	8319	8260	8201	8143	8086	8029	7974	7919
718	8465	8403	8342	8283	8224	8166	8108	8052	7996	7941
720	8488	8427	8366	8306	8247	8188	8131	8074	8018	7963
722	8512	8450	8389	8329	8270	8211	8153	8097	8040	7985
724	8536	8473	8412	8352	8293	8234	8176	8119	8063	8007
726	8559	8497	8435	8375	8316	8256	8199	8142	8085	8029
728	8583	8520	8459	8398	8339	8279	8221	8164	8107	8051
730	8606	8544	8482	8421	8362	8302	8244	8186	8130	8074
732	8630	8567	8505	8444	8384	8325	8266	8209	8152	8096
734	8654	8591	8528	8467	8407	8348	8289	8231	8174	8118

144. *Emploi de la boussole des tangentes pour la mesure des courants en unités électrochimiques.* — On se sert avec avantage de la boussole des tangentes pour mesurer l'intensité des courants rapportée à l'unité qui vient d'être adoptée. En disposant sur le circuit une boussole et le volta-mètre, on obtient d'une part une déviation α de l'aiguille, et d'autre part, un poids d'hydrogène dans la cloche du voltamètre. La formule d'équilibre de la boussole des tangentes (96) peut être écrite

$$I = K \operatorname{tg} \alpha,$$

I étant l'intensité du courant et K une constante qu'il faut déterminer ; d'ailleurs, l'intensité du courant en unités électrochimiques est donnée par la formule (1) du n° 142; en égalant les deux valeurs de l'intensité, on obtient une relation dont on déduit K.

Lorsque dans une expérience quelconque, on observera une autre déviation α, il suffira de multiplier K par la tangente de cet angle pour obtenir la valeur de l'intensité en unités électrochimiques.

145. *Conversion de l'unité arbitraire en unités absolues.* — D'après M. Kohlrausch [1], le poids de l'argent déposé en une seconde par un courant dont l'intensité correspond à un ampère est 1,1363 milligr.; l'unité électromagnétique C.G.S. dépose donc 11,363 milligr. Comme l'équivalent chimique de l'argent est 108; on en conclut qu'un ampère dégage 1,1363 : 108 = 0,0105 ou qu'il décompose 0,0105 · 9 = 0,0945 milligrammes d'eau.

Une unité électromagnétique dégage donc 0,105 milligr. d'hydrogène par seconde.

Réciproquement, pour dégager par seconde 1 milligramme d'hydro-gène, il faut un courant de

$$1 : 0,0105 = 95,05 \text{ ampères,}$$

$$95,05 : 10 = 9,505 \text{ unités électrom. C.G.S.,}$$

$$9,505 \cdot 3 \cdot 10^{10} = 2,85 \quad 10^{11} \text{ unités électrost. C.G.S. ;}$$

les nombres 95,05, 9,505 et 2,85 · 10¹¹ sont donc les constantes par lesquelles il faut multiplier l'intensité d'un courant déduite de la for-

---

(1) *Annales de Poggendorf*, vol. CXLIX, 1873.

mule (1) (142), pour ramener respectivement cette intensité, aux unités
pratique, électromagnétique et électrostatique.

§ 2. APPLICATION NUMÉRIQUE.

Afin d'éclaircir ce qui précède par un exemple numérique, nous décri-
rons les expériences faites par M. Cazin pour déterminer la résistance et
la force électromotrice d'un élément Bunsen à auge rectangulaire[1]. Les
mesures sont rapportées à l'unité électrochimique qui vient d'être définie,
et l'unité de résistance est l'unité Siemens (135). Nous convertirons en
unités C.G.S. et en unités pratiques les résultats obtenus au moyen de
ces unités arbitraires.

146. *Détermination de la constante de la boussole des tangentes.* — Le
circuit était composé de 4 éléments Bunsen, d'un voltamètre et d'une
boussole des tangentes ; on observait :

Déviation de la boussole . . . . $\delta = 7°,50'$
Volume d'hydrogène dégagé en deux minutes $V = 17^{cc}$
Hauteur barométrique réduite à 0°. . . . $H_o = 760^{mm}$
Température . . . . , . . . $t = 14°,5$
Intensité calculée par la formule (1) . . . $I = 0,011846.$

On déduit de ces données pour la constante de la boussole :

$$0,011846 = K \cdot tg\ 7°,50',$$

d'où,

$$K = 0,08611.$$

147. *Détermination de la force électromotrice d'un élément.* — Pour
déterminer la force électromotrice, on employa la méthode de Wheat-
stone [2], et on fit deux expériences.

---

(1) *Traité théorique et pratique des piles électriques*, par A. CAZIN. Paris, 1881.
(2) JAMIN, *Cours de physique de l'École polytechnique.* Tome III, page 137.

Expérience (A). Circuit formé par 4 éléments, la boussole et les rhéophores nécessaires :

$$\text{Déviation.} \ldots \quad d = 27°4'$$

$$\text{tg } d = 0,5110.$$

Expérience (B). Circuit formé par les mêmes éléments, la même boussole, les mêmes rhéophores, mais une autre résistance R = 1,6748 (unité Siemens) d'un tube capillaire plein de mercure :

$$\text{Déviation.} \ldots \quad d' = 16°25'$$

$$\text{tg } d' = 0,2946.$$

Avec ces données, on calcule e ; en effet, en appelant z la résistance des rhéophores et de la boussole, r celle d'un élément, il suffit d'appliquer aux deux expériences la loi d'Ohm, ce qui donne :

$$\text{Expérience (A).} \ldots \quad \text{K tg } d = \frac{4e}{4r + z}.$$

$$\text{Expérience (B).} \ldots \quad \text{K tg } d' = \frac{4e}{4r + z + \text{R}}.$$

Éliminant $4r + z$ entre ces deux égalités, et remplaçant les lettres par leurs valeurs, on a

$$e = \frac{4\text{R} \cdot \text{tg } d \cdot \text{tg } d'}{4\,(\text{tg } d - \text{tg } d')} = \frac{0,08611 \cdot 0,511 \cdot 0,2946}{4 \cdot (0,511 - 0,2946)},$$

où

$$e = 0,025.$$

La moyenne de plusieurs expériences a donné 0,024.

148. *Détermination de la résistance de l'élément.*

Expérience (C). Le circuit est disposé comme pour l'expérience (A), mais ne renferme que deux éléments :

$$\text{Déviation.} \ldots \quad d'' = 16°34'$$

$$\text{tg } d'' = 0,2975 ;$$

d'où

Expérience (C). . . . $K \operatorname{tg} d'' = \dfrac{2e}{2r + z}$,

Expérience (A). . . . $K \operatorname{tg} d = \dfrac{4e}{4r + z}$,

éliminant z, on a

$$r = \frac{e\,(2 \operatorname{tg} d'' - \operatorname{tg} d)}{K \operatorname{tg} d \operatorname{tg} d''},$$

subtituant, on trouve

$$r = 0{,}136 \text{ unités Siemens.}$$

Nous avons donc

$$I = 0{,}011846 \text{ unités électrochimiques,}$$
$$E = 4e = 4 \cdot 0{,}024 = 0{,}096.$$

La résistance totale du circuit formé par la pile de 4 éléments, le voltamètre, la boussole et les rhéophores est

$$R = \frac{E}{I} = \frac{0{,}096}{0{,}011846} = 8{,}104 \text{ (unités Siemens).}$$

149. *Conversion des résultats en unités pratiques.* — Le facteur de conversion pour passer de l'unité Siemens à l'ohm est 0,9536 d'après le tableau de la page 104; on a donc (145)

$$I = 0{,}011846 \cdot 95{,}05 = 1{,}12 \text{ ampère,}$$
$$R = 8{,}04 \cdot 0{,}9536 = 7{,}7 \text{ ohms,}$$
$$E = IR = 7{,}7 \cdot 1{,}12 = 8{,}6 \text{ volts.}$$

Conversion en unités électromagnétiques C.G.S.

$$I = 0{,}01186 \cdot 9{,}505 = 0{,}112,$$
$$R = 7{,}7 \cdot 10^9,$$
$$E = 8{,}6 \cdot 10^8.$$

Conversion en unités électrostatiques C.G.S.

$$I = 0,01186 \cdot 2,85 \cdot 10^{11},$$

$$R = 7,7 \cdot \frac{10^{-11}}{9} = 0,85 \cdot 10^{-11},$$

$$E = 8,6 \cdot \frac{10^{-2}}{3} = 2,9 \cdot 10^{-2}.$$

Constante de la boussole. — On a trouvé

$$K = 0,08611 \text{ unités arbitraires,}$$

et par conséquent

$$K = 0,08611 \cdot 95,05 = 8,18 \text{ ampères,}$$
$$K = 0,08611 \cdot 9,505 = 0,818 \text{ unités électrom. C.G.S.,}$$
$$K = 0,08611 \cdot 2,85 \cdot 10^{11} = 2,45 \cdot 10^{10} \text{ unités électrost C.G.S.}$$

TABLE DES MATIÈRES.

CHAPITRE I,

DES GRANDEURS ÉLECTRIQUES.

§ 1. Quantité d'électricité.

§ 2. Potentiel.

§ 3. Intensité du courant.

§ 4. Résistance.

§ 5. Capacité électrique.

CHAPITRE II.

GÉNÉRALITÉS SUR LES UNITÉS.

CHAPITRE III.

SYSTÈME D'UNITÉS ÉLECTROSTATIQUES.

§ I. — Définitions des unités.

§ 2. — Applications numériques.

CHAPITRE IV.

NOTIONS DE MAGNÉTISME ET D'ÉLECTRCMAGNÉTISME.

§ 1. Magnétisme.

§ 2. Électromagnétisme.

CHAPITRE V.

SYSTÈME D'UNITÉS ÉLECTROMAGNÉTIQUES.

CHAPITRE VI.

COMPARAISON DES SYSTÈMES.

§ 1. Des dimensions des unités.

§ 2. Rapport des deux séries d'unités électriques.

SYSTÈME D'UNITÉS PRATIQUES.

§ 1. Définitions.

§ 2 Applications numériques.

§ 3. Étalons des unités pratiques.

§ 4. Comparaison de l'ohm aux autres unités de résistance.

CHAPITRE VIII.

DES UNITÉS ARBITRAIRES.

§ 1. Lois de l'électrolyse.

§ 2. Application numérique.

7

8

9

10

11

CPSIA information can be obtained
at www.ICGtesting.com
Printed in the USA
BVHW040507071218
534744BV00030B/243/P

SEINE GEHEIME JUNGFRAU

EINE VERBOTENE ROMANZE (SÖHNE DER SÜNDE BUCH DREI)

JESSICA FOX

INHALT

Veröffentlicht in Deutschland:

Von: Jessica F.

© Copyright 2021

ISBN: 978-1-64808-954-1

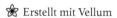 Erstellt mit Vellum

KLAPPENTEXT

Sexy, mächtig und doppelt so alt wie ich, er hat mich im Sturm erobert.
Ab dem Augenblick, in dem ich ihn sah, wusste ich, dass er derjenige war, der mir eine Welt zeigen würde, die ich noch nie zuvor erlebt hatte.
Es war mir egal, dass er so alt wie mein Vater war, die Reife stand diesem Mann.
… und ich wurde das Gefühl nicht los, dass er sich so sehr zu mir angezogen fühlte, wie ich zu ihm.
Er hatte eine Ex-Frau, die ihn nicht gehen lassen wollte, und Töchter, die älter als ich waren und bereits in die Fußstapfen ihrer Mutter traten.
… und mein Vater war mir im Weg.
Mit so vielem, was uns trennte, würde er mich jemals so berühren, wie ich noch nie in meinen zwanzig Lebensjahren berührt worden war? Würde sein Mund meinen jemals wild küssen? Würden meine Hüften sich je gegen seine pressen?
Wäre er bereit, mit mir für unsere Liebe zu kämpfen?

Wieso musste sie so jung, so unschuldig, so verdammt sexy und so verboten sein?

Ich war mit dem Thema Beziehungen durch, meine Ehe war voller Enttäuschungen gewesen und ich wusste, dass ich mich niemals wieder verlieben würde.

Doch dann kam sie durch meine Tür.

Kaum zwanzig Jahre alt.

Schüchtern wie ein Kätzchen.

Unschuldig wie ein Lamm.

Und setzte meinen Körper zum ersten Mal seit vielen, vielen Jahren in Brand.

Ihr Vater und ich seit der Uni Freunde. Sie war seine einzige Tochter. Bei allem, was zwischen uns stand, wäre es ein Wunder, wenn ich je ihre seidige Haut unter meinen Fingerspitzen spüren könnte. Diese vollen Lippen zu küssen, die so einladend waren. Sie auf eine Weise zu schmecken, wie sie noch nie geschmeckt worden war.

Wenn ich es doch schaffen würde, müsste sie es geheim halten. Wäre sie dazu bereit für einen Mann, der so alt wie ihr Vater war?

1

CHRISTOPHER

Vor gar nicht so langer Zeit noch schaffte es das Lachen meiner Kinder immer, mein Herz auf eine Weise zu berühren, wie es noch nie berührt worden war. Selbst als Erwachsene brachte mich ihr Lachen im Wind immer noch zum Lächeln. Als sie klein waren, lebte ich mein Leben für meine Mädchen. Doch die Zeit verging, das Leben zog vorbei und irgendwie veränderte sich alles.

Meine Rolle als fürsorglicher Vater schien Lichtjahre entfernt. Jetzt hatte ich nichts mehr, niemanden mehr. Und ich hätte nicht glücklicher darüber sein können.

„Papa?", hörte ich meine Älteste, Lauren, rufen. „Wir wissen, dass du zu Hause bist. Versuche gar nicht erst, dich vor uns zu verstecken. Ashley und ich wollen hören, wie dein sechsundvierzigster Geburtstag gestern war."

Mein sechsundvierzigster Geburtstag. Ach du Scheiße, ich bin alt!

Ich saß zurückgelehnt auf der Terrasse, schaute dem Sonnenuntergang zu und war nicht besonders an dem interessiert, was meine Töchter zu erzählen hatten. Sie waren gerade von einem Shopping-Wochenende mit ihrer untreuen Mutter zurückgekommen. Ich wollte nichts über meine Ex-Frau hören.

Fünf glückliche Jahre waren seit meiner Scheidung waren vergangen und ich freute mich bereits auf viele weitere paradiesische Jahre ohne diese Hexe in meinem Leben.

„Papa?", rief Ashley mit ihrer singenden Stimme. „Wo bist du? Komm heraus, komm heraus, wo auch immer du bist."

„Auf der Terrasse , meine Lieben." Mir war klar geworden, dass ich sie auch einfach sagen lassen konnte, was sie wollten, und es hinter mich bringen. Das Glas Scotch, das ich in der Hand hielt, würde mir helfen, ihrem Spitzen standzuhalten, hoffte ich.

Absätze klickerten über den Holzboden, als meine modebewussten Töchter zu mir kamen. Lauren war fünfundzwanzig und hatte bisher recht wenig aus ihrem Leben gemacht. Es schien, als wollte sie einen Abschluss darin machen, so viele Klamotten wie möglich mit Papis Kreditkarte zu kaufen.

„Da bist du ja." Sie wühlte in ihrer riesigen Handtasche, bis sie einen gelben Umschlag hervorzog. „Von mir, Papa. Alles Gute zum sechsundvierzigsten Geburtstag." Sie gab mir einen Kuss auf die Wange.

„Danke, meine Liebe." Ich öffnete den Umschlag und fand eine blaue Karte darin. Ein Feuerwerk auf der Vorderseite der Karte und wünschte mir alles Gute. Innen war eine Unterschrift, Lauren Taylor, und mehr nicht. „Naja, sie kommt nur einen Tag zu spät." *Und hat auch nur einen Dollar und keine Gefühle gekostet.* „Danke, Liebes."

Ashley setzte sich mir gegenüber hin und strich sich mit der Hand über die neuen Jeans, die perfekt saßen. „Ich bin nicht dazu gekommen, dir eine Karte zu besorgen." Sie zuckte mit den schmalen Schultern. „Aber du hast bereits alles, was man mit Geld kaufen kann, das macht es ziemlich schwierig, dir Geschenke zu kaufen."

„Tut mir leid." Ich fand es merkwürdig, dass meine jüngste Tochter versuchte, mir Schuldgefühle zu machen, weil ich nichts brauchte.

Mit ihren dreiundzwanzig Jahren war Ashley auch nicht gerade ein Genie. Leider hatte Lisa, ihre Mutter, ihnen nie viel über Ehrgeiz beigebracht. Der Masterplan meiner Ex war, dass unsere Töchter das täten, was sie getan hatte: Einen Mann finden, ihn dressieren, ihm dabei helfen erfolgreich zu werden und ihn dann ausnutzen.

Lisa hatte das einundzwanzig Jahre lang getan, bis ich herausfand, dass sie mich fast unsere ganze Ehe lang betrogen hatte. Ich war seit mindestens fünf Jahren unglücklich in der Ehe gewesen, als ich sie in unserem Bett mit einem anderen Mann erwischte.

Ob es falsch war oder nicht, ich war froh, einen legitimen Grund zu haben, mich von der Frau scheiden zu lassen, die mir eine halbe Ewigkeit lang das Leben zur Hölle gemacht hatte.

Lauren setzte sich an den Tisch und grinste breit. „Mama hat gesagt, wir sollten dir zum Geburtstag einen Gehstock schenken, alter Mann."

Ich fand das nicht so witzig.

„Vielleicht hat sie durch die ganzen Schönheits-OPs vergessen, dass sie eine Woche älter ist als ich. Aber wenn man sich einmal im Jahr das Gesicht liften und alle paar Jahre die falschen Brüste hochziehen lässt, vergisst man wahrscheinlich, wie alt man wirklich ist." Ich wusste, dass das ein tiefer Schlag war, aber es war mir egal.

„Zieh die Krallen ein, Papa!", sagte Ashley grinsend und fuhr dabei mit der Hand durch die Luft. „Sie richtet dir herzlichen Glückwunsch zum Geburtstag aus und dass sie sich nichts mehr wünscht, als dass du mal ein Wochenende mit uns am See verbringst."

Eher würde die Hölle einfrieren, als dass ich diese Frau in mein Zuhause einladen würde.

„Ähm, nein." Ich nippte an meinem Scotch, um mich davon abzuhalten, noch etwas zu sagen.

Ich war stolz darauf, die meisten unschönen Kommentare über ihre schreckliche Mutter für mich zu behalten, um meine Töchter nicht damit zu belasten. Heute fiel es mir besonders schwer.

Als ich Lisa verließ, habe ich ihr das Heim überlassen, in dem wir unsere Kinder großgezogen hatten. Soweit ich wusste, hatte sie Männer auf jeder Oberfläche jener Villa flachgelegt. Ich wollte nichts damit zu tun haben.

In der Eile hatte ich mir ein kleines Haus mit fünf Zimmern und sechs Bädern in Manchester gekauft. Ich musste in New Hampshire bleiben, meine Firma brauchte zu viel meiner Aufmerksamkeit, um anderswo zu wohnen.

Nach der Scheidung, als ich mir keine Sorgen mehr machen musste, dass Lisa die Hälfte alles meines Besitzes bekommen würde, kaufte ich eine große Villa am Massabesic-See, etwas außerhalb von Manchester. Als ich mich in meinem Haus eingerichtet hatte, fühlte ich mich endlich wieder wie ich selbst. Es war meine eigene Villa, die ich so ausstatten und einrichten konnte, wie ich es wollte und nicht wie meine Frau es mir vorschrieb.

Ich war noch nicht lange im See-Haus, als Lauren zu mir kam und fragte, ob sie einziehen könne. Selbst sie hatte keine Lust mehr, der endlosen Parade von Männern durch das Schlafzimmer ihrer Mutter zuzusehen.

Kurz nachdem sie eingezogen war, tauchte Ashley mit ihrem Fahrer auf und zerrte alle ihre Sachen hinter sich her. „Ich ziehe ein, Papa."

„Das sehe ich." Mit einem Nicken ließ ich sie einziehen. Das Leben kehrte ein bisschen zu der Routine zurück, die ich hinter mir gelassen hatte, als ich ausgezogen war.

Mit ihnen im Hause war nicht annähernd so schlimm wie es mit ihre Mutter gewesen war, die alles dramatisiert hatte. Die Mädchen stritten sich weniger miteinander als damals, als wir alles unter einem Dach gelebt haben. Eigentlich kamen sie sogar sehr gut mit einander klar. Das taten wir alle.

Natürlich versuchte ich nicht, sie dazu zu bringen, großartig zu helfen. Sie kamen und gingen je nach Laune. Jede hatte ihre eigene Kreditkarte, die ich jeden Monat zahlte.

Sie waren nicht komplett verwöhnt. Ich hatte ihren Kreditkarten ein Limit gesetzt. Nur fünfzigtausend pro Monat. Wenn sie das Limit erreicht hatten, konnten sie bis zum nächsten Monat nichts mehr ausgeben.

Ich fand es in Ordnung.

Tief in meinem Inneren wusste ich, dass ich meinen Mädchen helfen musste, ihren Weg zu finden. Ich wurde nicht jünger und wollte, dass meine Mädchen für sich selbst sorgen konnten, wenn mir etwas zustoßen sollte.

„Ich denke, ihr zwei solltet über Uni oder einen Beruf nachdenken."

„Wieso?", fragte Ashley und verdrehte die blauen Augen. „Wir machen doch nur Witze über dein Alter. Dir bleibt noch eine Unmenge Zeit. Also kein Grund für uns, uns jetzt schon um das Geld zu sorgen."

Lauren lächelte mich an und klimperte mit den langen, schwarzen, falschen Wimpern. „Ja, Papa, wieso sollten wir uns jetzt schon sorgen?"

Ich nahm einen weiteren Schluck Scotch und fragte mich, wie ich ihnen etwas so Tiefgründiges wie die Notwendigkeit, wenigstens eine Sache im Leben gut zu können, erklären sollte. Ich vertrieb den Gedanken. „Okay, vergesst es."

„Selbst, wenn du den Löffel abgibst, sind wir versorgt." Ashley nahm mir das Glas aus der Hand. „Du solltest mit dem Trinken aufhören und mit Yoga anfangen, damit du länger lebst."

Ich nahm mein Glas zurück. „Ich brauche kein Yoga, wenn es Alkohol gibt, um mich nach einem anstrengenden Tag zu entspannen." Dann kehrte ich zum eigentlichen Thema zurück. „Genau das meine ich. Ihr beiden solltet wissen, wie sich ein richtiger Arbeitstag anfühlt und wie es ist, seine Früchte zu ernten. Es fühlt sich toll an, etwas zu schaffen. Sich Ziele zu setzen und sie eines Tages zu erreichen. Das ist unglaublich befriedigend."

„Ähm nee", gab Lauren zurück. „Mama sagt, dass wir nicht zu arbeiten brauchen. Sie sagt, dass wir immer Geld haben werden. Sie hat sichergestellt, dass du massig verdienst, damit sie sich niemals darum sorgen müsste. Und das Geld wird weiterhin mehr Geld produzieren, bis du stirbst, und selbst dann noch weiter wachsen wegen deiner Investitionen."

Mein Gott, diese Mädchen sind so unglaublich verwöhnt!

Ich massierte mir die Nasenwurzel und musste mich selbst daran erinnern, dass ich ihre Mutter im zarten Alter von zwanzig Jahren geheiratet hatte. Ich war noch ein dummes Kind gewesen, das sich in die erste Frau verliebt hatte, die ihm einen geblasen hatte. Natürlich hatte sie das nur getan, als wir noch ein Pärchen waren. Sobald der Ring an ihrem Finger steckte, war es damit vorbei gewesen.

Mit so vielen Dingen war es vorbei gewesen, sobald ich „Ich will" gesagt hatte.

Die süße Art, wie sie meinen Namen mit ihrer leisen, schüchternen Stimme gesagt hatte. „Christopher, komm her, Schatz." Das alles hatte sich verändert. Ich war nicht mehr ihr geliebter Christopher. Sie begann, mich Chris zu nennen, sobald die Ehezeremonie vorbei war. Kosenamen waren kein Teil unserer Ehe mehr. Und ich verstand nicht, wieso.

Nach der Uni begann Lisa die Suche nach genau dem richtigen Job für mich. Ich hatte nie darüber nachgedacht, in der Lebensmittelindustrie zu arbeiten, bis sie ein Jobangebot bei einem Lebensmittelproduzenten fand. Ich begann als Manager und als ich die Leiter bis ganz nach oben geklettert war, präsentierte sie mir ihre neue Idee.

„Wieso gründest du nicht deine eigene Firma und verdrängst diese vom Markt?", fragte sie mich eines Tages. „Ich habe dafür gesorgt, dass du perfekt kreditwürdig bist, du könntest also einen Geschäftskredit aufnehmen und deine eigene Firma aufbauen, sobald du willst, Chris. Was sagst du?"

Ich hatte ja gesagt. Ich habe alles genau so getan, wie sie es von mir wollte. Aber ich habe sie nicht zu meiner Partnerin gemacht. *Gott sei Dank!*

Sie hatte vielleicht die Idee gehabt, aber ihr Engagement und Interesse an die Firma hatte nicht weitergereicht. So lange ich Geld machte, war ihr alles andere egal.

Mein Scheidungsanwalt war sehr stolz auf mich gewesen, weil ich sie ausgeschlossen hatte, als ich ihn darum bat, so viel für mich zu behalten wie möglich. Lisa hatte die Hälfte gewollt und gab nicht nach.

Dank ihrer Untreue bekam sie jedoch sehr viel weniger. Ich gab ihr unser Haus und drei Autos, die ich bezahlt hatte. Zum Schluss musste ich ihr nur eine Milliarde Dollar aus meiner Firma, Global Distributing, zahlen.

Ich war glücklich, nicht allzu viel verloren zu haben. Doch ich musste auch zugeben, dass sie mir viel mehr als nur Geld genommen hatte. Mein Fähigkeit zu vertrauen, zu lieben, war mit der Ehe zerbrochen. Mein Wunsch, eine Frau in meinem Leben zu haben, war auch verschwunden. Alles, was ich wollte, war ein glückliches Leben – allein.

Gut, meine Mädchen konnten bei mir sei. Aber ich brauchte – wollte – keine Romantik in meinem Leben. Zu viele Jahre mit einer selbstsüchtigen, narzisstischen Frau hatten ihre Spuren hinterlassen. Liebe, Verlangen, selbst Anziehung sprachen mich nicht an.

„Papa, hast du mich gehört?", fragte Lauren.

Ich hatte kein einziges Wort gehört, so sehr war ich in Gedanken verloren gewesen. „Nein."

„Ich habe gesagt, dass du mal darüber nachdenken solltest, Mama zumindest mal zum Kochen oder so einzuladen. Du weißt, wie sehr sie schon immer den See geliebt hat. Wir könnten mir ihr im Boot hinausfahren. Das fände sie toll. Und sie möchte wirklich mit dir befreundet sein, Papa. Darüber hat sie das ganze Wochenende gesprochen." Sie tätschelte meine Hand. „Bitte."

Mir war es schon immer schwergefallen, meinen Mädchen etwas abzuschlagen – außer, wenn es um ihre Mutter ging.

„Auf keinen Fall, meine Kleine. Ich will nicht, dass eure Mutter hier hinkommt. Das ist mein Zuhause. Eines Tages, wenn ihr euch verliebt, werdet ihr das besser verstehen. Ich habe keinen Hass in meinem Herzen. Aber ich will eure Mutter auf keine Weise in meinem Leben haben."

Ashley strich sich die blonden Locken, die denen ihrer Mutter glichen, aus dem Gesicht. „Siehst du, habe ich doch gesagt, Lauren. Er kommt nicht darüber hinweg, was sie ihm angetan hat."

„Oh, ich bin darüber hinweg." Ich stand auf, um hineinzugehen und diese Unterhaltung endlich zu beenden. „Und das will ich auch bleiben. Gute Nacht, Mädels."

Abgesehen von meinen Töchtern waren Frauen nichts, was ich in meinem Leben wollte, weder freundschaftlich noch romantisch.

Damit bin ich durch!

2

EMMA

An meinem zwanzigsten Geburtstag hatte mein Vater furchtbare Nachrichten. Anstatt mit dem Üblichen nach Hause zu kommen – einem Schoko-Geburtstagskuchen und Ballons – kam er mit leeren Händen nach Hause. Der verzweifelte Ausdruck auf seinem Gesicht sagte mir, dass es etwas Wichtigeres gab als ein fehlender Kuchen.

„Papa, ist alles in Ordnung?"

Er schüttelte den Kopf und schaute sich im Wohnzimmer um. „Wo ist Mama?"

„In der Küche, sie kocht Spaghetti mit Krabben für mein Geburtstagsessen." Mir gefiel gar nicht, wie mein Vater sich verhielt. „Was ist los?"

Er ging an mir vorbei und sagte: „Komm mit, ich will es nur einmal sagen müssen."

Ich folgte ihm in die Küche, wo meine Mutter ihn nur kurz anschaute und dann den Löffel fallen ließ, mit dem sie umgerührt hatte. Sie ging direkt zu ihm und umarmte ihn fest.

„Sebastien, was ist passiert?"

„Die Lagerhalle wird geschlossen." Er seufzte tief. „Die Firma ist bankrott. Niemand hat je die finanziellen Probleme erwähnt. Ich wurde gerade aus dem Hauptsitz angerufen. Mir wurde gesagt, dass ich meinen Leuten sagen soll, dass heute ihr letzter Tag war, und dass es auch mein letzter Tag war. Jemand von der Bank ist gekommen, um die Lagerhalle abzuschließen. Sie wird versteigert."

Ich fühlte mich wie betäubt. Mein Vater hatte seit vor meiner Geburt bei der Firma gearbeitet. Ich verstand nicht, wie eine ganze Firma einfach so von einem Tag auf den anderen dichtmachen konnte.

„Ich schätze, ich sollte Laney in der Boutique sagen, dass ich Vollzeit arbeiten muss."

Mama entließ Papa aus der Umarmung und schaute mich mit traurigen Augen an. „Ja, Emma, wir werden alle tun müssen, was wir können, um die Rechnungen zu bezahlen, bis dein Vater einen neuen Job findet."

„Celeste, du weißt, dass ich keinen Job finden werde, der so gut bezahlt wie das Lagerhaus." Er ließ sich auf einen Stuhl sacken, legte das Gesicht in die Hände und stöhnte. „Ich bin sechsundvierzig Jahre alt, niemand wird mich anstellen."

„Ach was", sagte meine Mutter. „Ich bin nur ein Jahr jünger und ich wette, dass ich einen Job finde. Außerdem gibt es eine Menge Manager-Positionen bei Firmen in der Umgebung."

„Keine, die so gut bezahlt wird wie meine." Er hob die Augen, um sich in der Küche umzuschauen. „Allein die Hypothek wird unser Erspartes sofort aufbrauchen. Dazu kommen noch die Raten für drei Autos. Und die anderen Rechnungen. Ich habe Angst, dass wir alles verlieren könnten, Celeste. Du, Emma und ich können so viel arbeiten wie wir wollen, es wird nicht so viel Geld bringen wie ich verdient habe."

„Du klingst, als wären wir verflucht, Sebastien." Mama ging zurück zum Herd, um die Sauce umzurühren.

Ich ging zu ihr, um ihr zu helfen, denn an ihrem Gesichtsausdruck erkannte ich, dass Papas Worte schwer auf ihr lasteten, trotz ihres versuchten Optimismus.

„Komm, Mama, ich helfe dir."

Sie reichte mir den Kochlöffel, ging zum Kühlschrank und nahm ein Bier heraus. Sie öffnete es und stellte es vor meinem Vater auf den Küchentisch. „Hier, trink das. Hoffentlich beruhigt es dich etwas. Wir bekommen das schon hin, Liebling. Ich weiß, dass alles gut werden wird."

Nachdem er das Bier heruntergeschüttet hatte – etwas, was ich meinen Vater noch nie tun sehen hatte – stellte er die leere Dose auf den Tisch. „Nicht bei unserem Lebensstil, es wird nicht funktionieren."

„Dann schränken wir uns halt ein", sagte Mama positiv. „Es wird uns nicht umbringen, unsere Autos für günstigere einzutauschen. Oder noch besser, nur noch ein Auto zu haben."

Papa sah aus als wollte er weinen. „Ich will nicht, dass Emma und du eure Autos verliert."

„Das macht mir nichts aus", stimmte ich ein. „Ich werde alles tun, um zu helfen, Papa."

Er lächelte, wenn auch schwach. „Du bist ein gutes Mädchen, Emma. Meine Kleine."

„Ich bin gar nicht mal mehr so klein, Papa. Dir ist schon klar, dass ich heute zwanzig geworden bin, oder?", erinnerte ich ihn.

„Du wirst immer meine Kleine sein, Emma Hancock." Er stand auf, umarmte mich und küsste mich auf den Kopf. „Herzlichen Glückwunsch zum Geburtstag, mein Liebes. Es tut mir leid, dass ich vergessen habe, dir den Kuchen und die Ballons mitzubringen."

„Du brauchst dich nicht zu entschuldigen. Das verstehe ich vollkommen." Ich küsste ihn auf die stoppelige Wange.

Er ließ mich los, ging zum Kühlschrank und nahm ein weiteres Bier heraus. „Ich wünschte, ich könnte dir sagen, dass ich es wiedergutmachen werde, aber vorerst müssen wir jeden Cent sparen."

Nach einem stillen Geburtstagsessen ging ich nach nebenan zu meiner besten Freundin, Valerie. Wir waren etwa gleich alt und wohnten seit Ewigkeiten nebeneinander.

Sie öffnete mir die Haustür mit einer kleinen, rosafarbenen Geschenktüte in der Hand. „Herzlichen Glückwunsch, Emma!" Sie reichte mir die Tüte. „Ich habe eine Kleinigkeit für dich."

Ich war froh, dass mein Geburtstag auf einen Freitag gefallen war.

Ansonsten wäre Valerie in ihrem Wohnheim an der Columbia University in New York gewesen und nicht zu Hause. „Das wäre aber nicht nötig gewesen."

„Weiß ich doch. Mach es einfach auf."

Ich zog eine kleine Schachtel hervor und öffnete den Deckel. Es war ein Anhänger für das Armband, das sie mir geschenkt hatte, als ich fünfzehn geworden war.

„Ein Engel?", sagte ich fragend.

„Ja, ich möchte, dass du einen Schutzengel hast." Sie legte mir den Arm um die Schultern und gemeinsam gingen wir in den Garten des Hauses ihrer Eltern. „Weißt du, Emma, ich habe das Gefühl, dass du eine Art Schutzengel in deinem Leben brauchst. Du scheinst irgendwie stehen geblieben zu sein."

„Stehen geblieben?", fragte ich und war etwas überrascht von ihrer Wortwahl.

„Ja, stehen geblieben." Sie ließ meine Schulter los und setzte sich an den Gartentisch.

Ich setzte mich zu ihr und schaute dann den kleinen Engel mit dem glitzernden durchsichtigen Kristall in der Mitte an. „Er ist sehr schön, Val. Danke!" Ich versuchte, die Unterhaltung zu beenden und von dem merkwürdigen ‚stehen geblieben'-Kommentar wegzukommen.

Doch sie kam direkt wieder zu dem Thema zurück. „Emma, was möchtest du mit deinem Leben machen?"

Und da ist es.

„Ich arbeite in der Boutique und das gefällt mir." Ich legte den Engel zurück in die Schachtel und die rosafarbene Tüte, die ich auf den Tisch stellte. Ich war unruhig.

„In einer Boutique zu arbeiten ist keine Karriere, Emma." Sie legte wie eine Psychiaterin die Hände in den Schoß – nicht, dass Valerie solche Kurse auf der Columbia belegen würde. Sie studierte Englisch auf Lehramt.

„Und was soll das heißen, Valerie?" Ich wusste, was sie meinte. Sie meinte, dass ich auch auf die Uni gehen sollte.

„Es heißt, dass du deinen Horizont erweitern musst. Und das

bedeutet studieren." Ihre dunklen Augen schauten in meine. „Wenn du nicht an die Uni willst, kannst du ja auch eine Ausbildung machen. Das ist weniger theoretisch."

„Ich weiß nicht, was ich lernen will." Dann dachte ich an das Problem meines Vaters. „Außerdem hat Papa heute seinen Job verloren. Er kann mich momentan nicht unterstützen. Ich habe kein Erspartes und wenn ich welches hätte, würde ich es benutzen, um meiner Familie zu helfen."

Sie sah schockiert aus. „Dein Vater hat seinen Job verloren?"

„Ja." Ich fummelte an den Fransen meiner abgeschnittenen Jeans herum und fühlte ein komisches Gefühl in meinem Magen aufsteigen. „Ich denke, es werden viele Veränderungen auf meine Eltern und mich zukommen."

„Das tut mir so leid, Emma." Sie sah wirklich mitfühlend aus. „Hätte ich das gewusst, hätte ich das Thema heute nicht angeschnitten. Es ist nur, dass du jetzt zwanzig bist. Eine Erwachsene. Kein Kind mehr, weißt du?"

Valerie hatte immer auf mich aufgepasst. Ich wusste, dass sie es gut meinte, aber sie verstand mich trotz all der Jahre, die wir uns kannten, nicht.

„Ich weiß, dass ich kein Kind mehr bin. Ich weiß nur einfach noch nicht richtig, was ich mit meinem Leben anstellen will. Ich mag meine jetzige Arbeit. Und Laney lässt mich die Bestellungen machen. Das macht mir wirklich Spaß. Außerdem gibt es Leute, die ihr ganzes Leben lang als Verkäufer arbeiten – da ist nichts Schlimmes dran."

Sie nickte langsam. „Vielleicht könntest du Einkäuferin für eine große Kette werden – Macy's oder so?"

Sie hatte immer große Pläne. Aber mir waren solche Dinge nie wichtig gewesen. „Ich mag die Größe des Ladens, in dem ich jetzt arbeite. Ob du es glaubst oder nicht, es ist nicht gerade einfach, Dinge auszusuchen, die wir in dem kleinen Laden verkaufen. Der Druck, für ein Kaufhaus wie Macy's einzukaufen, wäre einfach zu groß."

„Druck ist nichts Schlimmes, Emma." Sie schaute mich über den dicken Rand ihrer schwarzen Brille an und übte ihren Lehrer-Blick an mir. „Manchmal hilft Druck dabei, etwas zu perfektionieren."

„Das hast du dir gerade ausgedacht, oder?" Ich lachte, als sie mit den Schultern zuckte. „Ich wusste es."

„Ich meine ja nur, dass Druck im Leben nicht immer zu vermeiden ist. Hör auf, davor wegzulaufen und akzeptiere es." Sie schob sich die Brille die Nase hinauf. „Ich glaube, das ist der Grund, aus dem du alle Jungs von dir ferngehalten hast. Du hast Angst vor dem Druck, der auf dir lasten würde, wenn du einen von all denen, die dich über die Jahre genauer angeschaut haben, mehr als zwei Minuten mit dir sprechen lassen würdest."

Ich verdrehte die Augen und korrigierte sie. „Ich gebe ihnen allen mindestens drei Minuten meiner Zeit, Val. Das weißt du."

Sie schüttelte den Kopf und lachte, doch sie war noch nicht fertig. „Ein Kerl braucht mehr als drei Minuten, um dich kennen zu lernen – oder du ihn."

„Ich wollte noch keinen der Kerle, die ich bisher getroffen habe, genauer kennen lernen. Und ich wollte auch nicht, dass sie mich kennen lernen." Außerdem gab es da noch etwas. Ich seufzte. „Du solltest da noch etwas wissen – ich habe nie darüber gesprochen, weil es peinlich ist. Ich habe meinem Vater versprochen, dass ich ihn mit jedem Kerl sprechen lassen würde, der mich interessiert, bevor ich mit ihm auf ein Date gehe."

Der Blick voller Verwirrung auf ihrem Gesicht sagte mir, dass die meisten Mädchen nicht die gleichen Probleme wie ich hatten. „Wieso solltest du ein solches Versprechen geben, Emma? Wir sind nicht mehr in den '50er Jahren. Bist du verrückt geworden?"

„Nein." Doch ihr Blick ließ mich das überdenken. „Schau, Papa kennt mich. Er vertraut mir und ich vertraue ihm. Und ich weiß, dass er nur mein Bestes will."

„Du macht dir selbst etwas vor." Sie lehnte sich zurück und wedelte sich Luft zu. „Du bist eine erwachsene Frau, Emma Hancock. Du bist zudem eine schöne junge Frau." Sie lehnte sich vor, stützte die Ellbogen auf den Tisch und legte dann das Kinn in ihre Hände. „Vielleicht wird es Zeit, dass du das verinnerlichst. Verdammt, du bist zwanzig und ich habe dich noch nicht einmal Make-up tragen sehen. Lass mich dir welches auftragen, bevor du gehst."

„Oh, nein." Ich schüttelte den Kopf. „Papa würde einen Anfall bekommen."

Sie verdrehte die Augen und fügte dann hinzu: „Darauf wette ich. Aber das heißt nicht, dass du keins tragen solltest, wenn du willst. Fang mit wenig an und er wird es nicht einmal bemerken."

Ich wusste, dass er es bemerken würde. „Nein. Vor allem nicht heute. Er hat noch nie so schrecklich ausgesehen wie heute, als er nach Hause gekommen ist, Val. Ich meine es ernst. Ich kann jetzt keine Rebellion anzetteln."

Ihre Lippen zogen sich auf einer Seite hoch, während sie mich betrachtete. „Eines Tages wirst du eine Rebellion anzetteln müssen, kleine Emma Hancock."

Naja, heute jedenfalls nicht.

3

CHRISTOPHER

Ein leises Klopfen an meiner Bürotür lenkte meine Aufmerksamkeit von meinem Computer-Bildschirm ab. Meine Assistentin, Mrs. Kramer, öffnete die Tür und kam herein.

„Mr. Taylor, wie geht es Ihnen heute?"

„Gut. Ich habe heute Morgen eine interessante E-Mail bekommen. Vielleicht setze ich mich in den nächsten Flug nach China, wenn die Skype-Sitzung, die Sie bitte für mich arrangieren, gut läuft." Ich drehte den Bildschirm herum, damit sie ihn sehen konnte. Einige Landwirte wollten biologisch produzieren und waren daran interessiert, dass ich ihre Produkte verkaufte. Bevor ich irgendetwas zustimmte, musste ich die Betriebe selbst besuchen. Sie mussten mir beweisen, dass ihre Produkte wirklich biologisch hergestellt waren, sonst würde ich sie nicht in meine Liste aufnehmen.

Sie setzte die Brille auf ihr schmales Gesicht und las die E-Mail. „Das ist interessant." Sie drehte meine Tastatur um und begann zu tippen, um die E-Mail an sich selbst weiterzuleiten. „Ich werde mich sofort um die Sitzung kümmern."

„Sehr gut." Ich lehnte mich zurück und verschränkte die Hände hinter dem Kopf. „Eine Reise, auch wenn es nur eine kurze

Geschäftsreise ist, wird mir guttun. Ich war in den letzten Jahren viel zu viel im Büro."

„Das stimmt." Sie ging herüber zur Kaffeemaschine, um mir einen ihrer berühmten Kaffees zuzubereiten. „Aber andererseits können Sie auch nicht verleugnen, dass die Arbeit Ihnen dabei geholfen hat, sich von dem Theater in Ihrem Privatleben abzulenken. Das ist weitaus besser, als Ablenkung in Alkohol oder noch Schlimmerem zu suchen, wie es viele Menschen tun, die eine Scheidung durchmachen."

„Nun, das stimmt. Aber ich trinke wahrscheinlich auch mehr als ich sollte. Ich bin auch nur ein Mensch." Ich dachte darüber nach, wie sehr sich mein Leben verändert hatte, seit ich meine Frau verlassen hatte. „Aber dann wiederum trinke ich nicht, um meine Sorgen zu ertränken – ich habe keine mehr. Ich tue es, weil ich es kann, ohne dass mir jemand Schuldgefühle machen will."

Da sie nie zu sehr für das Privatleben anderer interessierte, wechselte Mrs. Kramer schnell das Thema. „Mr. Taylor, ich bin in letzter Zeit etwas mit meiner Arbeit in Verzug."

„Das hatte ich gar nicht bemerkt." Die Frau war nie mit irgendetwas in Verzug. „Ist alles in Ordnung?"

„Natürlich." Sie strich sich das ergrauende Haar zurück und stellte die Kaffeemaschine an. „Es ist nur, dass Sie in letzter Zeit so viele neue Projekte ins Leben rufen, dass es mir schwerfällt, mitzukommen."

Ich durfte nicht vergessen, dass die Dame längst im Rentenalter war. Doch ihr blieben noch viele gute Jahre und sie war nicht der Typ dafür, der zu Hause blieb, um zu stricken. „Sollte ich etwas langsamer machen?"

„Nein." Sie schüttelte den Kopf und ging dann zum Fenster. „Machen Sie nur so weiter, es ist gut für die Firma." Sie drehte sich zu mir um. „Ich liebe meinen Job. Ich will arbeiten, bis ich es nicht mehr kann. Jetzt, wo mein Mann nicht mehr ist, fühlt sich unser Zuhause nicht mehr an wie früher."

Mrs. Kramers Mann war zwei Jahre zuvor verstorben. Sie hatte sich trotzdem immer professionell verhalten.

„Ich glaube Ihnen, dass es sich nicht mehr wie früher anfühlt." Ich nickte ihr zu.

Die Kaffeemaschine ratterte, während die Tasse darunter sich füllte. Sie schaute der dunklen Flüssigkeit dabei zu, wie sie in die Tasse tropfte. „Das wird es nie wieder." Ihr Blick trafen auf meinen. „Deshalb möchte ich diesen Job behalten, so lange Sie mich lassen. Ich weiß, dass eine jüngere Person besser mit Ihnen Schritt halten könnte, Mr. Taylor. Aber ich werde selbst einen Assistenten benötigen, wenn ich es schaffen will."

„Natürlich können Sie einen Assistenten haben." Ich stand auf, um mir meinen Kaffee zu holen, damit sie nicht gehen musste. „Gehen Sie in die Personalabteilung und bringen Sie die Sache ins Rollen."

Ihr Gesichtsausdruck sagte mir, dass sie erleichtert war. „Ich hatte befürchtet, dass Sie sagen würden, dass Sie das nicht für mich tun könnten. Es scheint als hätte ich mich umsonst gesorgt."

Ich fühlte mich furchtbar, weil sie so etwas gedacht hatte. „Mrs. Kramer, wenn Sie irgendetwas brauchen, müssen Sie nur danach fragen. Ich will Sie nicht ausbeuten. Ich versuche auch nicht, Sie loszuwerden. Ich möchte, dass Sie hier so lange arbeiten, wie Sie möchten. Sie sind von unschätzbarem Wert." Das war die Wahrheit. „Aber vergessen Sie nicht, dass Sie eine ziemlich gute Rente erwartet. Wenn Sie das Gefühl haben, dass Sie mit der Arbeit aufhören müssen, dann tun Sie, was am besten für Sie ist. Das Leben ist zu kurz, um es nicht so zu leben, wie man möchte."

Sie nickte zustimmend. „Vorerst möchte ich weiterarbeiten. Und ein Assistent würde mir sehr helfen, den Druck etwas von mir nehmen." Sie ging zur Tür. „Ich mache mich an die Organisation der Sitzung. Es könnte einen Tag oder so dauern wegen des Zeitunterschieds. Ich melde mich, sobald alles geklärt ist."

Als sie gegangen war, dachte ich darüber nach, wie es sein würde, wenn sie nicht mehr meine Assistentin war. Vielleicht würde ihr neuer Assistent eines Tages ihren Platz einnehmen.

Ich schrieb ihr eine schnelle E-Mail, um ihr zu sagen, dass ich in den Auswahlprozess eingebunden sein wollte. Wenn die Person eines

Tages für mich arbeiten könnte, wollte ich sichergehen, dass auch ich mit ihm oder ihr klarkam.

Seit der Scheidung war ich wählerisch mit den Personen, mit denen ich mich umgab. Zu viele der Liebhaber meiner Ex-Frau waren Männer, die ich als meine Freunde bezeichnet hatte. Und zu viele der Frauen, die ich als Freundinnen bezeichnet hatte, hatten aufgehört mit mir zu sprechen, da sie es vorzogen, mit meiner Ex in Kontakt zu bleiben. Um ehrlich zu sein, hatte ich ein bisschen den Glauben an die Menschheit verloren.

Das Leben war nicht so verlaufen, wie ich es erwartet hatte. Die Beziehung, in die ich alle meine Hoffnungen und Träume gesteckt hatte, war gesunken wie die Titanic. Meine Töchter waren zu oberflächlichen Menschen geworden. Meine Freunde waren alle verschwunden. Das Leben lief nicht im Geringsten so wie ich es geplant hatte.

Obwohl es nicht so gelaufen war, wie ich gedacht hatte, war ich nicht traurig oder wütend darüber. Ich war recht zufrieden mit meinem Leben.

Meine Töchter waren also oberflächlich. Das war ihr Leben, nicht meins. Ich liebte sie trotzdem

Ich hatte also einen Fehler begangen, als ich die Frau heiratete, die mich später betrog. Es hatte mich nicht ruiniert. Zumindest nicht komplett. Ich hatte immer noch meine Firma. Ich hatte immer noch meinen Reichtum.

Und bezüglich der Freunde, die einer nach dem anderen verschwunden waren, hatte ich gar nichts verloren. Während meiner Ehe hatte ich mich mit Menschen wie Lisa umgeben. Und wer brauchte schon Menschen, die nur versuchten, einen auszunutzen?

Ich konnte mich über nichts beschweren. Meine Firma wuchs. Ich verbrachte meine Zeit bedacht. Und ich musste mich um nichts und niemanden sorgen.

In der Hinsicht waren meine Töchter sehr pflegeleicht. Keine der beiden geriet in Schwierigkeiten. Keine Drogen. Keine Partys wie so viele andere reiche Kinder. Keine Affären. Sie hätten genau wie ihre

Mutter sein können. Doch in dieser Hinsicht waren sie komplett anders. *Gott sei Dank!*

Trotzdem wusste ich, würde ich je eine Frau nach Hause bringen, gäbe es Ärger in meinem kleinen Paradies. Meine Töchter würden zu fiesen kleinen Hexen werden. Das wusste ich genau.

Die machten kein Geheimnis daraus, dass es ihre Mutter oder niemand für mich sein musste. Und nicht einmal ihre Mutter, wenn sie sich nicht änderte.

Interessant, wie sie den Spieß für mich umgedreht hatten. Als ihr Vater war ich derjenige, der ihnen Probleme wegen ihrer Dates machen sollte. Doch ich hielt mich aus ihrem Liebesleben heraus.

Es wäre nett gewesen, wenn die Mädchen das gleiche getan hätten. Doch ich hatte sowieso kein Liebesleben, also kam ich nie auf die Idee, ihnen zu sagen, dass es sie nichts anging. Und die Tatsache, dass ich kein Verlangen danach hatte, eine Beziehung anzufangen, schien es unnötig zu machen, mich mit meinen Kindern auseinanderzusetzen.

Alles war einfach und das gefiel mir.

Einfache Dinge hatten mir schon immer gefallen. Ich mochte einen schlichten Scotch, meine Lieblingsfarbe war weiß und ich mochte ein Brot mit Erdnussbutter und Erdbeermarmelade lieber als jegliches andere Essen.

Während ich dasaß und darüber nachdachte, was für ein einfacher Mann ich war, begann Wut über meine Ex-Frau in mir aufzusteigen. Sie hatte es nicht schlecht mit mir gehabt. Wir hatten uns selten über etwas gestritten. Ich ließ sie immer ihren Willen bekommen. Ich machte ihr teure Geschenke, wenn sie Andeutungen machte, was sie wollte. Und ich gab ihr alles, auch im Schlafzimmer.

Ein leichter Schmerz schoss in mein Herz.

Mit einem Seufzen ließ ich die Gedanken los. „Kein Grund verletzt zu sein wegen dessen, was sie getan hat, alter Mann. Selbstsüchtige Menschen denken nur an sich selbst. Nimm es nicht persönlich." Ich hatte es mit diesen Worten durch die ganze hässliche Scheidung geschafft.

Die Dinge nicht persönlich zu nehmen war der Schlüssel für

mich. Diese Worte hatten mir durch die letzten fünf Jahre geholfen und ich glaubte fest, dass sie mir auch in den kommenden Jahren Frieden geben würden.

Erneut klopfte es leise an der Tür und Mrs. Kramer spähte herein.

„Entschuldigung, Mr. Taylor. Ich wollte Sie fragen, ob Sie heute Abend gegen neun Uhr für die Skype-Sitzung zurückkommen könnten. Mr. Wong und Mr. Lee werden um neun Uhr morgens, Pekinger Zeit, zur Verfügung stehen."

„Das ist absolut kein Problem. Sagen Sie bitte zu." Ich stand auf und zog meine Jacke an. „Ich gehe nach Hause und esse zu Mittag. Ich werde mir den Rest des Tags frei nehmen und für die Sitzung zurückkommen."

„Da ich auch für die Sitzung hier sein muss, darf ich auch den Rest des Tags frei nehmen, Sir?" Sie schaute mich voller Hoffnung an.

Ich hatte keine Ahnung, wie das geschehen konnte, aber meine Assistentin, die seit dem Anfang mit mir arbeitete, schien mich absolut nicht zu kennen. „Natürlich können Sie den restlichen Tag frei nehmen. Ich werde sowieso nicht hier sein. Wir sehen uns dann gegen halb neun."

„Ja." Sie nickte und drehte sich um, um zu gehen. „Danke, Sir."

Ich legte ihr die Hand auf die Schulter, denn ich hatte das Gefühl, dass sie Bestätigung brauchte. „Mrs. Kramer, Sie sind eine sehr wertgeschätzte Mitarbeiterin hier bei Global Distributing. Ich möchte, dass Sie das wissen."

„Danke, Sir." Sie schaute mich mit ihren blass grünen Augen an. „Ich habe mir in letzter Zeit solche Sorgen gemacht und mich gefragt, ob jemand Jüngeres meinen Job besser machen könnte."

„Hören Sie auf, sich das zu fragen. Niemand könnte ihn besser machen." Ich streichelte ihr über den Rücken und hoffte, dass sie sich wieder beruhigte. „Mrs. Kramer, sie sind ein wichtiges Teammitglied, eine wunderbare Person und ich bin glücklich, dass Sie meine rechte Hand sind."

Ich glaubte, einen Tränenschleier in ihren Augen zu sehen. „Danke, Mr. Taylor. Es ist so schön, das zu hören. Ich weiß nicht, was in letzter Zeit in mich gefahren ist. Ich muss einfach ständig daran denken, dass ich die älteste Person bin, die hier arbeitet, und dass ich nicht hier hingehöre.“

„Natürlich gehören Sie hier hin, Mrs. Kramer. Bezweifeln Sie das bitte niemals.“ Jetzt fühlte ich mich wirklich schlecht, weil ich die Menschen so sehr aus meinem Leben ausgeschlossen hatte. „Ich weiß, dass ich in den letzten Jahren verschlossen war. Ich muss mich ein bisschen ändern. Wenn ich mich so sehr abgeschottet habe, dass ich nicht einmal bemerkt habe, dass Sie sich unsicher fühlen, wenn ich dazu beigetragen habe, dass Sie sich fehl am Platz fühlen, dann muss ich etwas tun, um das zu ändern. Danke dafür, dass Sie meine Augen geöffnet haben. Wir sehen uns heute Abend.“

Vielleicht musste mein Leben ein bisschen aufgerüttelt werden, doch wie sollte ich das anstellen?

4

EMMA

Rosafarbene Chiffon-Schals bedeckten die Kasse, als ich die Preisschilder anbrachte, bevor ich sie ins Regal räumen würde. Laney kam mit einer weiteren Kiste von hinten. „Die hier wurden gerade geliefert. Ich bin so froh, dass sie gekommen sind. Die rosafarbenen Sonnenbrillen werden so gut mit den Schals aussehen, die du ausgesucht hast."

„Das denke ich auch." Ich nahm ein paar der Schals. „Ich werde den Ständer dort drüben benutzen, damit wir die Sonnenbrillen dazulegen können."

Laney legte ihre Hand auf meine Schulter, um mich aufzuhalten. „Warte kurz. Sie setzte mir eine der Sonnenbrillen auf und betrachtete mich, dann nahm sie einen Schal aus meiner Hand und legte ihn lose um meinen Hals. „Ja, du siehst in blassrosa großartig aus. Es sieht so gut mit deinem gold-braunen Haar und den grünen Augen aus." Sie lächelte. „Behalte sie. Und fang an, unsere Klamotten zu tragen, Emma. Sie sehen großartig an dir aus. Es wird den Verkauf ankurbeln."

Ich zog den Kopf ein und fühlte, wie ich rot wurde. „Das kann ich nicht annehmen."

„Doch, kannst du." Laney nahm mir die Schals ab. „Weißt du

was, geh und suche dir ein ganzes Outfit aus, das zu der Sonnenbrille und dem Schal passt. Dann zieh es an und schneide die Preisschilder ab. Ich meine es ernst. Ich möchte, dass du die Kleidung trägst, die auf den Ständern hängt. Du hast einen tollen Körper und bist so hübsch! Das muss ich nutzen, um zu verkaufen."

Ich fuhr mit den Händen über meine breiten Hüften und musste ihr widersprechen: „Laney, ich habe keinen tollen Körper. Ich habe einen tollen, großen Hintern." Während ich in den großen Spiegel hinter ihr schaute, schüttelte ich den Kopf über mein Spiegelbild. „Mein Hintern ist groß – und nicht auf eine gute Weise."

Lachen klang durch die Luft. „Dein Hintern ist fantastisch, Emma. Geh schon und such ein Outfit aus." Ich sah, wie sie in einem Körbchen mit Schminke kramte. „Und wenn du fertig angezogen bist, werde ich dich schminken."

„Mein Vater wird wütend werden, wenn ich mit Make-up nach Hause komme, Laney." Ich kam mir vor wie ein kleines Kind, als ich es aussprach, doch es war die Wahrheit – er würde wütend werden, wenn ich so nach Hause kam.

„Dann kannst du es entfernen, bevor du gehst." Sie legte einige der Tuben, die sie gefunden hatte, auf den Tresen und schaute mich ernst an. „Ich werde kein Nein akzeptieren."

Da ich wusste, dass sie mich nicht vom Haken lassen würde, ging ich los, um etwas zu finden, was zu den neuen Accessoires passte. Ich fand eine Bluse mit Blau- und Lilatönen und einem bisschen hellrosa. Dazu suchte ich eine weite weiße Hose aus und fühlte mich mit dem Outfit, was ich zusammengestellt hatte, gut. „Gefällt dir das, Laney?"

Sie schüttelte den Kopf. „Such etwas aus, das deiner Figur schmeichelt, nicht sie versteckt. Was du da ausgesucht hast, ist eher für eine Frau, die 15 Kilo Übergewicht zu verstecken hat." Sie ging quer durch die Boutique direkt auf etwas zu. „Probiere mal das hier an."

Nachdem ich die Kleidungsstücke zurückgehängt hatte, drehte ich mich um und sah, dass sie ein Top mit einem tiefen Ausschnitt und einen hellrosafarbenen Bleistiftrock in der Hand hielt, der sich eng an mich schmiegen würde.

„Auf keinen Fall."

Sie zog eine Braue hoch und sagte dann: „Auf jeden Fall. Zieh es an. Ich hole ein Paar Pumps, um das Outfit abzurunden."

In der Umkleidekabine zog ich das locker sitzende Kleid aus, was ich zur Arbeit getragen hatte. Ich betrachtete mein Spiegelbild in der weißen Baumwollunterhose, die mir fast bis zum Bauchnabel reichte. Mein BH war groß und unförmig, um meine großen Brüste zu halten. Ich hasste meinen Körper. Mein Bauch war nicht flach, sondern rund wie mein ganzer Körper. Die prallen Oberschenkel wurden zu dünnen Waden und staksigen Knöcheln. Mit einem Seufzer zog ich die Klamotten an, die ich niemals ausgesucht hätte, und stellte fest, dass meine Unterhose und BH sich hässlich abzeichneten. Das Outfit saß definitiv nicht wie es sitzen würde, wenn ich etwas weniger ausladende Unterwäsche trüge.

Ich ging hinaus, um es Laney zu zeigen. „Siehst du? Das funktioniert nicht."

Sie schaute mich an, während sie mit einem paar lilienfarbener High Heels auf mich zukam. „Nicht mit der Unterwäsche." Sie schüttelte den Kopf und ging dann zur Dessous-Abteilung und suchte dort ein weißes Satin-Set aus. „Zieh diese auch an. Und tu dir selbst einen Gefallen, Emma, und wirf diese alten Oma-Unterhosen und die BHs auch weg. Investiere in ein paar süße Teile." Sie zwinkerte mir dabei zu.

„Ich kann nicht. Jedenfalls nicht im Moment." Ich nahm, was sie mir gegeben hatte, und ging zurück in die Umkleidekabine, um von vorne anzufangen.

Mit der richtigen Unterwäsche sah es viel besser aus. „Wow, ich sehe aus als würde ich in einem Büro arbeiten oder so."

„Warte, bis ich deine Haare und dein Make-up gemacht habe." Da nicht viel im Geschäft los war, machte sich Laney mit mir an die Arbeit. Es war eine nette Beschäftigung und Laney schien begeistert über das Ergebnis zu sein. „Wow, du siehst so anders aus."

Als sie gerade fertig war, kam eine unserer Stammkundinnen und schaute mich direkt an. „Oh, hallo", sagte sie höflich, bevor sie Laney anschaute. „Hast du ein neues Mädchen angestellt?"

Laney lachte und stieß mir den Ellbogen in die Rippen. „Siehst du, du siehst wirklich anders aus."

„Ich bin es, Mrs. Hampton." Ich konnte nicht fassen, dass sie mich nicht erkannt hatte. „Emma."

„Nein!", rief sie aus, während sie mich weiter betrachtete. „Emma Hancock, ich kann nicht glauben, wie toll du aussiehst. Du siehst so reif aus! Du solltest diesen neuen Look weitertragen."

Ich zuckte mit den Schultern, denn mir war klar, dass das keine Option war. „Das Make-up wird wegmüssen, bevor ich die Boutique verlasse." Ich zeigte auf das Top mit dem tiefen Ausschnitt. „Und das hier auch, fürchte ich." Ich fuhr mit der Hand über meine Hüfte, um die der Rock eng lag, und war traurig, auch ihn zu der Liste der Dinge hinzuzufügen, die wegmussten, bevor ich nach Hause fuhr. „Das hier leider auch."

Laney schaute mich protestierend an. „Auf keinen Fall, Emma. Sag deinem archaischen Vater, dass es Teil deiner Arbeitsuniform ist. Was kann er dagegen sagen?"

Ich war mir nicht sicher, was er sagen würde. „Naja, ich muss diesen Job vorerst behalten – dem wird er zustimmen", sage ich ernst.

Mrs. Hamptons Gesichtsausdruck spiegelte Mitgefühl wider. „Ich habe von der Schließung des Lagers gehört. Das ist hart. Und hier gibt es nicht viele Alternativen für die Arbeiter. Mein Neffe hat als Packer dort gearbeitet. Er ist direkt nach Utah gezogen. Dort hat er Familie, bei der er wohnen kann, bis er einen Job hat."

„Utah?", fragte ich. Es war mir gar nicht in den Sinn gekommen, dass mein Vater umziehen müsste, um einen Job zu finden. „Ich hoffe, dass Papa hier etwas findet."

Mit einem Kopfschütteln sagte Mrs. Hampton: „Das wird sicherlich schwierig. Er hat eines der größten Geschäfte der Stadt geleitet. Jetzt, wo die Fabrik geschlossen ist, gibt es mehr Arbeiter in dieser kleinen Stadt als Jobs." Sie hatte recht. Bristol, Rhode Island, hatte nicht gerade einen boomenden Arbeitsmarkt.

„Ja, er hat eines der größten Geschäfte der Stadt geleitet. Also sollte er einen Job bei einer der anderen größeren Firmen hier finden können, oder?"

Laney legte mir eine Hand auf die Schulter und sagte nachdenklich: „Ich weiß nicht, Emma. Diese anderen Firmen haben ihre eigenen Manager und Leute, die darauf warten, um diese Positionen zu bekommen. Es könnte sehr schwer für deinen Vater werden – viele Firmen in der Gegend stellen ihre eigenen Leute ein. Aber ich wünsche ihm alles Gute. Und die Tatsache, dass du jetzt hier in Vollzeit arbeitest, wird sicherlich auch helfen. Du wirst zumindest dich selbst versorgen können und deine Eltern werden dich nicht unterstützen müssen."

Ich nickte, denn mir war klar, dass sie recht hatte. „Und Mama sucht auch schon nach einem Job. Du hast recht, ich muss Papa einfach sagen, dass ich mich, wenn ich diesen Job behalten will, an den neuen Dresscode halten muss." Es fühlte sich etwas komisch an, aber es kam mir vor als würden mich Mächte außerhalb meiner Kontrolle aus meiner Komfortzone zwingen. Und ich musste zugeben, dass ich das liebte, was ich im Spiegel sah.

Später auf dem Nachhauseweg kribbelte es nervös in meinem Magen, während ich in Laneys neuem Outfit nach Hause fuhr. Allein die Vorstellung der Reaktion meines Vaters jagte mir Unbehagen ein. Als ich mein Auto abstellte und hineinging, fühlte sich jeder Schritt schwerer an als der vorherige. „Komm schon, Emma, du schaffst das."

Als ich durch die Haustür trat, hörte ich niemanden. „Mama? Papa?"

„Hier hinten, Liebling", rief Papa.

Ich ging in Richtung Wohnzimmer und sah meine Eltern auf einem der Sofas sitzen. Das schummrige Licht versteckte mich etwas, als ich den Raum betrat.

„Hi, ich bin wieder zurück. Laney hat mich in Vollzeit angestellt."

Papa riss die Augen auf, als er mich sah. „Was zum Teufel hast du an?"

Und los geht es.

Meine Handflächen begannen zu schwitzen. „Laney möchte, dass ich ab jetzt die Kleidung trage, die wir im Geschäft verkaufen. Das macht Sinn, Papa."

Er lehnte sich über Mama, um die Lampe anzumachen. „Und was zum Teufel hast du im Gesicht?"

„Make-up." Meine Beine begannen zu zittern und ich musste mich hinsetzen, bevor ich hinfiel. Ich trug immer noch die High Heels und obwohl ich mich den Tag über an sie gewöhnt hatte, waren meine Beine dieser Herausforderung nicht gewachsen. „Laney möchte, dass ich bei der Arbeit Make-up trage. Sie wird es mir dort auftragen, ich muss nichts kaufen."

„Und hat sie dir auch die Haare gemacht?", fragte Mama.

Ich fuhr mir mit der Hand durch die Haare und genoss, wie seidig sie sich anfühlten. „Ja, Mama."

„Das sieht hübsch aus", sagte Mama und schaute dann meinen Vater an. „Sie sieht gut aus, Sebastien."

Mit einem Schnaufen fügte er seinen Senf hinzu. „Sie sieht aus als wäre sie dreißig."

„Das finde ich nicht", flüsterte ich.

„Doch, tust du." Er schaute auf den Boden und dann wieder zu mir hinauf. „Emma, du brauchst dich nicht damit beeilen, alt zu werden. Und jetzt geh und wasch dir das Zeug aus dem Gesicht. Und diese Klamotten sind nicht angemessen. Ich verstehe, dass deine Chefin möchte, dass du sie bei der Arbeit trägst, aber ich würde es vorziehen, wenn du dich umziehst, bevor du nach Hause kommst. Hoffentlich wirst du sowieso nicht mehr lange diesen Job machen müssen."

Das war neu für mich. „Was meinst du damit? Muss ich nicht diesen Job behalten?"

„Momentan schon. Aber ich werde einen alten Freund anrufen." Er griff nach der Bierdose, die vor ihm auf dem Tischchen stand. „Christopher Taylor ist ein sehr erfolgreicher Geschäftsmann und ich hoffe, dass er einen Platz für mich in seiner Firma hat."

„Ich habe noch nie von ihm gehört." Ich kaute auf meiner Unterlippe, während mein Magen erneut zu kribbeln begann. „Er ist nicht aus dieser Gegend, oder?"

„Nein, ist er nicht." Papa stellte sein Bier zurück auf den Tisch. „Seine Firma ist in Manchester, New Hampshire."

Ich war noch nie in New Hampshire gewesen. „Wie weit ist das von hier?"

„Etwa zweieinhalb Stunden. Wenn der Verkehr fließt. Was er normalerweise nicht tut." Er nahm sein Bier wieder und trank einen Schluck.

Mama übernahm die Unterhaltung. „Wenn dein Vater dort einen Job bekommt, würden wir das Haus verkaufen und in die Nähe ziehen."

„Nach Manchester?", fragte ich ungläubig.

Wir hatten immer hier gelebt, in unserem Zuhause in Bristol. Ich wollte nicht weg und an einem unbekannten Ort von vorne anfangen.

„Ja, wir würden nach Manchester ziehen, Emma. Ich denke, ein Tapetenwechsel wäre gut. Denkst du nicht?" Mama lächelte mich breit an, um mich zu ermutigen.

Es funktionierte nicht. „Nein. Mama, ich will nicht umziehen. Ich habe Valerie hier. Sie ist meine einzige richtige Freundin. Und mein Job. Ich liebe meinen Job."

„Valerie geht zur Columbia University in New York", erinnerte Mama mich. „Sie kann nach Manchester fahren, um dich zu besuchen. Und Jobs gibt es dort auch. Das wäre eine großartige Chance für deinen Vater, wenn es klappt. Global Distributing ist einer der größten Lebensmittelverteiler der Welt."

Papa nickte. „Also, geh und zieh dich um. Und hoffentlich weiß ich morgen, ob ich einen Job habe und du deinen kündigen kannst. Dann wirst du kein Make-up oder andere unangebrachte Dinge mehr tragen müssen."

„Aber du solltest trotzdem dein Haar weiter so tragen, Emma", sagte Mama, „das sieht schön aus."

„Ich habe es nur aus dem Pferdeschwanz genommen und Laney ist mit dem Glätteisen darüber gegangen." Ich ging mit hängenden Schultern weg. „Ich schätze, ich kann lernen es selbst zu machen. Aber ich hoffte, dass sie mir beibringen könnte, mich zu schminken."

„Das brauchst du nicht zu können", rief Papa mir hinterher. „Du siehst auch ohne gut aus, Liebling."

„Aber besser mit", murmelte ich.

Ich drückte die Daumen, dass Papas Freund keinen Job für ihn hatte.

Dann änderte ich meine Meinung und versuchte, positiv zu sein und das Beste für uns alle zu hoffen. Und hoffte, dass das Beste für uns alle das war, was ich wollte, nämlich zu bleiben, wo wir waren.

CHRISTOPHER

„Klingt sehr gut, Mr. Lee." Die Skype-Sitzung war erfolgreich gewesen und die Männer konnten mir genügend ihres Geschäfts zeigen, um mir direkt die Qualität ihrer Bio-Lebensmittel zu beweisen. Die Reise nach China war nicht nötig, doch sie wollten mich besuchen kommen und unsere Anlage begutachten. „Wir werden eine Reise für Sie beide organisieren."

Mrs. Kramer beendete den Anruf, während ich aus der Tür ging, um nach Hause zu fahren. Ich hatte mein Handy für die Sitzung auf lautlos gestellt und als ich es aus der Tasche nahm, sah ich, dass ich einen verpassten Anruf eines alten Freunds aus Uni-Zeiten hatte.

Viele Jahre waren vergangen, seit ich Sebastien Hancock zuletzt gesehen hatte. Der Anruf erweckte meine Neugierde und ich fragte mich, wieso er wohl angerufen hatte. Mein Fahrer wartete draußen auf mich und während ich mich auf den Rücksitz setzte, rief ich Sebastien direkt zurück.

„Hey, alter Junge."

Er klang froh, als er sagte: „Christopher, es freut mich, dass du zurückrufst."

„Natürlich. Es ist schön, eine freundliche Stimme zu hören." Ich wusste gar nicht, wie viele Jahre vergangen waren, seit wir uns zuletzt gesehen hatten. „Wie lange ist es her? Fünf Jahre? Zehn? Wie geht es Celeste?"

„Ihr geht es gut. Sie ist schön wie immer." Er seufzte. „Ich habe wirklich Glück. Und wie geht es Lisa?"

Oh, diese Unterhaltung fing schon mal nicht so super an. „Wir haben uns vor fünf Jahren scheiden lassen, als ich herausfand, dass sie mich bei jeder Gelegenheit betrog."

„Scheiße." Sebastien klang schockiert. „Tut mir leid, das zu hören. Habt ihr beide noch mehr Kinder bekommen? Wie geht es den Mädchen? Sie müssen mittlerweile ziemlich erwachsen sein."

„Nein, nur die beiden Mädchen. Sie sind jetzt fünfundzwanzig und dreiundzwanzig." Ich schaute mich um, als der Fahrer in die Garage fuhr, doch keins der Autos der Mädchen war da. „Sie leben jetzt bei mir, aber sie sind selten zu Hause. Und habt du und Celeste eine Meute Kinder?"

„Nicht wirklich." Er lachte. „Wir haben nur unsere eine Tochter. Sie ist gerade zwanzig geworden und benimmt sich als wäre sie dreißig, wenn du weißt, was ich meine."

„Oh ja, das weiß ich." Ich wusste, dass er mich nicht nur für eine nette Unterhaltung angerufen hatte, also kam ich direkt zum Thema. „Also, wieso rufst du deinen alten Freund an, Sebastien?"

„Ich schätze, es ist am besten, auf den Punkt zu kommen und nicht um den heißen Brei herumzureden." Ich hörte, wie er einen Schluck von etwas nahm, vielleicht um Mut zu sammeln. „Ich habe meinen Job verloren. Die gesamte Firma ist bankrott. Es war ein Schock für mich und alle meine Leute. Ich suche nach Arbeit. Ich nehme, was auch immer du mir geben könntest."

Er tat mir leid. Ich hatte schon viele Firmen schließen sehen. Genau deswegen arbeitete ich so hart, damit es meiner Firma nicht so erging. „Was hast du in der Firma getan?"

„Lagerhäuser geführt", antwortete er, „und wurde ziemlich gut dafür bezahlt, nachdem ich ihnen die letzten zwanzig Jahre mein Leben gewidmet habe."

„Das ist hart, Sebastien." Ich dachte nach, was ich ihm anbieten konnte. Er war ein sehr guter Freund in der Uni gewesen und ich wollte ihn nicht enttäuschen. „Mit der Erfahrung kannst du sicherlich eine großartige Hilfe für mich sein."

„Freut mich, das zu hören." Er klang erleichtert. „Ich lerne schnell, also egal, was du hast, ich kann es lernen."

„Da bin ich mir sicher." Ich hatte ein paar Leute, die ich versetzen konnte, um meinen alten Freund zu integrieren. "Weißt du was, ich werde meiner Personalabteilung sagen, sie sollen dich morgen früh gegen neun oder zehn Uhr anrufen. Sprich mit ihnen und sieh, was wir dir anbieten können. Kannst du hierhin umziehen?"

„Ja, kann ich. Wir bieten unser Haus zum Verkauf an und meine Familie kann hierbleiben, bis es verkauft ist. Ich komme so lange in einem Motel unter." Seine Stimme wurde sehr viel leiser, als er fortfuhr: „Das wird das erste Mal, dass ich so lange von ihnen getrennt bin, aber das werden sie schon schaffen."

Der Gedanke daran, dass er sich von seiner Familie trennen musste, gefiel mir nicht. „Lebt deine Tochter noch zu Hause? Ist sie nicht auf der Uni? Vielleicht könnte deine Frau mit dir im Motel wohnen, während eure Tochter weg ist."

„Nein, Emma lebt noch zu Hause. Das macht mir nichts aus, ich mag es, sie in der Nähe zu haben." Ich hörte, wie er noch einen Schluck trank, bevor er sagte: „Ich werde es einfach tun müssen."

Vielleicht lag es an meiner früheren Unterhaltung mit Mrs. Kramer, aber plötzlich machte ich ein für mich eher unübliches Angebot. „Ich habe ein Haus, in dem du unterkommen kannst. Nichts allzu Ausgefallenes, fünf Schlafzimmer, sechs Bäder, nur eine Garage für vier Autos, aber es hat einen Pool und Jacuzzi. Ich habe alle Möbel darin gelassen, als ich meine Villa am See gekauft habe. Ihr könnt gerne darin wohnen."

„Das wäre großartig!" Seine Begeisterung war offensichtlich. „Wie viel möchtest du für die Miete?"

„Miete?" Ich konnte keine von ihm verlangen. „Nein, natürlich zahlst du mir keine Miete. Wenn du das Haus magst, kannst du es mir direkt abkaufen und wir ziehen dir die Raten vom Lohn ab. Aber bevor du dich entscheidest, bist du mein Gast. Ich schicke meine

Angestellten hin, um sicherzustellen, dass alles sauber, der Garten in Schuss und der Pool benutzbar ist."

Jetzt, wo das Angebot auf dem Tisch war, fühlte ich mich großartig. Die Tatsache, dass mein alter Freund hier sein würde, machte mich glücklicher als ich es seit langer Zeit gewesen war. Ich hatte Menschen so lange vermieden. Vielleicht war das der Start eines Wandels für mich. Vielleicht könnte ich für zumindest einen engen Freund Platz in meinem Leben machen.

„Christopher, das ist mehr als großzügig. Ich bin sicher, deine Personalabteilung und ich können zu einer Einigung über den Job und das Geld kommen. Und lass mich dir sagen, dass meine Familie von diesen Neuigkeiten absolut begeistert sein wird." Er schien sehr glücklich zu sein und das machte mich glücklich.

„Ich kann es kaum abwarten, dich und Celeste zu sehen. Und deine Tochter kennenzulernen wird auch schön." Ich dachte an meine Mädchen. „Du sagtest, dass sie zwanzig ist, oder?"

„Ja, sie ist zwanzig", sagte er, „aber sie ist ziemlich schüchtern."

„Meine Töchter können sie aus der Reserve locken. Sie haben viele Freunde. Ich werde sie darum bitten, sie mitzunehmen und allen vorzustellen." Ich hoffte, meine Mädchen wären nett zu seiner Tochter und würden sie unter ihre Fittiche nehmen.

„Das wird nicht nötig sein, Christopher", sagte er und klang dabei etwas düster. „Wir sind sehr streng mit ihr, also geht sie nicht viel aus. Kein Make-up, keine Jungs und keine Partys, so lange sie unter meinem Dach wohnt. Aber trotzdem danke für das Angebot."

Eine Zwanzigjährige, die noch nie auf einem Date war?

Sie tat mir jetzt schon leid. Hoffentlich hatte sie immerhin etwas Spaß hinterm Rücken ihres Vaters – was er nicht weiß, macht ihn nicht heiß. „Naja, vielleicht werden sich die Dinge hier ja ändern. Manchester ist nicht gefährlich. Und meine Mädchen hatten noch nie Probleme. Ich bin mir sicher, dass deine Tochter ein paar Freundinnen gebrauchen kann, um sich hier zurechtzufinden. Es wäre doch schade, wenn sie in Manchester unglücklich wäre."

Zögerlich sagte er: „Wir werden sehen. Ich freue mich schon darauf, morgen von deiner Firma zu hören, Christopher. Ich bin wirklich dankbar. Jetzt muss ich meiner Frau und Tochter die tollen Neuigkeiten mitteilen."

„Es freut mich, dass ich helfen konnte, Sebastien. Und ich freue mich, dass du zu uns kommst. Es ist lange her, seit ich Zeit mit Freunden verbracht habe." Ich war wirklich froh. Zum ersten Mal seit langer Zeit freute ich mich auf etwas.

„Ich freue mich auch schon darauf." Er hielt eine Sekunde lang inne und fuhr dann fort: „Du hättest nicht zufällig auch einen Job für meine Tochter, oder?"

Da ich keine Ahnung hatte, wie das Mädchen war und was sie konnte, war ich mir nicht sicher. „Hat sie momentan einen Job?"

„Sie arbeitet in einer Boutique, verkauft Kleidung, Schminke, solche Sachen", sagte er.

„Also solche Aufgaben haben wir hier nicht." Ich dachte einen Augenblick lang nach, dann fügte ich hinzu: „Aber ich bin sicher, dass wir etwas für sie finden können. Was sind denn ihre beruflichen Ziele?"

„Sie ist ein Kind, Christopher, sie hat noch keine beruflichen Ziele", sagte er lachend.

Das half mir wenig weiter. „Ich schätze, du solltest sie mitbringen, wenn du kommst, um den Papierkram zu erledigen. Ich spreche mit ihr und sehe, wo sie hineinpassen könnte und was ihr gefallen könnte." Ich hasste es, Leute Positionen zu geben, die sie nicht mochten.

Mit ihrem Hintergrund im Verkauf und Kundenbetreuung, konnte ich sie vielleicht in die Verkaufsabteilung stecken, aber das würde ich nicht wissen, bis ich sie kennen lernte. Es klang als hielte mein Freund sie an einer sehr kurzen Leine. Ich fragte mich, wie viel er ihr überhaupt erlauben würde zu tun.

„Naja, vielleicht entwickelt sie ja Ziele, wenn sie hier arbeitet", fügte ich hinzu. Ich hegte die Hoffnung, die junge Frau zum Aufblühen zu bringen.

Ich wusste, dass ich das mit meinen Töchtern nicht geschafft hatte, da ich die Erziehung ihrer Mutter überlassen hatte. Dank ihr war mir nicht viel Einfluss erlaubt gewesen.

In Lisas Augen war meine einzige Aufgabe als Vater die Versorgung und darin war ich gut. Vielleicht würde die Tochter meines Freunds mir erlauben, ihr dabei zu helfen, etwas Erfüllendes für sie zu finden. Es wäre so schön, Mentor eines jungen Menschen zu sein, da ich das für meine eigenen Töchter nicht tun konnte.

„Emma wird es gut gehen, da bin ich mir sicher", sagte Sebastien. „Wir hören uns morgen. Hab einen schönen Abend und vielen Dank nochmal. Tschüss."

Ich stieg aus dem Auto, das der Fahrer in der Garage abgestellt hatte, und ging durch die Seitentür in die Küche. Der Koch hatte ein Sandwich mit Marmelade und Erdnussbutter für mich vorbereitet, so wie ich zuvor gebeten hatte.

Ich war glücklich über das, was die Zukunft bringen könnte, als ich mein Essen nahm und hineinbiss. Ein Glas Milch würde perfekt dazu passen, also goss ich mir welche ein.

Ich nahm das Essen und Trinken mit zum Tisch und setzte mich. Ich hatte nie darauf geachtet, wie leer das Haus sich anfühlte. Alle Angestellten waren nach Hause gegangen. Während ich in meinem leeren Haus saß, fühlte ich mich zum ersten Mal seit sehr langer Zeit einsam.

Es wäre schön, wieder einen Freund zu haben. Jemanden, den ich zum Grillen einladen oder mit dem ich andere spaßige Dinge tun könnte – das wäre auf jeden Fall ein Wandel für mich.

Ein sehr positiver Wandel.

6

EMMA

Das Jobangebot war eine tolle Nachricht für Papa, aber es war nicht so toll für mich. Sein Freund hatte sich sehr für ihn eingesetzt. Papa bekam den Job als Manager der China-Abteilung, einer neuen Abteilung, die Mr. Taylor gerade startete.

Gemeinsam mit dem neuen Job kam ein Haus, das fast schon eine Villa war verglichen mit dem Haus, in dem ich aufgewachsen war. Fünf Schlafzimmer, sechs Bäder, vier Wohnzimmer, drei Esszimmer und ein Pool mit Jacuzzi. Unser neues Zuhause war mehr, als ich mir je hätte wünschen können.

In der Garage für vier Autos war ein Stellplatz übrig und Papa verkündete schnell, dass er ein Motorrad kaufen würde, um ihn zu füllen. Mr. Taylor bezahlte Papa das Doppelte von dem, was er zuvor verdient hatte. Mein Vater war noch nie in seinem Leben so glücklich gewesen, das sagte er uns ständig.

Nicht lange, nachdem wir in unserem neuen Zuhause angekommen waren, sagte mir Papa, ich solle mich fertigmachen für ein Vorstellungsgespräch. Er und Mr. Taylor hatten darüber gesprochen, dass ich auch in der Firma arbeiten könnte, doch Mr. Taylor wollte mich kennen lernen, um zu sehen, wo ich am besten hinpasste.

Ich war noch nie so nervös gewesen. Der neue Firmenwagen schoss über die Straße, als Papa mich zu dem gigantischen Gebäude brachte, in dem Global Distributing untergebracht war.

„Das ist ja riesig", entfuhr es mir, als ich aus dem Auto meines Vaters stieg.

„Ein Monstrum, was?" Er strahlte, als er mit mir auf den Fersen die Treppe hinaufstieg.

Ich eilte nicht vor Begeisterung hinter ihm her, sondern aus Angst, mich verlaufen zu können. „Hier arbeiten so viele Leute. Ich kann nicht glauben, dass er uns überhaupt braucht."

„Glücklicherweise tut er das." Papa drückte auf den Aufzugknopf und wir traten in den vollen Aufzug, als er ankam. Ich roch, dass jemand gerade Kaffee zum Frühstück getrunken hatte, eine andere Person roch nach Donuts. Ich konzentrierte mich auf die Menschen um mich, um mich davon abzulenken, wie Mr. Taylor mich gleich unter die Lupe nehmen würde.

Wir fuhren bis ganz nach oben und nur noch eine andere Person war übrig, als wir ausstiegen. Der Mann trug einen Anzug und Krawatte, er sah sehr professionell aus. Das tat Papa auch in seinem neuen Anzug und Krawatte. Ich war die einzige, die aussah, als würde ich nicht ins Bild passen.

Mein blaues Kleid reichte mir bis zu den Knöcheln und ich trug flache Schuhe. Mein Haar war in einem Pferdeschwanz zurückgebunden, der in einer passenden blauen Schleife saß. Mein Vater hatte das Outfit für mich ausgesucht. Er sagte, es sähe passend für mein Alter aus. Ich fand, dass ich darin wie eine Sechsjährige aussah.

Mein Herz hämmerte, als ich meinem Vater zu Mr. Taylors Büro folgte. „Es ist am Ende des Flurs. Ich habe auch hier oben mein Büro." Er zeigte auf eine Tür, neben der sein Name auf einem goldenen Schildchen stand."

„Wow, Papa. Cool!", rief ich aus, „Kann ich dein Büro sehen, wenn wir fertig sind?"

„Klar." Wir hielten vor Mr. Taylors Tür an. Ich atmete tief ein und versuchte mir einzureden, dass es keine große Sache war, dass der

Mann hinter dieser Tür meine Zukunft in den Händen hielt. „Da sind wir."

Nachdem Papa geklopft hatte, rief eine tiefe Stimme: „Herein, Sebastien."

„Wow, woher wusste er das?", fragte ich.

„Überwachungskameras." Er zeigte auf die kleine Kamera über der Tür, vor der wir standen.

„Oh, ja." Ich kam mir etwas dumm vor, weil ich sie nicht bemerkt hatte.

Als mein Vater die Tür öffnete, wurden meine Augen sofort von dem großen Mann angezogen, der neben einer Fläche mit einer teuren Kaffeemaschine darauf stand. Er drehte sich uns zu mit einer dampfenden Tasse in der Hand. „Da bist du ja, Sebastien. Und du musst Emma sein."

Ich konnte nicht klar denken und erst recht nicht sprechen. Mein Vater stieß mich mit der Schulter an. „Schüttele ihm die Hand, Emma."

Erst da bemerkte ich Mr. Taylors ausgestreckte Hand. „Oh, Entschuldigung. Hallo, Mr. Taylor. Mein Vater hat mir viel von Ihnen erzählt." Fast wäre ich mit seiner Scheidung herausgeplatzt – mein Vater hatte mich auf der Fahrt ins Bild gebracht – und das wäre sehr unangebracht gewesen. „Schön, Sie kennen zu lernen."

„Sir", flüsterte mein Vater.

„Sir", fügte ich hinzu.

„Es ist auch schön, dich kennenzulernen, Emma Hancock." Seine Stimme war sanft, voll, tief und elegant. Sie nahm mir den Atem.

Doch es war die Berührung seiner Hand, die mich Dinge fühlen ließ, die ich noch nie zuvor gefühlt hatte. Mir wurde heiß. Meine Unterhose fühlte sich feucht an. Etwas in mir vibrierte.

Als ich in seine Augen hinaufschaute – sie waren eine unglaubliche Mischung aus grün und braun, gemischt auf die fantastischste Weise – blieb mein Herz stehen. „Hi." Ich war umgehauen.

Er lachte leichtherzig, dann führte er mich zu einem Stuhl herüber. „Bitte, setz dich doch." Nachdem ich mich hingesetzt hatte, hielt er mir die Kaffeetasse hin. „Möchtest du Kaffee, Emma?"

„Emma trinkt keinen Kaffee", sagte Papa ihm.

Meine Wangen wurden rot. Ich wollte nichts mehr, als dass dieser Mann mich als Frau und nicht als das kleine Kind sah, das mein Vater immer noch haben wollte. Für diesen Mann wollte ich eine Frau sein und ich hatte keine Ahnung, wieso.

Mr. Taylor schaute meinen Vater eine Sekunde lang an, bevor er den Kaffee selbst trank. „Dann lasst uns mal sehen. Wo soll ich anfangen?" Er hielt einen Augenblick lang inne, doch fuhr schnell fort. „Emma, erzähl mir, was du gerne machst. Hobbies, besondere Interessen, alles der Art." Er lehnte sich zurück.

Die Länge seiner Beine ließ mir das Wasser im Mund zusammenlaufen und ich verstand meine Reaktion überhaupt nicht. Sie waren dick wie Baumstämme und ich konnte sehen, dass sie aus puren Muskeln bestanden. Sein Anzug versteckte seine massiven Arme auch kaum.

„Treiben Sie Sport?", fragte ich ihn, anstatt seine Frage zu beantworten.

„Emma!", knurrte Papa.

Ich ließ den Kopf hängen. „Verzeihung."

„Ist schon in Ordnung, Sebastien.", sagte Mr. Taylor. „Ich treibe tatsächlich Sport. Treibst du auch gerne Sport?"

„Habe ich noch nie." Ich schaute zu ihm auf. „Aber ich denke, es würde mir Spaß machen." *Vor allem, wenn ich ihn mit dir machen könnte.*

Irgendetwas war komisch an mir. Ich konnte nicht klar denken. Ich sprach auch eindeutig nicht normal.

Ich sah, wie mein Vater sich die Nasenbrücke massierte. „Emma, Liebes, versuch dich zu konzentrieren. Sag Mr. Taylor, was du denkst, wobei du im Büro helfen könntest."

„Ich kann sehr schnell tippen." Ich versuchte, den Mann nicht direkt anzuschauen. Er machte etwas mit mir, das es mir schwer machte, zu denken oder zu atmen. „Ich lerne schnell. Ich kann so ziemlich alles tun, worum ich gebeten werde."

„Das ist gut", sagte er. Er setzte sich hinter seinen Schreibtisch.

Ich schaute ihn an, als er mir den Rücken zudrehte. Er trug das dunkle Haar kurz und an der Seite gescheitelt. Dadurch sah er sowohl maskulin als auch schneidig aus. Ich hatte noch nie jemanden als schneidig bezeichnet, aber das war genau das Wort, was mir bei Mr. Taylor in den Sinn kam.

„Ich kann auch ziemlich gut putzen, Mr. Taylor." Sein Name fühlte sich gut an auf meiner Zunge. Und ich bemerkte, wie seine Augen etwas zuckten, als er sich umdrehte, um mich anzusehen, bevor er sich setzte.

„Ich werde dich nicht dem Reinigungspersonal zuteilen, Emma. Ich denke, ich könnte dich zur Assistentin machen." Er stellte seine Kaffeetasse auf den Schreibtisch und legte dann die langen Finger zusammen und berührte mit ihnen seine Lippen, wodurch ich mich sofort fragte, wie sich die Finger auf meiner Haut anfühlen würden.

Ich versteckte meine Hände an meinen Seiten und drückte die Daumen. *Bitte mach mich zu deiner Assistentin!*

„Das wäre großartig, Sir." Ich versuchte, andere Dinge zu finden, die mich zu einer guten Assistentin machen würden. „Ich trinke zwar keinen Kaffee, aber ich kann welchen kochen. Und ich kann auch ans Telefon gehen. Ich könnte für Sie ans Telefon gehen."

„Nicht meine", sagte er lachend. „Meine Assistentin arbeitet seit Jahren für mich. Sie macht meinen Kaffee. Und ich gehe normalerweise selbst ans Telefon. Ich spreche nicht davon, dass du meine Assistentin werden sollst, wenn du das dachtest."

Verdammt!

„Oh, ich könnte die Assistentin von egal wem sein." Ich hoffte, dass ich dadurch weniger dämlich wirkte.

Er und mein Vater waren etwa im gleichen Alter. Und doch sah er so anders aus. So sportlich. So sexy.

„Kannst du Auto fahren, Emma?", fragte er, als er einen Ordner öffnete, den er aus der obersten Schublade seines Schreibtischs gezogen hatte.

„Ja, kann ich, Sir." Ich musste die Hände auf den Schoß legen, um sie stillzuhalten.

Wieso muss dieser Mann der Erste sein, der mich so anmacht?

Wieso muss er der Freund meines Vaters sein?

Wieso muss er so alt wie mein Vater sein?

Was zum Teufel ist los mit mir?

Ich war noch nie von einem Kerl in meinem Alter angeturnt gewesen. Und ich kannte einige gutaussehende Kerle. Klar, ich hatte nicht viel mit ihnen gesprochen, aber ich kannte sie.

Wieso also hatte dieser Mann eine solche Wirkung auf mich?

Als er aufschaute, funkelten seine Augen etwas, als er in meine schaute. „Meine Assistentin braucht eine Assistentin. Dafür müsstest du fahren. Sie holt meine Wäsche ab und bringt sie zu mir nach Hause, das wäre Teil deines Jobs. Und sie kundschaftet ab und an Orte für mich aus."

„Auskundschaften?"

Papa tauchte hinter mir auf. „Das bedeutet, dass sie Orte besucht, um festzustellen, ob sie für das geeignet sind, wofür sie gedacht sind. Und ich denke, dass Emma das tun könnte."

Mr. Taylor schaute Papa an. „Ich bin mir sicher, dass sie das kann." Er stand auf und ging zu meinem Vater herüber. „Ich denke, den Rest schaffe ich alleine, Sebastien. Ich bereite alles vor. Meine Assistentin wird mit ihr sprechen wollen und dann bringen wir sie in die Personalabteilung, um alle Papiere zu unterschreiben. Und sie wird einen Firmenwagen bekommen, damit du nicht auf sie warten musst."

Papa schaute mich über die Schulter an, als Mr. Taylor ihn aus dem Büro führte – worüber ich gleichzeitig dankbar und ängstlich war. „Sieht aus als hättest du einen Job, Liebling. Mach Papa stolz."

„Sie ist nicht mehr im Kindergarten, Sebastien", sagte Mr. Taylor leise, doch ich hörte es trotzdem. „Lass sie ein wenig die Flügel ausbreiten."

„Du hast recht." Ich hatte noch nie gehört, dass mein Vater zugegeben hatte, dass jemand anderes recht hatte, wenn es um mich ging. Seiner Meinung nach wusste er – und nur er – was am besten für mich war. „Bis später, Christopher. Und vielen Dank."

„Gern geschehen. Wir sehen uns beim Mittagessen. Ich will noch einige Dinge mit dir besprechen, das können wir beim Mittagessen tun", sagte Mr. Taylor, bevor er die Tür schloss und wir allein in seinem Büro waren.

Mein Blut wurde eiskalt. *Ich bin allein mit Mr. Taylor!*

Er kam zurück und setzte sich hinter seinen Schreibtisch. „Normalerweise stelle ich Leute nicht an, nur weil ein Familienmitglied hier arbeitet. Aber dein Vater ist ein sehr guter Freund. Ich hoffe, es macht dir nichts aus, wenn ich versuche, ihn dazu zu bewegen, dich nicht wie ein Baby zu behandeln."

„Nein, Sir." Ich war froh, dass er etwas gesagt hatte. „Ich verstehe das."

„Gut. Ich möchte, dass wir hier eine große, glückliche Familie sind." Er lehnte sich vor und lächelte, sodass ich fast ohnmächtig wurde – es war so strahlend. „Ich habe zwei Töchter, die nicht viel älter sind als du, Emma. Was hältst du davon, sie irgendwann mal kennenzulernen?"

„Oh, ich weiß nicht." Meine Hände verknoteten sich auf meinem Schoß. „Ich bin mir sicher, dass sie so ... so cool und elegant sind wie Sie. Ich würde nicht dazu passen. Ich weiß, dass ich das nicht würde. Aber danke, dass Sie fragen."

Sein Gesicht sah besorgt aus. „Emma, darf ich dich etwas Persönliches fragen?" Er wartete auf mein Nicken und fuhr dann fort. „Hast du das Outfit heute ausgesucht? War es deine eigene Idee, heute kein Make-up für dieses Gespräch zu tragen?"

„Mein Vater erlaubt es nicht und er hat das Outfit vorgeschlagen", sagte ich zu schnell. „Aber ich glaube, das mit der Schminke hat damit zu tun, dass ich keine Hautprobleme bekommen soll. Er sagt, dass er als Teenager Probleme mit Akne hatte und nicht will, dass ich das jemals durchmachen muss."

„Bewundernswert", sinnierte Mr. Taylor, „aber du bist kein Teenager mehr und ich denke, dass ein bisschen Make-up deiner Haut absolut nicht schaden würde. Aber ich sollte dazusagen, dass du eine besonders glatte Haut hast. Meine Töchter wären neidisch. Wenn dir der Rat eines alten Mannes nichts ausmacht, würde ich sagen, dass vielleicht ein bisschen Rouge, etwas Lippenstift und ein wenig Augenmake-up dich mehr nach deinem Alter aussehen lassen würden. Momentan siehst du eher wie eine Zwölfjährige aus – das soll keine Beleidigung sein."

Meine Wangen wurden rot und mein Kopf sank. „Das stimmt."

Dann fühlte ich seine Hand auf meinem Kinn, die mein Gesicht hob. „Kein Grund, sich zu schämen, Emma. Also, was sagst du? Möchtest du die Assistentin meiner Assistentin werden?"

„Ja, Sir. Das würde ich sehr gerne."

Und ich würde es lieben, wenn du niemals die Hand von meinem Gesicht nehmen würdest!

CHRISTOPHER

Sie zu berühren löste etwas in mir aus, was ich schon seit Jahren nicht mehr gespürt hatte. Meine Hand verweilte, meine Finger berührten gerade so ihre Haut und Funken sprühten durch meinen Körper.

„Gut, Emma. Ich denke, wir werden zusammenarbeiten." Das Verlangen danach, ihre Lippen an mich zu ziehen, ließ mich die Hand wegziehen als hätte ich mich verbrannt.

Noch nie in meinem Leben hatte ich solches Verlangen gespürt. Ihr gold-braunes Haar, in einem kindlichen Pferdeschwanz mit einer blauen Samtschleife, sah an einem Mädchen ihres Alters lächerlich aus. Ich sehnte mich danach, die Schleife aus ihrem Haar zu ziehen und es über ihren Rücken fallen zu lassen. Ich stellte mir vor, dass sie wunderschöne sanfte Wellen hatte.

Ihre dunkelgrünen Augen sahen wie halb-durchsichtige Seen in einem Wald aus. Ich könnte glücklich in diesen Seen ertrinken.

Was denke ich?

Sie war nicht nur die Tochter meines guten Freundes, sondern auch noch jünger als meine beiden Töchter. Was für ein Verbrechen, dass dieses Mädchen die Erste war, die meinen Schwanz seit meiner Ex-Frau vor über zwanzig Jahren hart werden ließ.

„Ich denke, dass wir gut zusammenarbeiten werden, Mr. Taylor."
Sie leckte sich die rosafarbenen Lippen und schaute auf den Boden.

Sie brauchte mehr Selbstvertrauen und ich wusste, dass ich ihr helfen konnte, das aufzubauen. Ich musste sie als einen jungen Menschen sehen und nicht als erwachsene Frau, die mich mehr anzog als ich es je für möglich gehalten hätte.

„Fangen wir am Anfang an." Ich setzte mich hinter meinen Schreibtisch, um meine Erregung zu verstecken und mich mehr wie der Arbeitgeber und weniger wie ein alter Kerl mit einem Ständer zu fühlen. „Mrs. Kramer wird mit dir über angemessene Bürokleidung sprechen und ich möchte, dass du gut zuhörst. Dir wird eine Firmen-Kreditkarte ausgestellt für alle Ausgaben, die zu deinem Job hier gehören. Das schließt Kleidung, Schuhe, Make-up, und Ähnliches ein, damit du aussiehst wie eine Assistentin der Geschäftsleitung. Das ist übrigens deine Jobbezeichnung."

Ihr Gesicht erstrahlte. „Ich bekomme eine Kreditkarte und einen Firmenwagen an meinem ersten Tag?"

„Ja, bekommst du." Ich liebte es, wie schnell sie aufgetaut war. Und dann fielen mein Blick auf ihre Brüste, die sich mit aufgerichtet hatten, als sie sich aufgesetzt hatte.

Verdammte Augen!

Wieso müssen ihre Brüste so unglaublich perfekt sein?

Muss ihre Taille genau die richtige Größe haben, damit meine Hände sich darumlegen können, um sie auf und ab zu bewegen, während sie ...

Hör auf!

Der Stoff, der sich über meinen anschwellenden Penis spannte, wurde immer unbequemer. Ich brauchte meine ganze Aufmerksamkeit, um für Mrs. Kramer aufzuschreiben, was ich für Emma wollte. Aber ich schaffte es.

„Das ist wie ein Traum." Sie lachte fröhlich und der Klang ließ mein Herz höherschlagen. „Obwohl ich sagen muss, dass ich nie von einer Chance wie dieser geträumt habe. Ich schätze, ich habe mich nie getraut, große Träume zu hegen. Und Papa hat mir gesagt, dass Sie uns in Ihrem Haus wohnen lassen – und es ist so ein schönes Haus!" Ihre Augen glitzerten und ich konnte den Blick nicht abwen-

den. „Für uns ist es wie eine Villa. Wir haben nie in etwas so …
prachtvollem gewohnt."

Wenn sie das Haus mochte, würde sie mein Haus am See lieben.
„Demnächst werde ich deine Familie mal zum Abendessen zu mir
einladen, dann kannst du mein Haus am See sehen."

„Das wäre so toll!" Das Leuchten ihres begeisterten Gesichts
machte mich noch mehr an.

Das ist so falsch!

„Ja, so toll", murmelte ich. Ich wollte einen Augenblick die Augen
schließen, um mich abzulenken, doch mir war klar, dass das sehr
merkwürdig herüberkommen würde. Ich atmete stattdessen tief
durch und dachte an Basketballstatistiken. „Naja, dann sollten wir
mal alles in die Wege leiten. Du wirst das Büro neben dem meiner
Assistentin haben."

Ihre Augen wurden groß, als sie mich ehrlich überrascht
anschaute. „Nein! Mein eigenes Büro?" Sie schaute aus dem Fenster.
„Ist es hier im obersten Stock?"

„Ja." Ich musste über ihre Begeisterung lächeln. Nie in all meinen
Jahren war jemand so begeistert wegen der Kleinigkeiten gewesen.
„Du wirst deinen eigenen Schreibtisch mit Computer und ein
privates Bad haben."

„Ich fasse es nicht", flüsterte sie. „Ich kann nicht glauben, dass Sie
das alles für mich tun. Wie kann ich mich richtig bedanken?"

*Naja, du könntest herüberkommen und dich für mich über diesen
Schreibtisch beugen.*

Ich schob den Gedanken beiseite. „Leiste einfach gute Arbeit,
Emma, das genügt."

Mit einem Seufzer sagte sie: „Ich werde mein Bestes geben. Sie
bekommen einhundert Prozent von mir, Sir, das verspreche ich."

Unangemessene Gedanken fluteten mein Hirn. Ich musste sie
stoppen, bevor ich etwas vollkommen Unprofessionelles und gar
nicht Charakteristisches für mich tat. „Ich kann mir gut vorstellen,
dass du hier gut arbeiten wirst." Ich drückte auf den Knopf, um Mrs.
Kramer zu rufen, und sammelte mich, damit sie nicht mitbekam,

dass ich auf dem besten Wege war, mich in die junge Emma zu verlieben.

Nach einem kurzen Klopfen kam meine Assistentin herein und ihre Augen legten sich auf Emma. „Hallo, ich bin Mrs. Kramer. Was kann ich für Sie tun, Mr. Taylor?"

„Nun, Sie können Emma Hancock alle Fragen stellen, die Sie haben, denn sie ist Ihre neue Assistentin", sagte ich ihr.

Sie zog eine Augenbraue hoch. „Sie haben sie bereits eingestellt?"

„Das habe ich." Ich hatte das Gefühl, dass ich sie etwas beleidigt hatte, indem ich Emma angestellt hatte, ohne dass sie sie zuvor getroffen hatte. „Sie ist hier auf Versuchsbasis, bis wir wissen, in welcher Abteilung sie am glücklichsten und produktivsten ist. Ich wollte sie in der besten Obhut wissen und das bedeutet, mit Ihnen zu arbeiten, Mrs. Kramer."

Jegliche Wellen wurden von meinen Worten geglättet. „Oh, natürlich. Ich nehme sie gerne unter meine Fittiche und zeige ihr, wie die Firma funktioniert."

„Sehr gut. Sie ist die Tochter des alten Freunds, den ich gerade angestellt habe, Sebastien Hancock." Ich schob die Notizen, die ich gerade gemacht hatte, an den Rand des Schreibtischs. „Und ich weiß, dass dies nicht das übliche Protokoll ist, aber ich möchte, dass sie diese Dinge erhält. Und bitte helfen Sie ihr mit angemessener Bürokleidung."

Emma richtete sich auf und legte die Hände auf die Knie, während sie Mrs. Kramer anschaute. „Ich habe eine gute Vorstellung davon, was ich hier tragen sollte. Das Problem ist nicht mein Geschmack, sondern mein Vater und seine Vorstellung davon, was angemessen ist."

Der Blick auf Mrs. Kramers Gesicht sagte mir, dass sie sich mit Emma nicht sicher war. „Wie alt sind Sie, junge Frau?"

„Zwanzig", sagte Emma mit einem gewissen Stolz.

„Dann sind Sie mehr als alt genug, um zu tragen, was Sie wollen." Mrs. Kramer nahm den Zettel, den ich geschrieben hatte, und steckte ihn in die Rocktasche. „Bürokleidung ist das genaue Gegenteil von der Kleidung, die Menschen als unangebracht sehen würden. Wenn

Ihr Vater findet, dass die Dinge, die ich für Sie vorschlage, unangebracht sind, dann können er und ich eine Diskussion darüber führen.
Überlassen Sie ihn mir, meine Liebe."

Emma nickte zögerlich. „Ich kann nicht behaupten, dass mein
Vater hiervon begeistert sein wird, aber danke für Ihre Hilfe."

Ich sah, dass sie nervös war. „Sorg dich nicht wegen deines Vaters,
Emma. Mrs. Kramer und ich sind immer professionell, wenn es um
diese Firma geht. Ich verspreche, dass keiner von uns dich in eine
unangenehme Situation bringen wird. Und ich möchte noch hinzufügen, dass ich das wirklich an dir bewundere."

„Was an mir bewundern Sie?", fragte sie mit einem verblüfften
Gesichtsausdruck.

„Wie du dich um die Gefühle deines Vaters sorgst." Ich hatte den
Eindruck, dass unter dem kindlichen Äußeren eine junge Frau voller
Fürsorglichkeit und Loyalität lag, die ihrem Alter weit voraus war.

Mein Gehirn nutze die Chance, um mich daran zu erinnern, dass
ihr Vater gesagt hatte, dass er sie nie auf ein Date hatte gehen lassen.
Und die Tatsache ließ mich einige weitere Annahmen über diese
junge Frau treffen – sie war wahrscheinlich noch Jungfrau. Meine
Vorstellung ging noch einen Schritt weiter – wahrscheinlich war sie
noch nie geküsst worden. Und dann sprang mein Schwanz ein –
wahrscheinlich hatte sie noch nie einen Orgasmus gehabt – dabei
wollte er ihr gerne helfen.

„Darf ich sie dann mitnehmen, Mr. Taylor?", fragte Mrs. Kramer
und holte mich aus meinen sexuellen Tagträumen.

„Ja!", kam meine Antwort etwas zu enthusiastisch, woraufhin ich
einen fragenden Blick meiner Assistentin erntete.

„Na dann." Sie drehte sich zu Emma um. „Wenn Sie mir bitte
folgen, werden wir Sie ausrüsten. Heute wird es nur um Papierkram
gehen und darum, Ihnen alles zu beschaffen, was Sie brauchen, um
meine Assistentin zu werden. Morgen beginne ich, Ihnen alles beizu-
bringen. Und am Ende dieser Woche kommen Sie hoffentlich allein
klar. Klingt das nicht sehr gut?"

Emma stand auf, um Mrs. Kramer aus meinem Büro zu folgen.
„Das klingt großartig."

Meine Augen lagen auf ihrem runden Hintern, der sich in dem formlosen Kleid hin und her bewegte. Ich schloss die Augen und sagte: „Dann bis später."

Emmas Stimme ließ mich die Augen wieder öffnen, als sie sagte: „Vielen Dank für diese Chance, Mr. Taylor. Ich verspreche, Sie nicht zu enttäuschen."

„Ich bin sicher, dass du das nicht tun wirst." Untypisch für mich, winkte ich ihr zum Abschied zu. „Hab einen guten ersten Tag, Emma Hancock."

Mrs. Kramer ließ Emma vor sich herausgehen, bevor sie kurz anhielt und leise sagte: „Ich würde es begrüßen, wenn Sie sie Miss Hancock nennen würden, Sir."

„Natürlich, Mrs. Kramer." Ich fragte mich, ob sie meine Attraktion mitbekommen hatte und die Möglichkeit war mir peinlich.

„Danke, Sir." Sie schloss die Tür und ließ mich mit meinen schrecklichen Gedanken allein.

Ich legte den Kopf in die Hände und hatte keine Ahnung, was gerade passiert war. Ein Mädchen war in mein Büro gekommen mit ihrem Vater, gekleidet wie ein übergroßes Kind und meine Libido ging durch die Decke.

Irgendetwas musste bei mir im Argen liegen. Vielleicht war einfach zu viel Zeit vergangen, seit ich Sex mit einer Frau gehabt hatte. Vielleicht hatte ich die gleiche Reaktion beim nächsten hübschen Gesicht, das mir über den Weg lief.

Ich beschloss, zu schauen, ob dies tatsächlich der Fall war, und stand auf, um mein Büro zu verlassen. Als ich über den Gang schlenderte, ließ meine Erektion endlich nach und ich fühlte mich viel wohler.

Als ich den Aufzug erreichte, um nach unten zu fahren, stieg eine sehr gutaussehende, vom Alter her etwas angemessene Frau heraus. „Guten Morgen, Mr. Taylor."

Ich hatte keine Ahnung, wer sie war. „Hallo. Guten Morgen." Mein Schwanz war nicht interessiert.

„Sie erinnern sich nicht an mich, oder?", fragte sie.

Ich schüttelte den Kopf und gab zu: „Nein. Sollte ich?"

„Ich war hier letzten Monat die Vertretung." Sie zeigte auf den Empfangstresen. „Dort drüben. Sie sind jeden Morgen an mir vorbeigekommen und wir haben uns gegrüßt."

„Oh, ja. Natürlich." Ich erinnerte mich nicht im Geringsten an sie. Aber es wäre unhöflich, ihr das zu sagen. „Schön, Sie wiederzusehen. Sind Sie wieder zur Vertretung hier?"

„Nein, Sir. Ich habe einen Termin mit Mrs. Kramer, Ihrer Assistentin. Sie hat mich darum gebeten, zu einem Bewerbungsgespräch hochzukommen, um möglicherweise ihre Assistentin zu werden."

Sie lächelte breit. „Es wäre mir ein Vergnügen, so eng mit Ihnen beiden zusammenzuarbeiten."

Ich kratzte mich am Kinn, während ich darüber nachdachte, wie ich ihr sagen sollte, dass daraus nichts würde. „Ich sollte Sie vorwarnen. Ich habe diesen Morgen bereits jemanden für die Position eingestellt. Mrs. Kramer wusste nichts davon. Aber bitte nehmen Sie trotzdem Ihren Termin mit ihr war, damit sie nicht denkt, dass Sie ihn verpasst haben."

Ihr Lächeln verblasste. „Oh, ich verstehe."

„Ich bin sicher, dass Sie etwas Anderes finden", sagte ich noch, bevor ich in den Aufzug nach unten stieg.

Sie hatte meine Aufmerksamkeit nicht im Geringsten erregt. Ich hoffte, dass jemand das würde – und zwar hoffentlich bald – damit ich Miss Emma Hancock vergessen könnte.

8

EMMA

Auf dem Heimweg in meinem neuen Firmenwagen, einem brandneuen Ford Fusion in dunkelblau, hörte ich Radio und dachte darüber nach, wie sehr sich mein Leben gerade verändert hatte.

Der Tag war schnell vergangen und ich fühlte mich etwas überwältigt von allem. Das könnte der Start einer richtigen Karriere für mich sein – was, wenn ich mein ganzes Arbeitsleben bei Global Distributing verbrachte?

Die Arbeit mit Mrs. Kramer war gut verlaufen – die Frau hätte nicht netter sein können. Doch sie schien auch überrascht von all dem gewesen zu sein, was Mr. Taylor mir gegeben hatte.

Ich konnte nicht sagen, dass ich genauso überrascht war. Er und mein Vater waren schließlich befreundet. Mr. Taylor hatte sich als sehr großzügiger Mann herausgestellt.

Als ich auf den Parkplatz fuhr, entschied ich, in der Garage auf dem Platz zu parken, wo mein jetziges Auto stand. Das konnte draußen stehen und möglicherweise demnächst verkauft werden. Wozu brauchte ich es schließlich noch?

Ich sprang heraus, um meinen alten Chevrolet umzuparken. Gerade, als ich fertig war, hielt ein Lieferwagen vor dem Haus. Überraschenderweise wurden bereits die Klamotten geliefert, die mir Mrs. Kramer online aussuchen geholfen hatte.

Ich eilte auf den Boten zu und begrüßte ihn fröhlich: „Hi!"

„Hallo, Miss." Er öffnete die große Tür und nahm drei Pakete heraus. „Diese sind für eine gewisse Miss Hancock. Sind Sie das zufällig?"

„Das bin ich." Aufregung überkam mich, als ich über all die neuen Klamotten nachdachte, die ich in meinen Schrank räumen konnte.

„Können Sie das bitte für mich unterschreiben?" Er hielt mir ein Klemmbrett mit einem Formular entgegen.

Ich unterschrieb unten und grub dann in meiner Handtasche, um dem älteren Mann ein Trinkgeld zu geben. „Bitte sehr, Sir."

Er schüttelte den Kopf. „Das ist nicht nötig. Ihr Chef hat sich bereits darum gekümmert. Mr. Taylor hat mir ein großzügiges Trinkgeld gegeben, als er vorbeikam, um sicherzugehen, dass die Klamotten heute geliefert würden."

„Hat er das?" Ich hatte nicht gewusst, dass er so etwas Nettes getan hatte. „Das war aber nett von ihm."

„Ja, war es", stimmte er zu.

Ich fragte mich, wieso Mr. Taylor sich wegen mir solche Umstände bereitete. Doch dann dachte ich daran, was ich tagsüber getragen hatte, und wie hilfreich er im Umgang mit meinem Vater gewesen war. Langsam machte es etwas mehr Sinn. Er wollte mir dabei helfen, unabhängiger zu werden. Kleidung zu bekommen, die mir gefiel, war der erste Schritt. Während ich die Pakete nahm, dankte ich dem Mann und ging direkt auf mein Zimmer.

Nachdem ich jedes einzelne Kleidungsstück anprobiert und alle weggehängt hatte, legte ich das Outfit heraus, was ich für den kommenden Tag ausgesucht hatte. Mama öffnete die Tür und schaute überrascht auf den nun gefüllten Kleiderschrank. „Und was ist das alles, Emma?"

„Mrs. Kramer, die Frau, deren Assistentin ich nun bin, hat mir geholfen, all diese Kleidung auszusuchen." Ich zeigte auf die Kleidung, die auf dem Bett lag. „Das werde ich morgen anziehen."

„Dein Vater hat mir erzählt, dass dir ein Firmenwagen gestellt wurde", sagte sie. „Hast du etwa auch eine Kreditkarte bekommen?"

Ich zog die Kreditkarte aus meinem Portemonnaie. „Ja, ich habe meine eigene Kreditkarte, um alles zu bezahlen, was ich für meinen Job brauche – einschließlich Kleidung. Mrs. Kramer sagt, dass mein monatliches Limit fünftausend Dollar ist. Kannst du dir das vorstellen?"

„Nein." Sie nahm mir die Karte aus der Hand. „Zeig mal."

„Sie funktioniert", sagte ich, „schließlich habe ich sie benutzt, um all das hier online zu kaufen. Mr. Taylor ist bei dem Laden vorbeigefahren, um sicherzugehen, dass alles noch heute geliefert wird. Er ist so nett, Mama."

„Ich weiß. Er war bei unserer Hochzeit einer der Trauzeugen deines Vaters." Mama reichte mir die Kreditkarte zurück. „Er war also sehr großzügig mit dir."

„Ich wette, wenn du dort arbeiten willst, gibt er dir auch einen Job." Ich dachte darüber nach, wie cool es wäre, wenn wir alle in der gleichen Firma arbeiten würden.

Sie schien die Vorstellung nicht sehr zu mögen. „Papa und ich verbringen genügend Zeit mit einander. Es ist gut, ein bisschen Distanz in einer gesunden Beziehung zu haben. Denke daran, wenn du arbeitest, Emma. Jemanden zu daten, mit dem du arbeitest, kann sehr haarig werden. Das würde ich nicht empfehlen."

Ich verdrehte die Augen. „Als ob Papa mich jemals daten lassen würde, Mama."

„Liebling", sie legte ihren Arm um meine Schultern und drückte den Kopf gegen meinen. „Du bist jetzt zwanzig. Weißt du, was das bedeutet?"

„Nicht wirklich." Ich zog mich aus ihrem Arm, um sie anschauen zu können. „Was bedeutet es, Mama?"

„Dein Vater hat dir das noch nicht gesagt", flüsterte sie als wäre er in der Nähe, obwohl er noch gar nicht von der Arbeit zurückgekehrt war. „Also sag ihm nicht, dass ich es dir gesagt habe."

Die Neugierde zwang mich dazu, nachzuhaken: „Sag mir, was es ist, Mama."

Sie zwinkerte mir zu. „Dass dein Vater entschieden hat, dass er nicht jeden jungen Mann kennenlernen muss, bevor du mit ihm ausgehen kannst. Aber ich sage dir noch einmal, dass es eine furchtbare Idee ist, jemanden zu daten, mit dem du arbeitest."

Ich hatte keine Ahnung gehabt, dass Papa vorgehabt hatte, seine archaischen Regeln zu lockern. Und ich hatte auch keine Ahnung, wen ich überhaupt daten wollen würde. Was ich allerdings wusste, war, dass Mr. Taylor mir sofort in den Sinn kam.

„Naja, momentan gibt es niemanden zum Daten. Vielleicht treffe ich jemanden irgendwie außerhalb der Arbeit." Ich wusste nicht, wie das passieren sollte, da ich noch keine Freunde hatte und es mir immer schwergefallen war, Freundschaften zu schließen. Aber vielleicht wären die Dinge hier in Manchester anders.

Sie fühlten sich jedenfalls bereits anders an. Ich musste zugeben, dass ich mich noch nie so gefühlt hatte, wie wenn Mr. Taylor mit mir sprach. Die Schüchternheit, die mich normalerweise davon abhielt, Leute kennenzulernen, verschwand, wenn ich mit ihm sprach. Und mit Mrs. Kramer fühlte ich mich auch wohl. Sie war lieb und so viel älter als ich, dass ich sie vorerst nicht in die gleiche Kategorie platzierte, in die man eine Freundin stecken würde.

Aber in welcher Kategorie war Mr. Taylor?

„Da ist ein ziemlich süßer junger Mann, der unsere Zeitungen liefert", sagte Mama und wackelte mit den Augenbrauen.

„Ein Zeitungsjunge, Mama?", ich wackelte auch mit den Augenbrauen. „Komm schon. Ich glaube, dass kann ich besser."

Wie wäre es mit dem Besitzer einer multinationalen Firma?

Wem versuchte ich etwas vorzumachen? Christopher Taylor wäre niemals an mir interessiert.

Mama ging zur Tür. „Das Essen ist in einer Stunde fertig. Schwedische Fleischbällchen. Und dein Vater hat mich angerufen, um zu sagen, dass wir am Samstagabend in Christophers Haus am See zum Abendessen eingeladen sind. Er will dich seinen Töchtern vorstellen, glaube ich."

Mein Magen zog sich zusammen. „Nein! Ich will sie nicht kennenlernen. Ich weiß, dass wir nichts gemein haben werden."

Mama blieb in der Tür stehen und schaute mich an. „Emma, ich bin sicher, dass ihr etwas gemein haben werdet. Ihr seid etwa im gleichen Alter. Wenn es sonst nichts gibt, könnt ihr über Musik reden. Ihr jungen Leute mögt doch alle die gleiche Musik."

Ich hatte wirklich keine Lust mehr, von meinen Eltern wie ein Kind behandelt zu werden. Ich war kein Kleinkind, das von Mami und Papi zum Spielen mit anderen Kindern gebracht werden musste. „Mama, ich möchte nicht mit, also plant mich nicht mit ein." Ich würde mich nicht zu einem Treffen drängen lassen, das mir unangenehm war.

Mit einem *tsk* ließ sie mich wissen, was mein Vater davon denken würde. „Emma, du weißt, dass Papa dich nicht hierbleiben lassen wird."

Ich wusste, dass er es versuchen würde. „Ich werde mit ihm sprechen. Manchmal schaffe ich es, dass er meine Sicht der Dinge versteht. Mama, ich werde so *verliererich* aussehen."

„Ich glaube nicht, dass verliererich ein Wort ist, Emma." Mit einem Seufzen pustete sie sich das Haar aus dem Gesicht. „Ich weiß, dass du die Schule nicht mochtest, aber dir wurde beigebracht, Grammatik richtig zu benutzen."

„Du verstehst doch, was ich meine." Ich saß am Fußende meines Bettes und suchte nach Worten, um mich besser auszudrücken. „Ich werde wie eine Verliererin rüberkommen, die ihre Eltern braucht, um Leute in ihrem eigenen Alter kennenzulernen. Und außerdem verstehe ich mich meistens nicht gut mit Mädchen in meinem Alter."

Sie verdrehte die Augen. „Emma, du bist nicht achtzig. Ich weiß, dass du nicht die Sachen magst, die die meisten Mädchen mögen, aber ich denke, dass das daran liegt, dass dein Vater sie dir nie erlaubt hat. Vielleicht solltest du und ich mal zusammen losziehen und uns die Nägel machen lassen. Wir könnten uns eine Gesichtsmaske gönnen und einen Haarschnitt in einem schicken Salon. Verdammt, vielleicht lasse ich mir sogar Strähnchen machen, ich fühle mich abenteuerlustig. Was denkst du? Ein neuer Look passend zu deinen neuen Klamotten und dem neuen Job?"

Ich konnte nicht verneinen, dass das sehr verführerisch klang.

„Sicher, Mama. Organisiere es. Vergiss aber nicht meine Arbeitszeiten. Neun bis fünf, Montag bis Freitag. Ich habe eine Stunde Mittagspause, aber ich denke nicht, dass das genug ist für diese Pläne."

„Nein, ist es nicht." Sie legte einen Finger auf die Unterlippe, wie sie es immer tat, wenn sie über etwas nachdachte. „Wie wäre es mit Samstagmorgen? So können wir fertig sein, bevor wir zu Christophers Abendessen fahren. Du kannst seine Töchter als die neue und verbesserte Emma Hancock kennenlernen. Es wird Zeit, dass dein Vater dir etwas mehr Raum zum Wachsen gibt."

Ich wäre begeistert, wenn er dem zustimmen würde. „Okay, Mama. Du organisierst es und ich mache mit."

„Super." Sie klatschte in die Hände und verließ mich mit einem Lächeln auf dem Gesicht.

Mein Vater würde sich sehr verändern müssen, um all das zu erlauben. Und ich wusste, dass er sich bisher kaum verändert hatte. Zwanzigster Geburtstag hin oder her, Papa sah mich immer noch als sein kleines Mädchen.

Soweit ich wusste, hatte Mama die Entscheidungen meines Vater bezüglich meiner Erziehung nie hinterfragt. Er führte die Familie. Sie führte den Haushalt. Und ich tat, was die beiden von mir verlangten. Ich konnte mir nicht vorstellen, dass sich etwas ändern sollte.

Mein Handy leuchtete auf und ich sah Valeries Namen. „Hi, Val. Du wirst nicht glauben, wie fantastisch mein erster Tag war!"

„Erzähl schon!", quietschte sie.

„Erstens habe ich einen neuen Job. Assistentin der Assistentin des obersten Bosses", platze ich heraus.

„Wow", sie klang etwas überrascht. „Um ehrlich zu sein, hatte ich gedacht, dass du ganz unten anfangen würdest. Aber da hast du ja schon eine gute Startposition. Gut gemacht."

„Es wird noch besser." Ich legte mich auf das Bett und schaute zur Decke hinauf. „Ich habe mein eigenes Büro im obersten Stock mit all den wichtigen Leuten. Und ich habe einen Firmenwagen. Es ist ein brandneuer Ford Fusion in dunkelblau."

„Das darf nicht wahr sein", kam ihre neidische Reaktion. „Ich fasse es nicht."

„Das war noch nicht alles." Ich setze mich voller Aufregung auf. „Ich habe eine Firmen-Kreditkarte mit einem Limit von fünftausend Dollar pro Monat, die ich benutzen darf, um alles für die Arbeit zu bezahlen – wie Arbeitskleidung. Schuhe. Make-up. Alles!"

Stille. Dann rief sie: „Oh mein Gott! Ich glaube es nicht. Meine kleine Freundin klingt, als würde sie endlich erwachsen."

Ich dachte darüber nach, was Mr. Taylor darüber gesagt hatte, meinen Vater mich nicht wie ein Baby behandeln zu lassen. „Weißt du, ich glaube, dass mein Vater unseren Boss, Mr. Taylor, wirklich respektiert. Er ist sein Freund aus der Uni – erinnerst du dich, dass ich von ihm erzählt habe?"

„Ja. Das ist gut, dass dein Vater ihn respektiert. Es klingt als würde Mr. Taylor deinen Vater auch respektieren, schließlich hat er dir einen tollen Job mit all seinen Vorzügen gegeben."

„Ja, und Mr. Taylor hat mir auch gesagt, dass er sich dafür einsetzen wird, dass mein Vater mich mehr wie eine Erwachsene behandelt." Ich ließ mich zurück aufs Bett fallen. „Er sieht so gut aus, Val. So heiß."

„Warte, was?", fragte sie. „Einen Moment. Dieser Typ und dein Vater waren zusammen in der Uni, Emma. Er ist alt. Du kannst doch nicht wirklich denken, dass er heiß ist."

„Ich wette, wenn du ihn googlest – Christopher Taylor, Inhaber von Global Distributing – findest du Bilder von ihm." Ich konnte mir nicht vorstellen, dass sie mir nicht recht geben würde.

„Okay, lass mich das tun." Ich hörte, wie sie auf ihrem Laptop tippte, den sie immer in der Nähe hatte. „Okay, Christopher Taylor, Inhaber von – oh Mann! Er ist heiß!"

Dachte ich es mir doch.

9

CHRISTOPHER

Als ich mein Büro verließ, um für einen Snack ins Café im Erdgeschoss zu gehen, sah ich, wie Emma Mrs. Kramers Büro verließ. Sie sah aus, als hätte sie einen Auftrag. „Wie läuft dein erster richtiger Tag, Emma?"

Sie schaute auf und schien beeindruckt, mich zu sehen. „Äh, er läuft ganz gut. Mrs. Kramer hat mich losgeschickt, um uns einen Snack zu holen. Sie sagt, dass es unten ein Café gibt und sie einen Fruchtbecher mit extra Ananas möchte."

„Da wollte ich auch gerade hin." Ich konnte nichts gegen die Aufregung tun, die mich durchfuhr, als mir klar wurde, dass sie und ich etwas Zeit mit einander verbringen konnten. „Ich bin mir noch nicht sicher, was ich möchte. Yollie hat jeden Tag ein Spezialangebot, aber sie verrät nie, was es am nächsten Tag ist. Ich probiere meistens, was sie anbietet."

Sie nickte. „Ich bin mir sicher, dass ich etwas finden werde, was ich mag. Ich habe eigentlich gar keinen Hunger, aber Mrs. Kramer sagt, dass es besser ist, über den Tag verteilt kleine Portionen zu essen, um das Energie-Niveau hoch zu halten, als drei große Mahlzeiten zu essen."

„Das hat sie von mir", ließ ich sie wissen. „Als ich mich scheiden ließ, habe ich begonnen, Sport zu treiben, und ein Ernährungsberater im Fitness-Studio hat mich auf den richtigen Weg gebracht. Bei all dem Frust in meiner Ehe hatte ich furchtbare Essgewohnheiten entwickelt und trank zudem zu viel Alkohol. Doch irgendwie musste ich damit klarkommen."

Sie sah etwas betroffen aus. „Es tut mir so leid, dass Ihre Ehe so schlecht verlaufen ist, Sir."

Ich konnte nicht fassen, dass ich meine Ehe ihr gegenüber überhaupt erwähnt hatte. Ich sprach darüber mit niemandem. „Ich hätte nichts sagen sollen." Ich versuchte, das Thema zu wechseln. „Vermisst du deine Freunde von zu Hause?"

„Nein." Sie zuckte mit den Schultern. „Val ist meine einzige wirkliche Freundin. Sie geht auf die Columbia, genau wie Sie und Papa. Sie war sehr beeindruckt davon, dass ich diesen Job bekommen habe, und ich weiß, dass ich ihn nur wegen meines Vaters bekommen habe, aber ich bin auch sehr glücklich darüber, Mr. Taylor."

„Gut." Ich erwischte mich dabei, wie ich ihr die Hand auf die Schulter legte, um sie zum Aufzug zu führen. Und da war wieder dieses Gefühl, wie ein Blitz, der durch meine Adern fuhr. Ich fragte sie beinahe, ob sie es auch fühlte, als sie mit einem merkwürdigen Gesichtsausdruck zu mir aufschaute. Dann bemerkte ich, dass sie ein kleines bisschen Make-up trug. „Ich sehe, dass du etwas Mascara und Rouge aufgetragen hast. Das sieht hübsch aus. Hat dein Vater etwas dazu gesagt?"

„Er hat mich noch nicht gesehen." Sie schaute den Aufzugtüren dabei zu, wie sie sich schlossen und uns von den restlichen Menschen im Gebäude trennten. Ich hatte sie zu meinem Privataufzug geführt, sodass niemand mit uns einsteigen würde. Ich war mir nicht einmal sicher, wieso ich das getan hatte. „Ähm, niemand ist mit eingestiegen. Normalerweise sind die Aufzüge immer voll."

„Dieser ist privat." Ich betrachtete zufrieden ihr Outfit, erst dann wurde mir klar, dass meine Hand immer noch auf ihrer Schulter lag. Ich zog sie weg und kommentierte ihre Kleidung: „Schönes Kostüm.

Die schwarzen Ballerinas passen dir perfekt, das Hellgrün der Bluse hebt deine Augen schön hervor und die Perlenkette gibt den letzten Schliff."

Sie lächelte und hob einen der flachen schwarzen Schuhe an. „Die Schuhe runden alles ab, nicht wahr?"

„Das tun sie." Ihr Lächeln war so süß, dass mir das Wasser im Mund zusammenlief. „Hat dein Vater Probleme wegen der neuen Klamotten gemacht?"

„Davon habe ich ihm auch noch nicht erzählt. Er hat heute Morgen vor mir das Haus verlassen." Sie schaute zu Boden. „Ich dachte, es ist besser, wenn er mich bei der Arbeit sieht, dann macht er vielleicht keine große Szene."

Ich legte eine Hand an ihr Kinn und hob ihr Gesicht an. „Emma, nur ein Rat. Schau nicht so viel zu Boden. Es lässt dich schüchtern aussehen. Du hast keinen Grund, schüchtern zu sein. Hier auf jeden Fall nicht."

„Ich schätze, Sie haben Recht." Sie lächelte mich mit strahlend weißen Zähnen an. Sie machten sie sogar noch hübscher. „Ich war nur immer schon schüchtern. Ich habe immer versucht, nicht weiter aufzufallen."

„Nun, du bist nicht mehr in deinem Heimatort", erinnerte ich sie, „hier kannst du neu anfangen. Niemand wird schlecht über dich denken, wenn du den Kopf aufrecht hältst, die Schultern zurücknimmst und den Leuten in die Augen schaust. Hier kannst du sich selbst neu erfinden, Miss Hancock." Ich erinnerte mich plötzlich daran, dass Mrs. Kramer mich darum gebeten hatte, Emma bei ihrem Nachnamen zu nennen.

Sie kicherte. „Sie müssen mich nicht so nennen, Mr. Taylor."

Der Aufzug hielt im Erdgeschoss. „Oh natürlich. Du bist eine aufsteigende administrative Assistentin. Jeder wird dich Miss Hancock nennen. Wieso sollte ich etwas anderes tun?"

Ihr Lächeln ließ mein Herz schneller schlagen. Sie so zu sehen, ließ mich einfach nicht kalt. Ich könnte es nicht erklären, selbst wenn ich wollte.

Da die Lobby voller Leute war, bemerkte niemand, dass sie und ich gemeinsam durch die Tür gingen. Als wir draußen waren, ging ich neben ihr her. Sie schaute mich von der Seite an. „Würde es Ihnen etwas ausmachen, wenn ich am Samstag nicht mit meinen Eltern zum Abendessen käme?"

Das würde es.

Ich sagte es jedoch nicht. „Wie kommt es, dass du nicht mitkommen möchtest?"

Sie zuckte mit den schmalen Schultern. „Ich weiß nicht, wie ich es richtig erklären soll. Ich möchte einfach nicht, dass Ihre Töchter mich wie einen Freak sehen, der mit jemandem befreundet sein muss, nur weil die Eltern sich kennen."

„Das macht Sinn." Ich blieb vor dem kleinen Café stehen. „Da sind wir." Ich öffnete die Tür und ließ sie vor mir hereingehen.

„Gut, als verstehen Sie es?", fragte sie, als sie an mir vorbeiging. Der Geruch ihres Haars umhüllte mich einen Augenblick lang.

„Mmh, Honig."

Sie schaute mich an. „Verzeihung? Ich habe Sie nicht richtig gehört."

„Nichts." Ich legte ihr die Hand auf den unteren Rücken und brachte sie zur Theke. „Oh, das Tagesangebot ist mein Lieblingsessen."

„Oh, meins auch." Sie lehnte sich vor und fragte: „Ist die Marmelade auf dem Sandwich Erdbeere?"

Mein Herz hätte nicht schwellen sollen, doch ich konnte es nicht davon abhalten.

Yollie antwortete mit ihrer üblichen lauten Stimme: „Gibt es eine bessere?"

„Meiner Meinung nach nicht", antwortete Emma. „Kann ich bitte eins davon haben und einen Fruchtbecher mit extra Ananas?"

„Ich nehme auch das Spezial, Yollie." Ich schaute zu Emma herunter, die neben mir stand. „Ich denke, ein Glas Milch würde gut dazu passen. Wie sieht es bei dir aus?"

„Ich denke, das wäre gut." Sie schaute Yollie an. „Kann ich bitte auch ein Glas bekommen?"

„Na klar", antwortete Yollie und drehte sich um, um unseren Snack zuzubereiten.

„Schreibe es alles auf meine Rechnung, Yollie", rief ich herüber und nahm Emma dann beim Ellbogen, um sie zu einem kleinen Tisch für zwei zu lenken. „Wir können hier essen."

Sie schaute etwas besorgt drein. „Ist das für Mrs. Kramer in Ordnung?"

„Sag ihr, dass du mich hier getroffen hast und ich darauf bestanden habe." Ich musste lächeln. „Wenn du das sagst, wirst du keine Probleme bekommen."

„Da haben Sie sicherlich recht." Sie setzte sich mir gegenüber hin und ich bemerkte, dass unsere Knie sich berührten. Ich schwöre, ich konnte die Spannung zwischen uns spüren.

„Ich denke, ich kann dir dafür vergeben, dass du am Samstag nicht zu mir kommst." Ich wollte wirklich gerne, dass sie kam, aber ich verstand, wieso sie nicht wollte. „Die Wahrheit ist, dass meine Töchter überhaupt nicht wie du sind. Sie haben noch nie auch nur einen Tag in ihrem Leben gearbeitet und haben das auch nicht vor. Sie verstehen vielleicht gar nicht, wieso du arbeitest. Ich möchte nicht, dass du dich wegen ihnen schlecht fühlst."

„Danke, Sir." Sie begann, den Kopf zu senken, hielt dann jedoch inne. Ihre Augen schauten zu mir auf, sie setzte meinen Ratschlag in die Tat um. „Ich denke nicht, dass wir viel gemein haben, da sie aus solch einer reichen Familie stammen. Aber ich verstehe, wieso sie nicht arbeiten. Sie müssen nicht. Und den Arbeitsplatz jemandem wegzunehmen, der ihn wirklich braucht, wäre selbstsüchtig. Aber das ist nur meine Meinung."

So hatte ich es noch nie betrachtet. „Weißt du, Emma – ich meine Miss Hancock – so hatte ich noch nie darüber gedacht."

Sie reichte über den Tisch und legte ihre Hand auf meine. „Wirklich, ich denke nicht, dass Sie mich so außerhalb des Büros nennen müssen. Denken Sie?" Sie zog die Hand weg, doch meine Hand kribbelte weiter.

Mein Schwanz begann, zu wachsen, während mein Herz hämmerte. Ich schluckte schwer, bevor ich sagte: „Wenn du nicht möchtest, dass ich dich außerhalb des Büros so nenne, werde ich es nicht tun."

„Es ist nur, dass Sie und Papa so gute Freunde sind. Es ist unvermeidbar, dass wir uns außerhalb der Arbeit sehen werden, und es würde sich merkwürdig anfühlen, wenn Sie mich Miss Hancock nennen." Sie fuhr mit der Hand durch ihr Haar.

„Gut, wie wäre es damit." Ich wusste, dass ich mich auf dünnem Eis bewegte. „Wie wäre es, wenn wir uns außerhalb des Büros, wenn wir nicht Chef und Angestellte sind, duzen? Ich bin Christopher."

Ihre hübschen grünen Augen wurden groß. „Ähm, ich weiß nicht, ob mein Vater das erlauben wird."

„Ich werde ihm sagen, dass ich darauf bestehe", beschloss ich, hinzuzufügen, „und ich denke nicht, dass das seine Entscheidung ist. Aber wenn er dir Probleme macht, sage ich ihm, dass meine Töchter niemanden siezen. Das haben sie von ihrer Mutter gelernt. Sie hat sie hauptsächlich erzogen. Meine Aufgabe war, das Brot auf den Tisch zu bringen, und ihre, die Kinder aufzuziehen. Altmodisch, ich weiß. So war unsere Farce einer Ehe." Und schon wieder sprach ich von meiner Ehe. „Tut mir leid."

„Was denn?" Sie schaute ahnungslos drein.

„Ich sollte mit dir nicht über meine Ehe sprechen – du willst das wahrscheinlich gar nicht hören." Ich schaute zum Tresen herüber, als Yollie unsere Bestellung daraufstellte. „Ich hole es für uns." Ich stand auf, um unser Essen zu holen.

„Lass mich das machen", sagte sie und versuchte auch, aufzustehen.

Ich legte die Hände auf ihre zarten Schultern. „Nein. Ich hole es schon, Emma."

Jede Berührung brachte mein Blut zum Kochen und ich wusste, dass es falsch war. *Wie kann ich Abstand von ihr halten?*

Als ich das Essen holte, fragte ich mich, ob ich zu einem Seelenklempner gehen sollte. Was ich fühlte, was einfach nicht richtig.

„In all den Jahren haben Sie nie mit jemandem hier gegessen, Mr. Taylor." Sie nickte in Richtung Emma. „Also, wer genau ist sie?"

„Sie ist die Tochter eines Freundes und arbeitet jetzt für mich. Sie kennt noch niemanden in der Stadt oder der Firma und wir haben uns zufällig auf dem Weg hierhin getroffen." Ich wusste nicht, wieso ich den Drang hatte, mich zu erklären, aber hier stand ich und erklärte alles.

Ich muss diese Gefühle im Keim ersticken, bevor ich etwas tue, das meine Freundschaft zu Sebastian zerstören könnte.

EMMA

D ie ganze erste Arbeitswoche über aßen Mr. Taylor und ich unseren täglichen Snack zusammen. Irgendwie gingen wir einfach immer zur gleichen Zeit los. Und ich fand Yollies Spezial jeden Tag super, doch das Sandwich mit Erdnussbutter und Marmelade war am besten gewesen.

Als der Samstag kam, tat ich als hätte ich Bauchschmerzen und Papa ließ mich zu Hause bleiben. Doch er sagte mir, bei der nächsten Einladung von Christopher müsste ich mitkommen. Dad war nicht so verständnisvoll, als es um meine Erklärung ging, wieso ich nicht dazu gezwungen werden wollte, Christophers Töchter kennenzulernen.

Das überraschte mich nicht sonderlich. Was mich jedoch sehr überraschte, war, als er mir sagte, dass ich in meinem Geschäfts-Outfit sehr gut aussähe und wie sehr ihm mein neuer Look gefiel. Das kleine bisschen Make-up schien ihn nicht zu stören. Der Groß-teil meiner Haut war immer noch ungeschminkt. Ich benutzte keine Grundierung, nur ein bisschen braune Wimperntusche, rosa Rouge und rosafarbenen Lippenstift.

Ich mochte es so gerne, ich hätte wahrscheinlich nicht damit aufgehört, selbst wenn er dagegen gewesen wäre.

Am Ende der ersten Woche schien alles gut zu laufen. Doch dann kam der Montag. Als ich losging, um unseren Vormittagssnack zu holen, war Mr. Taylor nirgends zu sehen. Am Dienstag geschah das gleiche. Am Mittwoch hingen meine Schultern herunter, als es immer noch keine Spur von ihm gab.

Waren ihm unsere täglichen Unterhaltungen langweilig geworden?

Ich wurde das Gefühl nicht los, dass er mich mied. Vielleicht spürte er auch die Spannung zwischen uns – von der ich glaubte, dass sie sexuell war. Vielleicht spürte er sie auch nicht und nur ich empfand sie. Vielleicht hatte ich mir alles eingebildet. Oder wahrscheinlich war er nur nett zu mir gewesen wegen meines Vaters.

Mit jedem Tag, der verging, dachte ich mehr, dass ich dumm gewesen war, je zu glauben, dass ein Mann im Alter meines Vaters von mir angezogen sein könnte.

Als ich allein zu Yollies Café ging, dachte in an unsere vergangenen Zusammentreffen zurück. Wie es sich jedes Mal angefühlt hatte, als fließe Feuer durch meine Adern, wenn Christopher mich anfasste. Wie seine braunen Augen aufgeleuchtet hatten, wenn er mich auf dem Flur sah. Wie seine Stimme sich verändert hatte und tiefer geworden war, wenn wir allein zusammen im Café saßen.

Natürlich wüsste ich absolut gar nichts über Romantik, Liebe, Sex. Und doch funktionierte mein Körper wie durch Instinkt. Mir wurde heiß, wenn er sich näherte. Er kühlte ab, wenn wir uns voneinander entfernten. Und meine Gedanken drehten sich den ganzen Tag lang um Mr. Christopher Taylor – und die ganze Nacht.

Ich suchte meine Kleidung aus, um ihn zu beeindrucken. Ich frisierte meine Haare so, wie ich dachte, dass es ihm gefallen könnte. Ich trug Parfüm und benutzte Seifen, die nach Honig rochen, weil ich ihn das Wort murmeln gehört hatte, als ich an jenem ersten Tag im Café an ihm vorbeigegangen war.

Ich tat alles, was ich tun konnte, um ihn in meinen Bann zu ziehen. Und trotzdem versteckte er sich gleich in der nächsten Woche vor mir.

Val sagte mir, ich sei verrückt gewesen, zu glauben, dass ein erwachsener Mann je an mir interessiert sein könnte. Nicht, dass ich nicht ein guter Fang war, aber er musste gewisse Leute beeindrucken. Eine Zwanzigjährige am Arm eines Playboys ist eine Sache, sagte sie. Aber eine Zwanzigjährige am Arm eines milliardenschweren Geschäftsmanns ist etwas ganz anderes.

Tief in meinem Inneren wusste ich, dass sie recht hatte, aber dadurch tat es nicht weniger weh.

Als der Donnerstag kam, hatte ich alle Hoffnung darauf verloren, je eine Chance darauf zu haben, dass Mr. Taylors schöne Hände über meinen ganzen Körper glitten.

Ich war vielleicht unerfahren, wenn es um Sex ging – verdammt, ich hatte noch nie einen Orgasmus gehabt – aber das hieß nicht, dass ich keinen Drang danach hatte. Die Wahrheit war, egal wie heiß meine Gedanken an Christopher Taylor in der Nacht waren, hatte ich doch Angst davor, mir diese unbändige Lust zu erfüllen. Ich fürchtete, ich könnte schreien wie eine Wildkatze, wenn ich zum ersten Mal käme. Wenn meine Eltern das hörten, würde ich wahrscheinlich vor Scham tot umfallen.

Also blieb mir nichts anderes als meine Gedanken und Tagträume. Und mit jedem Tag, der ohne Kontakt zu Mr. Taylor verging, wurden selbst sie von Hoffnungslosigkeit getrübt.

Das Ende des Arbeitstags am Donnerstag näherte sich und ich fühlte mich wie ein schlapper Ballon. Da nur noch ein Tag der Arbeitswoche übrig war, wusste ich, dass ich wahrscheinlich keinen Blick mehr auf den umwerfenden Christopher Taylor werfen würde.

Auf dem Weg in die Garage sah ich meinen Vater. „Hey, Papa, bist du auch auf dem Weg nach Hause?"

Er blieb stehen und drehte sich zu mir um. „Hey, Liebes. Du siehst irgendwie traurig aus. Schlechter Tag?"

Er war absolut nicht schlecht gewesen. Mrs. Kramer stellte sicher, dass bei ihr immer alles glattlief. „Nein. Vielleicht bin ich einfach etwas kaputt. Ich muss mich noch an diesen Arbeitsrhythmus gewöhnen."

„Ja." Papa legte seinen Arm um mich und ich legte meinen Kopf auf seine Schulter. „Dein alter Job in der Boutique war nichts im

Vergleich zu diesem, oder? Aber ich muss sagen, dass ich noch nie so stolz auf dich war, meine Kleine."

„Bist du das?" Ich hob den Kopf an, um ihm in die Augen zu schauen und sicherzugehen, dass er die Wahrheit sagte. Ich konnte mich nicht daran erinnern, dass Papa mir je gesagt hatte, dass er stolz auf mich war.

„Natürlich", sagte er mit einem ehrlichen Lächeln. „Emma, du bist eingesprungen, als deine Familie dich brauchte und du nicht dazu gezwungen gewesen sein solltest. Ich dachte, dass wir ruiniert wären. Und jetzt, wo ich wieder in der Lage bin, die Rechnungen zu bezahlen, hast du selbst einen guten Lohn. Und ich bin sehr stolz darauf, wie du dich im Büro verhältst, ich habe bisher nur Lob über dich gehört."

„Papa." Ich legte meinen Kopf zurück auf seine Schulter und umarmte ihn fest. „Du bist der beste Papa auf der Welt."

„Ah, das könnte ich immer wieder hören." Er küsste mir den Kopf und ich fühlte mich etwas besser als zuvor.

„Sebastian, warte kurz", hörte ich eine tiefe Stimme hinter uns.

Christopher!

Mein Kopf schoss von der Schulter meines Vaters hoch und drehte sich um, um zu sehen, ob ich recht gehabt hatte. Doch der Mann schaute mich nicht an. Sein Blick war auf meinen Vater gerichtet.

Papa hielt inne und drehte uns in Richtung seines Freunds. „Hey, Christopher, was gibt es?"

Als er auf uns zu joggte, kam eine kleine Welle seines betörenden, männlichen Geruchs zu uns und ließ mein Herz schneller schlagen. Ich wusste nicht, ob das gut oder schlecht war. Oder vielleicht hatte ich auch Herz-Rhythmus-Störungen und musste ins Krankenhaus.

Christopher fuhr sich über die dunklen Augenbrauen und sah unglaublich aus in seinen Sport-Klamotten. Seine definierten Muskeln waren perfekt zu erkennen!

Seine Shorts ließen mich seine festen, muskulösen Beine sehen. Sein weißes T-Shirt, das schweißnass war, war beinahe durchsichtig geworden und klebte an seinen Brust- und Bauchmuskeln. Ein

Schweißtropfen lief an der Seite seines Halses herunter und ich kippte fast um, als ich ihn mit den Augen verfolgte. Ich war froh, dass mein Vater immer noch seinen Arm um mich hatte und ich mich anlehnen konnte.

„Was es gibt, ist, dass ich dich brauche, um für Brad aus dem Vermont-Sektor einzuspringen. Er kommt die nächste Woche nicht. Seine Frau hat gerade ein Kind bekommen. Und du weißt, wie das ist." Christopher nahm mich nicht einmal zur Kenntnis.

Ich war enttäuscht. Ein ‚Hallo' hätte genügt, damit wäre ich glücklich gewesen.

„Ich kenne mich mit dem Vermont-Kram nicht aus, aber ich kann es nachlesen." Papa ließ mich los und ich fiel fast um. „Oh, sorry, Liebes. Mir war nicht klar, dass du dich an mich gelehnt hattest."

Ich fuhr mir mit der Hand über mein glühendes Gesicht und hoffte, dass ich nicht rot war und so meine heißen Gedanken preisgab. „Schon in Ordnung. Ich mache mich auf den Weg und lasse euch beide in Ruhe sprechen. Es klingt als sei es wichtig."

„Quatsch", sagte Papa. „Warte kurz."

Da ich meinem Vater in der Öffentlichkeit niemals widersprach, wartete ich. Meine Haut fühlte sich heiß an und mein Kopf war voller Gefühle, die ich nicht verstand. Und zu allem Überfluss, glitten meine Augen über Christophers Körper und meine Nase verlangte, mich näher zu ihm zu lehnen, um seinen Geruch einzuatmen.

Christopher fuhr fort: „Du müsstest dieses Wochenende nach Vermont fahren. Du kannst Celeste mitnehmen. Macht ein romantisches Wochenende daraus. Ihr besucht auch eine Apfelplantage und einen Weinberg. Habt Spaß. Alles, was ich brauche, sind eine Menge Fotos. Und die Firma deckt natürlich alle Kosten. Das kann man doch nicht schlagen, oder?"

Papa schaute düster zu mir. „Kann Emma auch mitkommen?"

Christophers Lächeln verrutschte und er senkte die Stimme als könne ich ihn so nicht hören. „Wieso solltest du deine Tochter zu einem romantischen Wochenende mit deiner Frau mitnehmen?"

Mit einem Achselzucken antwortete Papa: „Weil ich sie nicht gerne ganz alleine zu Hause lasse."

Die Art, in der Christophers Augen einen Augenblick lang zu mir herüberschossen, ließ mich denken, dass er vielleicht einen Plan hatte und die Frage meines Vaters ihn kaputtmachen könnte. „Ich bin mir sicher, dass das für Emma kein Problem wäre. Ich meine, sie ist ja kein Kind mehr, Sebastian."

„Das weiß ich." Papa schaute mich fragend an. „Wäre es in Ordnung für dich, wenn Mama und ich das ganze Wochenende lang wegfahren?"

„Ja." Ich schaute Christopher kurz an und sah ein winziges Lächeln auf seinen Lippen.

„Siehst du", sagte er, ohne mich anzuschauen, „Ihr wird es gut gehen. Wenn sie irgendetwas braucht, bin ich ja auch noch zu Hause. Sie kann mich anrufen."

Mein Herz schlug wild.

Versuchte er, mich alleine zu Hause zu haben?

Ich wusste, dass ich nach jedem Strohhalm griff. Es war unmöglich, dass dieser Mann mich so wollte, wie ich es mir vorstellte.

Aber was für eine großartige Fantasie.

Vielleicht, wenn er wirklich keine Pläne für mich hatte und ich das ganze Wochenende lang allein wäre, würde ich mir einen Vibrator kaufen und meine sexuelle Seite etwas besser erkunden. Niemand wäre zu Hause, um meine ekstatischen Schreie zu hören.

„Naja, wenn es für Emma okay ist, dann in Ordnung", sagte Papa lächelnd. „Das könnte wirklich schön werden. Ich kann mich nicht an das letzte Mal erinnern, dass Celeste und ich allein auf einen Wochenend-Trip gefahren sind."

„Noch nie", platzte ich heraus. „Ich kann mich an kein einziges Mal erinnern, dass du und Mama allein irgendwo hingefahren seid."

Christopher blinzelte ein paarmal. „Wirklich?", fragte er Papa.

„Ich schätze, sie hat recht. Vielleicht war es vor ihrer Geburt." Er schüttelte den Kopf. „Mann, die Zeit verfliegt, he?"

Letztendlich schaute Christopher mich an. „Sieht aus als wäre es höchste Zeit, dass sie mehr Zeit für sich hätten, oder, Emma?"

„Sieht so aus", stimmte ich mit einem riesigen Grinsen auf dem Gesicht zu.

Als er seine große Hand ausstreckte, wusste ich nicht, was er wollte. „Gib mir dein Handy, Emma."

Ohne zu zögern griff ich in meine Handtasche und gab ihm mein Handy. „Okay."

„Was ist der Pin?", fragte Christopher.

„Ein Geheimnis", sagte ich.

Papa schaute mich mit einem Gesichtsausdruck an, der keine Scherze erlaubte. „Emma."

Christopher lächelte nur. „Ich verspreche, dass ich ihn sofort wieder vergesse."

„Ja, er ist so alt wie ich, sein Gedächtnis ist auch nicht mehr das beste", musste Papa hinzufügen.

Christopher war nicht so alt wie Papa. Kein bisschen. Er hielt seinen Körper in Top-Form und glich keinem der Männer in Papas Alter, die ich je gesehen hatte.

„Vier, sechs, eins, fünf", sagte ich leise.

Während er den Code tippte, fragte er: „Wofür stehen die Nummern?"

Ich fühlte mich dumm, als ich es laut aussprach, aber ich war noch nie eine gute Lügnerin gewesen. „Vier ist meine Lieblingszahl. Sechs ist die Anzahl von Klimmzügen, die ich machen kann. Eins ist die Lieblingszahl meiner besten Freundin. Und fünf ist die..." Ich wusste nicht, was ich sagen sollte, aber ich konnte ihm definitiv nicht die Wahrheit sagen. Ich hatte vor kurzem den Pin geändert, um die Zahl der Tage, an denen ich mit ihm gegessen hatte, einzuschließen. Ich musste mir eine Lüge ausdenken. „...Anzahl von Pfannkuchen, die ich auf einmal essen kann."

Ich frage mich, was er denken würde, wenn ich ihm die tatsächliche Erklärung der Zahl erzählen würde.

11

CHRISTOPHER

Ich strengte mich an, in ihrer zweiten Woche im Büro nicht an Emma zu denken. Ich beschäftigte mich und ging bis zum Donnerstag nicht einmal ins Büro. Das war entweder ein furchtbarer Fehler oder Schicksal. Ich war mir nicht sicher, was von beiden es war.

Als ich aus dem Aufzug stieg, sah ich sie den Flur heruntergehen mit dem Rücken zu mir. Wie durch ein Wunder lag ihr süßer Geruch noch in der Luft. Ich atmete ihn tief ein und stand sofort in Flammen. Mein Schwanz wurde augenblicklich hart und mein Hirn machte sich direkt an die Arbeit, um einen Plan auszuhecken, dieses junge Ding am Wochenende für mich allein zu haben.

Wie durch Instinkt dachte ich an etwas, was ihr Vater tun könnte, wofür er und seine Frau übers Wochenende die Stadt verlassen mussten. Und schon machte ich mich an die Arbeit, mir etwas auszudenken, wofür auch Emma die Stadt verlassen musste.

Am Freitagmorgen hatte ich endlich einen Plan, der es mir erlauben würde, Zeit mit Emma allein zu verbringen. Mrs. Kramer kam in mein Büro, als ich sie darum bat.

„Sie wollten mich sprechen, Mr. Taylor?"

„Ja." Ich zog das Paket hervor, das ich zusammengestellt hatte, und schob es zu ihr über den Schreibtisch. „Ich möchte, dass Sie dieses Wochenende Miss Hancock zum Erkunden von Aktivitäten und einem schönen Hotel in Concord für unsere Besucher aus China schicken. Sie haben großes Interesse daran gezeigt, die Hauptstadt von New Hampshire kennenzulernen, und kommen bereits in zwei Wochen, also müssen wir loslegen. Nach einem Besuchs-Wochenende in Concord bringen wir sie am Montag hierher für unsere Sitzung."

„Okay, Sir." Sie hob das Paket an. „Ich werde es ihr geben." Bevor sie das Büro verließ, hielt sie kurz inne, drehte sich um und schaute mich an. „Ich mache eine Reservierung für sie in Concord."

„Das habe ich bereits getan. Das Centennial ist ein sicherer Ort für eine junge Frau, die allein reist." Ich musste das Grinsen unterdrücken, das meinen ganzen Plan in Gefahr brachte. „Dort hat sie nichts zu befürchten."

„Ja, Sir." Mrs. Kramer schaute mich mit einem zufriedenen Lächeln an. „Es ist schön, Sie so zu sehen. Es ist lange her, seit Sie so etwas getan haben. Sebastians Freundschaft ist gut für Sie." Und mit diesen Worten verließ sie das Büro.

Allein blieb ich zurück und dachte über die einzige Person nach, die ich als meinen Freund bezeichnen konnte, Sebastian. Dachte darüber nach, meinen Plan zu verwerfen. Dachte über all das nach, was ich in den letzten zwei Wochen gefühlt hatte, und versuchte, die Kontrolle über meine Gefühle zurückzuerlangen, die mich zum ersten Mal seit vielen, vielen Jahren überfluteten.

Der Altersunterschied von sechsundzwanzig Jahren zwischen Emma und mir half absolut nicht. Es gab zu viele Faktoren, die schlecht für uns beide waren, wenn ich mit meinem Plan fortfuhr.

Ich hatte ein Zimmer für mich selbst in dem Hotel reserviert, was als eins der romantischsten in der Gegend galt. Ich hatte auch Reservierungen zum Abendessen im Restaurant Granit in dem alten, eleganten Hotel für Freitag und Samstag gemacht.

Könnte das als Straftat gelten?

Ich schätzte, in Sebastians Augen wäre es wahrscheinlich eine. Im besten Fall würde er es als Hintergehen interpretieren. Und er könnte recht haben. Es stand mir nicht zu, mit seiner Tochter allein sein zu wollen. Aber wie sehr ich mich auch anstrengte, ich konnte nicht aufhören, an sie zu denken.

Meine Nächte waren voller sexueller Fantasien von ihr, die meine Träume sehr interessant machten. Doch ich musste zugeben, dass ich mich manchmal schuldig fühlte. Wieso interessierte ich mich für ein so junges Mädchen? Und wieso musste sie die Tochter des einzigen Freundes sein, den ich noch hatte?

Ich wusste mit Sicherheit, dass Sebastian – und nun Emma – das Büro um die Mittagszeit verlassen würden, um sich auf den Weg zu ihren Wochenend-Trips zu machen. Ich fragte mich, ob Emma wegen ihrer Aufgabe aufgeregt war.

Ich versaute es fast, indem ich in ihr Büro ging. Ich wollte so sehr wissen, wie sie sich wegen des Trips fühlte, doch das wäre problematisch geworden. Sie hätte mir gesagt, wo sie hinführe, und dann, wenn ich dort auftauchte, konnte ich es eindeutig nicht mehr als Zufall hinstellen.

Einen Augenblick lang zweifelte ich. *Was, wenn Mrs. Kramer Emma erzählt, dass ich alles organisiert habe?*

Ich hatte es nicht bis zu Ende durchdacht. Das könnte alles nach hinten losgehen.

Ein leises Klopfen erklang an meiner Tür, dann kam Mrs. Kramer herein. „Ich wollte Ihnen etwas sagen, das mir gerade eingefallen ist."

Ihr besorgter Gesichtsausdruck machte mich neugierig. „Was ist Ihnen gerade eingefallen?"

„Sie organisieren normalerwiese nichts für ..." sie hielt kurz inne und zuckte dann mit den Schultern „naja, eigentlich gar nichts. Wenn Miss Hancock herausfindet, dass Sie das auf die Beine gestellt haben, könnte sie es jemandem erzählen. Und ich glaube, das könnte zu Gerüchten führen. Ich möchte nicht, dass die Leute denken, dass ich meinen Job schlecht gemacht habe und Sie eingreifen mussten. Also habe ich gesagt, dass ich die Buchung gemacht habe. Ich hoffe, das macht Ihnen nichts aus."

Noch nie war ich so erleichtert gewesen. „Ja, das war eine gute Entscheidung, Mrs. Kramer. Daran hatte ich gar nicht gedacht. Und

Sie wissen ja, wie zufrieden ich mit Ihrer Arbeit bin." Mit einem zufriedenen Lächeln verließ sie mein Büro.

Ich war froh, dass Mrs. Kramer mich in Schutz genommen hatte, auch wenn sie es aus ihren eigenen Gründen getan hatte. Ich hätte sie nicht gerne dazu überreden wollen. Meine Assistentin brauchte die wirklichen Gründe, aus denen ich Emma in einem Hotel untergebracht hatte, wo ich sie verwöhnen – und wenn alles glatt lief, ins Bett bekommen – würde, nun wirklich nicht zu kennen.

Als mein privates Handy klingelte, holte es mich in die Realität zurück. Ich schaute auf den Bildschirm und sah Sebastians Namen. Eine kleine Welle Schuld überschwemmte mich und ließ mich zögern, dranzugehen, doch ich hatte keine Wahl. „Hallo, Sebastian. Seid du und Celeste bereit, nach dem Mittagessen loszufahren?"

„Ja, sind wir." Er räusperte sich, bevor er fortfuhr. „Emma kam gerade in mein Büro und sagte mir, dass sie nach Concord geschickt wurde, um etwas zu erkunden."

Ist er wohl wütend auf mich? „Ja, das ist Teil ihres Jobs."

„Ja, ich weiß." Er lachte. „Sie ist überglücklich. Sie erzählte ganz begeistert davon, wie cool es wird, ganz alleine zwei Nächte lang in einem Hotelzimmer zu schlafen. Ich schätze, du bist aus der Klemme."

„In welcher Klemme war ich?", fragte ich leicht verwirrt.

Mit einem Lachen erklärte er seinen Gedankengang: „Erinnerst du dich, dass du ihr gestern gesagt hast, dass sie dich anrufen kann, wenn sie etwas braucht?"

„Ach, die Klemme." Ich hatte die Unterhaltung komplett vergessen. „Naja, sie kann immer noch anrufen, wenn es ein Problem gibt. Richte ihr das aus."

„Es wird schon alles glatt laufen", sagte er, „aber ich richte es ihr aus. Danke, alter Kumpel. Du bist ein wirklich guter Freund. Ich weiß, dass ich das in letzter Zeit oft gesagt habe, aber es stimmt einfach."

Und dann überfluteten mich die Schuldgefühle wirklich. „Ach, ich bin nichts Besonderes." Ich war überhaupt nichts Besonderes. Ich hatte einen Plan und mein armer Freund hatte keine Ahnung, was ich mit seiner Tochter vorhatte.

Doch was, wenn ich ehrlich mit ihm war und ihn in meine Pläne einweihte? Was dann?

Er musste alles noch schwerer machen, indem er sagte: „Nein, sag das nicht. Du bist sehr besonders. Es gibt nicht viele Menschen wie dich, Christopher." Er machte eine kurze Pause, dann wechselte er das Thema: „Also, was sind deine Pläne fürs Wochenende, während wir alle weg sind?"

Deine junge Tochter zu verführen.

Ich hustete, als der furchtbare Gedanke mir durch den Kopf schoss. „Ich denke, ich bleibe dieses Wochenende zu Hause. Meine Töchter fahren mit ihrer Mutter weg und im Haus wird es still sein."

„Klingt gut. Besorg dir ein gutes Buch, entspann dich auf deiner Terrasse und genieße die Aussicht und den wunderbaren Sommer. Klingt nach einem super Plan." Er klang enthusiastisch. „Viel Spaß also. Bis dann."

Ich legte auf und stütze den Kopf auf die Hände. „Ich bin ein Monster. Und jetzt weiß Sebastian, dass ich weiß, wo Emma übers Wochenende sein wird. Mein ganzer Plan ist ruiniert." Ich hatte nicht darüber nachgedacht, dass Emma ihrem Vater alles erzählen würde. Schien, als hatte ich die ganze Sache nicht richtig durchdacht.

Zu meiner Verteidigung hatte ich seit Ewigkeiten kein romantisches Abenteuer mehr gehabt. Ich war mehr als eingerostet. Es schien, als hätte ich keine Ahnung.

Die Governor's Suite, die ich reserviert hatte, würde leer bleiben. Die Reservierungen zum Abendessen würden abgesagt. Und ich würde das traurigste Wochenende seit langer Zeit haben.

Mit einsamen Wochenenden kannte ich mich aus, doch ich wusste, dass dieses noch schlimmer würde als andere, die ich durchgemacht hatte, als ich herausgefunden hatte, dass Lisa mich mit jedem Mann, den ich kannte, betrogen hatte.

Immerhin waren jene Wochenenden befreiend gewesen. Sie hatten das Ende einer lieblosen Ehe bedeutet. Und das Beste war, dass sie die Schuld hatte, also musste ich ihr nicht alles geben, wofür ich so hart gearbeitet hatte.

Dieses Wochenende würde ich nur allein herumsitzen und mich fragen, was Emma gerade tat. Mich fragen, ob sie Spaß hatte und wunderschön aussah, während sie die Stadt besichtigte.

Ich konnte mir ihr goldbraunes Haar in einem hohen Pferdeschwanz vorstellen, wie es in der warmen Sommer-Brise wehte, während sie über die Bürgersteige der Innenstadt von Concord schlenderte. Ihre rosafarbenen Lippen würden jedes Mal lächeln, wenn sie ihr Spiegelbild in einem der Schaufenster erblickte. Und ich wollte dabei sein, auf ihrer anderen Seite, und alles mit ihr sehen. Ihre weiche Hand halten, die Finger mit einander verschränkt, ihren Handrücken ab und zu küssen, während wir spazierten und uns unterhielten.

Wieso kann ich nicht wieder zwanzig sein?

Wieso muss ich so alt wie ihr Vater sein?

Ich saß in meinem Sessel, drehte mich wie ein ungeduldiges kleines Kind und wünschte mir, dass alles anders wäre – dass die Dinge so wären, wie ich wollte. Dass Emma und ich zusammen sein konnten, ohne dass die Leute uns verurteilten – oder schlimmer noch, uns das Leben zur Hölle machten.

Doch ich wusste, dass uns die Hölle erwartete, wenn wir jemals zusammen kämen, wie ich es mir wünschte. Wir hätten von beiden Seiten Probleme. Ihre Eltern, meine Töchter und wahrscheinlich auch das Personal meiner Firma.

Mit dem Personal konnte ich klarkommen. Bei den anderen war ich mir nicht so sicher.

Und schon wieder dachte ich viel zu weit. Ich wusste gar nicht, ob Emma überhaupt das gleiche Interesse an mir hatte wie ich an ihr. Ich wusste genug von meinen eigenen Kindern, dass für ihre Generation dreißig bereits alt war.

Sechsundvierzig war für eine junge Frau wie Emma steinalt.

Ich spürte eine Schwere in meiner Brust, als Zweifel, Angst und Unsicherheit sich in mir ausbreiteten.

Ich würden den Rest meines Lebens allein verbringen. Noch vor wenigen Wochen war ich darüber glücklich gewesen. Doch nun, als ich einen Blick auf etwas so Besonderes mit Emma geworfen hatte, wusste ich, dass es das war, was ich wollte.

Und ich wusste, dass ich niemals eine andere Frau finden würde, für die ich das fühlen würde, was ich für Emma fühlte. Doch all das war egal. Was nicht egal war, war Emma. Sie brauchte das Drama, das eine Beziehung mit mir in Gang setzen würde, nicht in ihrem Leben. Sie brauchte den Streit mit ihren Eltern nicht, die sie liebten. Und ganz sicher brauchte sie auch den Hass meiner Töchter nicht.

Meine Pläne waren offiziell gestorben. Ich konnte sie nicht durchziehen. Ich konnte ein solch unschuldiges Mädchen nicht in eine so schwierige Lage bringen. Ich wusste nicht, ob sie mir zustimmen würde oder nicht, aber ich wusste, dass es richtig war.

Ich musste sie aus meinem Kopf vertreiben und nie wieder hereinlassen.

12

EMMA

Nachdem ich zur Mittagszeit nach Hause geeilt war, um zu packen, küsste ich Mama und Papa zum Abschied, bevor sie sich in Papas Firmenwagen setzten und ich mich in meinen und wir alle in unsere Arbeitswochenenden fuhren. Für manche klang Arbeit am Wochenende vielleicht langweilig, aber für uns klang es spaßig.

Ich war noch nie alleine weggefahren. Mama war etwas besorgt um mich, aber ich sagte mir, dass ich mein Handy hatte, was bedeutete, dass ich GPS hatte, sodass sie immer wussten, wo ich war. Das beruhigte sie etwas. Papa sagte, dass er da bereits drüber nachgedacht hatte und einverstanden war.

Heimlich hatte ich die Augen darüber verdreht. Wenn ich auch niemals wollte, dass meine Eltern sich grundlos sorgten, war ich jetzt eine berufstätige Frau. Ich würde auf Geschäftsreisen fahren, egal, ob mein Vater damit einverstanden war oder nicht.

Als Mrs. Kramer in mein Büro kam mit dem Paket, das sie für meine Exkursion zusammengestellt hatte, platzte meine Traumblase ein wenig. Ich hatte wirklich geglaubt, dass Christopher Pläne gehabt hatte, als er meine Eltern wegschickte. Aber ich hatte anscheinend falschgelegen. Er hatte keine Pläne für mich gehabt – abgesehen von der Arbeit.

Das kurze Zusammentreffen, das ich am Vortag mit ihm gehabt hatte, hatte mir genügend von seiner Haut und seinem Körper gezeigt, dass meine Träume süßer als je zuvor waren. Sie waren voller Bilder von uns beiden am Strand, Hand in Hand und uns küssend.

Natürlich wusste ich nicht, wie sich das alles wirklich anfühlen würde, da ich es noch nie getan hatte, aber das schien in meiner Traumwelt unwichtig zu sein.

Selbst wenn Christopher Taylor mich so wollte wie ich ihn wollte, hätten wir so viele Hürden in unserem Weg. Doch irgendwie war mir das egal. Wenn es bedeutete, dass ich mit Christopher zusammen sein konnte, würde ich mit allem klarkommen. Nicht, dass ich glaubte, je diese Chance zu bekommen, aber es war eine schöne Fantasie.

Die dreißigminütige Fahrt zum Centennial Hotel verging im Flug. Als ich zum Eingang ging, bewunderte ich das Backsteingebäude, von dem ich gelesen hatte, dass es im Jahr 1876 als Altenheim für Bedürftige eröffnet worden war. Später war es in ein Luxushotel umgebaut worden. Und nun durfte ich dank meinem unglaublichen Job dort schlafen.

Als ich die Lobby betrat, fühlte ich mich, als würde ich in der Zeit zurückversetzt, die lange Geschichte des Gebäudes schien in der Luft zu liegen.

„Guten Tag, Miss", grüßte der Rezeptionist mich mit einem Lächeln. „Wie geht es Ihnen?"

„Sehr gut, danke. Ich bin Emma Hancock. Meine Firma hat ein Zimmer für mich reserviert."

„Ich begleite Sie zu Ihrem Zimmer, Miss", sagte er.

Ich hätte meinen Koffer selbst tragen können, aber ich ließ den jungen Mann seinen Job machen, während der Rezeptionist meine Reservierung suchte.

„Oh, ja. Sie sind in einer unserer Suites im dritten Stock. Jason wird sie Ihnen zeigen." Er reichte mir die Karte. „Es ist die Königs-Suite, Jason. Danke dafür, unser Hotel ausgewählt zu haben, Miss

Hancock. Wenn Sie in unserem Restaurant zu Abend essen möchten, können Sie mit dem Telefon auf Ihrem Zimmer eine Reservierung machen. Oder Sie können das Essen aufs Zimmer bringen lassen, wenn Sie das bevorzugen."

„Danke. Ich werde darüber nachdenken." Ich folgte Jason die Treppe hinauf und atmete tief ein. Ich fühlte mich unter Hochspannung, als würde etwas Besonderes geschehen.

Obwohl meine Pläne nichts Ausgefallenes waren – ich würde die Stadt besichtigen und Dinge finden, die unseren chinesischen Gästen hoffentlich gefallen würden – fühlte ich mich merkwürdig aufgeregt.

Als wir das Zimmer erreichten und ich mich darin umschaute, fiel mir die Kinnlade herunter. „Es ist so schön."

Jason stellte meinen Koffer in den Eingang. „Es freut mich, dass es Ihnen gefällt. Wenn Sie etwas benötigen, rufen Sie einfach an der Rezeption an und wir bringen es Ihnen. Wir haben eine große Auswahl an Kosmetika, falls Sie etwas vergessen haben."

Ich griff in meine Handtasche und zog einen Fünf-Dollar-Schein hervor. „Vielen Dank, Jason. Sollte ich etwas brauchen, rufe ich an."

Mit einem Lächeln Schloss er die Tür und ließ mich allein. Das erste, was ich tat, war, mich auf das riesige Bett fallen zu lassen. Ich zog die Schuhe aus und rannte zum Bett, um mich darauf zu werfen. „Oh, wie weich!"

Ich fuhr mit den Händen über die Tagesdecke, vergrub mein Gesicht in einem dicken, weichen Kissen und dachte, ich könnte einen kurzen Mittagsschlaf machen. Nur ein paar Minuten.

Zwei Stunden später schreckte ich auf. Mein Handy klingelte und der Name meiner Mutter blinkte auf dem Bildschirm. „Hi, Mama. Ich bin gut angekommen", krächzte ich.

„Hast du geschlafen, Emma?", fragte sie überrascht.

„Das Erste, was ich getan habe, war mich auf das Bett zu werfen – das ist das bequemste Bett, auf dem ich je gelegen habe, und der schönste Raum, in dem ich jemals war. Scheint, als wäre ich eingeschlafen. Ich schätze, ich muss ein paar Sachen nachholen." Ich rieb mir die Augen, während ich mich aufsetzte. „Wie spät ist es?"

„Vier", sagte sie. „Hast du schon eine Reservierung zum Abendessen gemacht? Dein Vater sagte, solltest du nicht Zimmerservice bestellen, was er bevorzugen würde, dann solltest du eine Reservierung im Hotelrestaurant machen. Er möchte nicht, dass du eine fremde Stadt im Dunkeln erkundest."

Mann, er ist wirklich ein Meister darin, mich wie ein Baby zu behandeln!

„Ich will nicht allein in irgendeinem eleganten Restaurant essen, Mama. Ich werde den Zimmerservice kommen lassen." Ich fragte mich, wie viel Zeit ich noch hatte, bis es dunkel wurde, und schaute aus dem Fenster, um zu sehen, wo die Sonne stand. „Ich muss noch etwas erledigen, bevor es dunkel wird. Vielleicht kaufe ich einfach etwas auf dem Weg und bringe es mit, um es hier zu essen."

Papa rief aus dem Hintergrund: „Du brauchst keinen Mist zu essen, Emma. Kauf dir etwas Gesundes. Und bezahle mit der Firmen-Kreditkarte. Du musst dafür nicht dein eigenes Geld ausgeben."

„Ich weiß, Papa. Mrs. Kramer hat mir das bereits gesagt. Sie hat mir alles gesagt, was ich wissen musste." Ich verdrehte die Augen, obwohl mich niemand sehen konnte. Manchmal brachten meine Eltern mich an den Rand der Geduld. „Ich habe alles im Griff. Wie wäre es damit, wenn wir uns dieses Wochenende etwas Abstand gönnen? Ich schreibe euch jeden Abend und wir sehen uns am Sonntagabend zu Hause."

„Bist du dir sicher, Liebes?", fragte Mama, „Du warst noch nie so lange alleine."

„Ja, ich weiß. Mir geht es gut hier. Kein Grund zur Sorge, okay?", versicherte ich ihnen, während ich zum Badezimmer ging. „Ich mache mich schnell frisch und mache mich dann auf den Weg. Ich schreibe euch morgen Abend."

„Nein", kam Papas Antwort, „heute Abend auch. Gegen neun. Nicht später als zehn. Verstanden?"

„Klar." Ich konnte keine Wunder erwarten. „Tschüs." Ich legte auf und legte das Handy neben das Waschbecken, wobei ich mich im Spiegel betrachtete. „Hmm. Ja. Du siehst wie eine Erwachsene aus. Wieso sehen sie dich nicht wie eine?"

Nachdem ich mir die Haare geglättet hatte, wusch ich mir das

Gesicht, trug etwas Mascara auf, ein wenig pinken Lipgloss und einen Hauch Rouge. Ich zog mir ein rosafarbenes Sommerkleid an und helle Ballerinas, dann verließ ich das Zimmer, um die Stadt zu erkunden.

Auf dem Weg die Treppe hinunter, fühlte ich wieder diese Energie. In dem Hotel mussten über die Jahre ziemlich besondere Menschen untergebracht gewesen sein. Anders konnte ich mir die Energie nicht erklären.

Kurz bevor ich die Lobby betrat, hörte ich eine tiefe Stimme, die mir bekannt vorkam. Als ich um die Ecke kam, sah ich, wieso. „Christopher", flüsterte ich.

Sein Kopf drehte sich als hätte er mich gehört. Ein Lächeln zog einen seiner Mundwinkel hoch. „Emma, wie läuft es?"

„Ähm ... ich ... ähm", stotterte ich, da ich keine Ahnung hatte, wie es lief.

Der Kofferträger war der gleiche, der mir geholfen hatte. Er stand auf Christophers anderer Seite, der sich zu ihm umdrehte und sagte: „Bitte bringen Sie meine Sachen nach oben. Ich gehe später hinauf." Dann kam Christopher zu mir. „Also, wie gefällt dir Concord bisher, Emma?"

„Ich bin eingeschlafen", platzte ich heraus wie eine Idiotin.

„Eingeschlafen?" Er blieb direkt vor mir stehen. Sein teures Parfüm kitzelte meine Nase. „Dieser Arbeitsrhythmus ist neu für dich. Ich kann mir vorstellen, dass du erschöpft warst."

„Was tust du hier?", fragte ich. Mein Körper kribbelte bei dem Gedanken, dass wir die Nacht unter dem gleichen Dach verbringen würden.

„Nur mal von zu Hause herauskommen. Meine Töchter sind mit ihrer Mutter weggefahren und ich war allein zu Hause." Er schaute an mir vorbei. „Ich wollte einen Tapetenwechsel."

„Wow." Meine Eltern hatten mir gesagt, dass seine Villa unglaublich war. „Ich schätze, dass du nicht gerne allein bist, was?"

Seine Augen kehrten zu mir zurück. „Es war nie ein Problem für mich. Es war nicht so als hätte ich nicht allein sein wollen, ich wollte nur mal etwas anderes tun."

Dann wurde mir klar, dass er wahrscheinlich allein sein wollte, um seinen Kurztrip zu genießen, und ich ließ ihn nicht. „Naja, dann störe ich nicht weiter." Ich wollte mich gerade umdrehen und gehen, als seine Hand auf meiner Schulter mich aufhielt.

„Das ist schon in Ordnung. Ich bin hierhergekommen, damit du dich nicht so allein hier fühlst. Ich habe eine Reservierung zum Abendessen im Granite hier im Hotel gemacht." Er fuhr mit der Hand von meiner Schulter meinen Arm herunter, bevor er sie wegzog und eine brennende Spur hinterließ. „Ich würde mich freuen, wenn du mir Gesellschaft leistest, falls du kannst. Die Reservierung ist für acht Uhr."

„Du möchtest, das sich mit dir esse?", fragte ich überrascht und schüttelte den Kopf.

„Ja, bitte." Er lächelte mich wieder an und mein Herz setzte einen Schlag aus. „Oder fändest du es schrecklich, in Begleitung eines alten Mannes wie mir gesehen zu werden?"

„Alter Mann?" Das war er nun wirklich nicht in meinen Augen. „Ich fände es überhaupt nicht schrecklich, in deiner Begleitung gesehen zu werden. Und ich denke auch nicht, dass du ein alter Mann bist. Ich dachte, dass es vielleicht für dich unangenehm wäre, mit mir gesehen zu werden."

Sein Lächeln verschwand. „Und wieso das, Emma?"

Ich zuckte mit den Schultern, da ich nicht genau wusste, wie ich es ausdrücken sollte. „Ach einfach, weil ich nur irgendein Mädchen bin."

Mit einem Seufzer schaute er mir direkt in die Augen. „Du bist kein Mädchen und du bist nicht nur irgendwer." Er nahm mein Kinn, sein Daumen berührte leicht meine Haut. „Und alle Männer in dem Restaurant würden mich beneiden, wenn du mich zum Abendessen begleitest."

„Du würdest es wirklich tun?" Ich konnte nicht glauben, dass er das wirklich gesagt hatte.

„Ja, würde ich", sagte er. Er zog seine Hand weg und seine Berührung fehlte mir bereits.

Die Vorstellung davon, den Abend mit diesem Mann zu verbringen, ließ mich erschaudern. Mein Höschen war feucht, mein gesamter Körper vibrierte und irgendetwas geschah in meinen unteren Regionen, das noch nie zuvor geschehen war.

„Ist der Dresscode formell?", fragte ich. Ich hatte keine formelle Kleidung mitgebracht.

„Was du jetzt trägst, ist perfekt, Emma." Er lachte leise, es klang tief und sexy. „Suchst du nach Ausreden, um nicht mitzukommen?"

„Nein." Das war wirklich nicht meine Absicht. Ich konnte einfach nicht verstehen, wieso er mit mir zu Abend essen wollte. „Mein Vater ist vielleicht nicht damit einverstanden, Mr. Taylor."

„Wieso nennst du mich plötzlich Mr. Taylor?" Er nahm mein Kinn wieder zwischen seine Finger. „Ich dachte, darüber hätten wir bereits gesprochen. Wenn wir nicht bei der Arbeit sind, bist du Emma und ich bin Christopher. Und wenn es um die Zustimmung deines Vaters geht – ich sehe ihn hier nicht und du bist kein Baby mehr. Also kommst du mit mir zum Essen oder muss ich heute Abend allein essen?"

Ich wusste nicht, was ich sagen sollte, also nickte ich einfach, woraufhin er die Stirn runzelte. Ich sah, dass meine Antwort ihm nicht genügte, also sagte ich: „Okay, ich esse mit dir zu Abend."

Und das war es. Mein erstes Date. Wenn es das wirklich war.

Ein Mädchen durfte ja wohl noch träumen.

13

CHRISTOPHER

Ich konnte mich nicht daran erinnern, jemals so ... aufgekratzt gewesen zu sein. Das war nicht gerade ein Gefühl, an das ich gewöhnt war.

Acht Uhr kam und ich verließ mein Zimmer, um Emma wie geplant in der Lobby zu treffen. Mein Herz hämmerte.

Ich tue es wirklich.

Sollte ich?

Dieses Abendessen könnte jede Form annehmen, die ich ihm geben wollte. Ich könnte es zu einem freundlichen Essen mit der Tochter meines Freundes machen. Oder eins zwischen Chef und Angestellter. Aber was ich wirklich wollte, war den Ball in ihr Feld zu spielen und zu sehen, wo es uns hinführte.

Emma stand neben dem Eingang des Restaurants, ihr Kopf war gesenkt, während sie auf den Bildschirm ihres Handys in ihrer Hand schaute. Ich räusperte mich, um ihre Aufmerksamkeit auf mich zu ziehen. Sie schaute auf, drehte den Kopf in meine Richtung und ein Lächeln verwandelte ihr hübsches Gesicht.

„Hi." Sie winkte einer Hand und ließ das Handy mit der anderen in ihre Tasche gleiten.

„Hi", sagte ich, als ich neben ihr zum Stehen kam.

Ein blumiger Duft umgab sie, als sie in Richtung des Restaurants losging. „Der Geruch des Restaurants bringt meinen Magen zum Knurren."

Ihr Geruch machte ganz andere Dinge mit mir. Ich legte die Hand auf ihren unteren Rücken. „Es freut mich, dass es dir bisher gefällt, Emma." Selbst der kurze Kontakt genügte, um meine Handfläche zum Kribbeln zu bringen und meinen Schwanz aufzuwecken. Glücklicherweise verdeckte mein Jackett das gut.

Am Empfang wurden wir begrüßt: „Guten Abend. Auf welchen Namen ist die Reservierung?"

„Taylor", sagte ich und fuhr dann mit der Hand Emmas Rücken hinauf, um sie ihr auf die Schulter zu legen. „Für zwei."

„Perfekt", sagte der Mann und nahm zwei Menus, „hier entlang, bitte." Er führte uns zu einem kleinen Tisch an einem der Fenster mit einer schönen Aussicht. Die einzige Aussicht, die mich interessierte, war allerdings meine Abendbegleitung.

„Darf ich Ihnen etwas von der Bar holen, während Sie auf die Karte schauen?", fragte der Ober, während Emma und ich uns setzten.

Mit einem schnellen Blick auf die Cocktail-Karte bestellte ich für uns beide: „Wir hätten gerne zwei Forbidden Sours."

Der Kellner verließ uns, um den Drink an der Bar zu bestellen, und Emma lehnte sich mit einem besorgten Gesichtsausdruck auf ihrem wunderbaren Gesicht zu mir. „Christopher, du hast das vielleicht vergessen", flüsterte sie, „aber ich bin erst zwanzig. Ich darf noch nicht trinken."

„Ich verrate nichts", scherzte ich.

Sie lehnte sich zurück und wurde langsam rot. „Ich habe ein bisschen Wein mit Mama und Papa getrunken. Ich schätze, das hier ist auch in Ordnung. Aber versprich mir bitte, dass du es nicht meinem Vater erzählst. Er hätte dazu sicherlich etwas zu sagen."

Es gab so viele Dinge, die ich ihrem Vater niemals sagen würde, also war das ein einfaches Versprechen. „Natürlich nicht, Emma. Das wird unser kleines Geheimnis."

Sie schaute mit großen Augen auf das Menu. „Oh, diese Preise sind überirdisch. Ich kann mich gar nicht auf die Gerichte konzentrieren, weil meine Augen immer wieder zum Preis wandern."

„Bestell, was du möchtest, Emma. Es geht auf die Firma, erinnerst du dich?", fragte ich grinsend.

„Aber ich kann mich einfach nicht dazu bringen", sagte sie und legte die Karte hin. „Macht es dir etwas aus, für mich zu bestellen?"

Mein Schwanz wuchs ein bisschen bei ihrer Bitte. Es gab nichts heißeres als den Gedanke daran, wie sie sich ganz in meine Hände begibt und mir vollkommen vertraut. „Alles klar, Emma. Magst du Rind, Huhn oder Fisch?"

„Fisch", kam ihre schnelle Antwort. „Ich mag am liebsten Fisch und Meeresfrüchte, dann Huhn und dann Rind. Und wenn du Steak bestellst, dann muss es ganz durch sein, kein pink."

„Verstehe." Ich legte die Karte ab, da ich bereits wusste, was ich wollte. „Ich werde dir irgendwann mal ein Steak bei mir machen müssen. Blutig ist die einzige Art, auf die man ein Steak wirklich genießen kann. Und ich mache ein sehr gutes auf meinem Grill. Ich wette, wenn du ein richtig zubereitetes Steak probierst, würdest du es mögen."

„Ich weiß nicht", sagte sie mit krausgezogener Nase. „Blutiges Fleisch ist irgendwie ... naja, ekelig."

„Du wirst schon sehen. Vielleicht kannst du am Sonntag vorbeikommen und ich mache dir Abendessen, bevor deine Eltern nach Hause kommen." Ich wusste, dass ich vielleicht etwas aufdringlich wirkte, aber ich musste es einfach versuchen.

Sie betrachtete mich besorgt, wodurch ich etwas nervös wurde. „Christopher, ich bin immer noch nicht bereit, deine Töchter zu treffen, wenn das dein Plan ist."

Erleichterung überkam mich. „Oh, das war nicht meine Absicht, Emma. Überhaupt nicht. Sie werden erst spät am Sonntagabend zurückkommen und vielleicht erst am Montag. Wir wären allein." Dann wurde ich nervös, dass ihr das Angst einjagen könnte.

Sie schien ihre Antwort zu bedenken, während sie den Kandelaber über unserem Tisch betrachtete. „Na dann klingt es gut." Ihr

Blick traf meinen. „Aber werde bitte nicht wütend, wenn ich das Steak nicht mag, okay?"

Ich hatte ein weiteres Date mit ihr, nichts würde mich aus der Fassung bringen. „Ich verspreche, dass ich nicht wütend auf dich werde, Emma."

Unser Kellner kam mit unseren Drinks. „Guten Abend, Mr. Taylor. Ich bin Raphael und werde Sie heute Abend bedienen." Er stellte Emmas Glas vor sie und lächelte sie an. „Und wie darf ich Sie heute Abend nenne, Miss?"

„Emma", sagte sie mit einem schüchternen Lächeln.

„Na dann, Emma, es ist mir ein Vergnügen, Sie heute Abend zu bedienen." Er verbeugte sich und ich sah am Grinsen auf seinem Gesicht, dass ihm das Aussehen meiner Abendgesellschaft gefiel. Und er musste denken, dass ich ihr Vater oder so war und somit keine Konkurrenz, denn er stellte mir mein Glas hin, ohne mich überhaupt anzuschauen. Ich musste zugeben, dass mir das überhaupt nicht gefiel.

„Wir würden gerne mit einer Käseplatte beginnen, gefolgt von der Muschelsuppe und den gebratenen Jakobsmuscheln mit Räucherschinken." Meine Worte klangen schärfer als ich es gewollt hatte.

Er richtete endlich seine dunklen Augen von Emma auf mich. „Ich werde die Bestellung sofort der Küche überbringen." Er nahm die Karten und ließ die Dessertkarte zurück. „Die lasse ich Ihnen noch, Sir."

„Danke." Ich schob Emma die Karte zu. „Ich denke, du kannst ein Dessert aussuchen."

Als der junge Kellner uns verlassen hatte, fragte ich mich, ob Emma ihn so süß fand, wie er war. Ich sagte jedoch kein Wort, während sie die Karte betrachtete.

„Das sieht alles umwerfend aus." Sie legte die Karte ab. „Aber ich esse fast nie Süßes. Meine Eltern haben kaum Zucker im Haus und das ist wahrscheinlich gut so." Sie fuhr mit den Fingerspitzen über ihre Wange. „Wie du siehst, habe ich Gewichtsprobleme."

„Machst du Witze?", musste ich fragen. Dann entfuhr mir: „Du bist perfekt. Rund an genau den richtigen Stellen." Dann biss ich die Zähne fest zusammen.

So etwas sagt man nicht auf einem ersten Date, du Idiot!

Die Art, auf die ihr Blick weich wurde, spannte meinen ganzen Körper an. „Denkst du das wirklich? Oder bist du nur nett zu mir, Christopher?"

Ich saß in der Falle und hatte keine Ahnung, wie ich wieder herauskommen sollte. Ich hätte wahrscheinlich gar nichts darüber sagen sollen, wie gut sie aussah. Aber dann wiederum musste das Mädchen wissen, dass sie der Hammer war. „Das denke ich wirklich."

Sie lächelte schief. „Ich habe mich selbst nie als rund an den richtigen Stellen gesehen. Und um ehrlich zu sein, hat mir auch nie jemand das Gegenteil gesagt."

„Nun, das ist eine Schande, Emma." Ich fühlte, wie ich mich entspannte, als ich mich daran erinnerte, dass die junge Dame auf der anderen Seite des kleinen Tisches noch sehr unschuldig war. Sie hatte zu lange unter der Fuchtel ihres Vaters gestanden und musste erfahren, wie schön sie wirklich war. „Ich denke tatsächlich, dass du außerordentlich schön bist."

Ihr Gesicht wurde dunkelrot und sie zog den Kopf ein. „Hör schon auf!"

Ihre Reaktion hatte etwas in mir ausgelöst. Testosteron flutete mich bei ihrem schüchternen Lächeln. So reagierte eine Frau nicht, wenn sie nicht an einem Mann interessiert war. Nein, ihre Reaktion sagte mir, dass ihr gefiel, was ich gesagt hatte. Und das bedeutete, dass sie vielleicht auch die Anziehung zwischen uns spürte.

Doch ich wollte es nicht übertreiben und hörte lieber auf. „Okay, ich höre auf, Emma. Ich merke, dass du nicht daran gewöhnt bist, Komplimente zu bekommen. Ich will nicht, dass es dir unangenehm ist – aber fürs Protokoll, du verdienst es, mit Komplimenten überschüttet zu werden."

Der Kellner kam mit der Käseplatte zurück und bemerkte, dass Emma ihren Drink nicht angerührt hatte. Das hatte ich auch nicht, aber er schien mein volles Glas nicht zu bemerken. „Möchten Sie lieber etwas anderes von der Bar, Emma?"

Sie schaute zu ihm hinauf und schüttelte den Kopf. „Nein, danke."

Er deutete auf ihr Glas. „Ich dachte nur, weil Sie Ihren Cocktail gar nicht probiert haben. Der Forbidden Sour ist normalerweise nicht sehr beliebt bei unseren jüngeren Gästen und es ist kein Problem, Ihnen etwas zu holen, was Ihnen mehr liegt."

Meine Haut wurde kribbelig, als der Kerl sich zu nah zu ihr lehnte. „Hey, Junge." Der Kellner schaute mich endlich mal an. „Wenn sie etwas möchte, lassen wir es dich wissen. Halte dich etwas zurück. Sie ist hier mit mir, nicht mit dir."

Er schaute etwas betrübt drein. „Entschuldigung, Sir. Mir war nicht klar, dass Sie hier ... zusammen sind?"

Emma übernahm die Führung und antwortete: „Ja, sind wir. Das Getränk ist schon in Ordnung. Er wollte gerne, dass ich es probiere, und ich möchte es probieren. Außerdem bin ich meinem Alter voraus. Ich mag Altbewährtes."

Mein Schwanz schoss so sehr in die Höhe, dass ich fürchtete, er könnte meine Hose zerreißen.

Bedeutet das, dass sie auf mich steht?

„Tut mir leid", sagte er und zog kleinlaut ab.

„Mir auch", sagte ich und schaute Emma an. „Ich habe die Grenze überschritten. Ich hätte nichts sagen sollen." Ich drückte unter dem Tisch die Daumen und hoffte, dass sie mich beruhigen würde.

Sie legte den Kopf schief und schaute mich verdutzt an. „Wieso?"

Wieso? „Weil du vielleicht an dem Jungen interessiert warst."

Sie lehnte sich vor, um ihr Gesicht in ihre Hand zu stützen, und ich schwor, dass ich einen Funken in ihren Augen tanzen sah.

„Ich bin normalerweise nicht an *Jungen* interessiert, Christopher. Ich habe noch keinen einzigen jungen Mann in meinem Alter getroffen, der mein Herz höherschlagen ließ oder ein Feuer in meinen Adern entzündete." Sie nahm ein Stück Käse und steckte es sich in den Mund.

Ich lehnte mich zurück und fragte mich, was ich darauf

antworten sollte. Letztendlich fragte ich: „Hast du jemals jemanden getroffen, der dich diese Dinge fühlen lassen hat, Emma?"

Ihre langen, schwarzen Wimpern schlossen sich, als sie die Augen abwandte. „Jetzt schon."

Heilige Scheiße!

14

EMMA

Ich hatte keinen Tropfen Alkohol getrunken und trotzdem hatte ich Christopher mehr gesagt, als ich je vorgehabt hatte. Im Moment der Wahrheit hielt ich den Atem an, während ich darauf wartete, wie er auf meine Aussage reagieren würde.

Ich spürte seine Fingerspitzen auf meinem Handrücken, direkt neben dem Glas, das diese Unterhaltung ausgelöst hatte. „Bin ich derjenige, der diese Dinge in dir ausgelöst hat, Emma?"

Hitze füllte mich wie ein Vulkanausbruch. Meine nächsten Worte explodierten aus meinem Mund: „Ich wollte noch nie jemanden so sehr wie dich."

Er schloss seine Hand um meine und ich spürte die intensive Hitze, die er abgab. „Ich muss dir das gleiche gestehen, Emma."

Langsam öffnete ich die Augen und hob den Kopf, um ihn anzuschauen. „Wirklich?" Es war so schwer zu glauben, dass er meine Sehnsucht teilte. „Ich bin jung. Unerfahren. Das ist ein bisschen ... Tabu, oder?"

„Ich weiß, dass du jung und unschuldig bist." Christopher biss sich auf die Unterlippe. „Aber ich denke ununterbrochen an dich, seit ich dich zum ersten Mal gesehen habe." Er verschränkte seine

Finger mit meinen. „Darf ich dich fragen, wie lange du schon diese Gefühle für mich hast?"

„Genau wie du", gab ich zu, „seit ich dich zum ersten Mal gesehen habe. Aber ehrlich gesagt hätte ich niemals geglaubt, dass du dich auch zu mir hingezogen fühlst."

„Ich war noch nie von jemandem so angezogen, Emma." Er schaute mir direkt in die Augen und ich glaubte, die Ehrlichkeit in ihnen zu sehen, und trotzdem konnte ich seine Worte einfach nicht glauben.

„Bitte", flüsterte ich, „sag nichts, das nicht stimmt. Du warst verheiratet, Christopher. Du musst diese Art von Anziehung bereits gefühlt haben." Ich wollte nicht an seine Ex-Frau denken, aber ich wollte auch nicht, dass er mich anlog.

Mit einem Schnaufen nahm er meine Hand, zog sie unter den Tisch und legte sie auf seinen Oberschenkel, der von der Tischdecke verborgen war. Ich konnte seinen dicken Schwanz unter dem Stoff seiner Hose spüren. Ich hielt den Atem an, während Hitze mich erfüllte.

„Das machst du mit mir, Emma. Nur du. So viele Jahre sind vergangen und niemand hat mich so erregt wie du. Ich habe das noch nie für jemanden gespürt und ich meine *niemanden*. Nicht einmal sie. Und ich weiß, dass du von meiner Ex wissen musst."

Mit einem Nicken versuchte ich nach Luft zu ringen, während unsere Blicke weiterhin auf einander gerichtet waren. Ich fühlte die Länge seines Schwanzes unter meinen Fingern und war erstarrt, doch irgendwie schaffte ich es, zu sagen: „Ja. Sie klingt schrecklich. Ich verurteile normalerweise niemanden, aber sie verdient es."

„Ja, das tut sie." Er schob meine Hand weiter hoch, bis ich die gesamte heiße Länge seiner Erektion spürte. Sein Kopf näherte sich meinem, sein Atem in meinem Ohr ließ mich erzittern. „Also, glaubst du mir nun, wenn ich sage, dass noch nie jemand das in mir ausgelöst hat?"

„Ich beginne langsam, dir zu glauben, Christopher." Ich heulte beinahe vor Enttäuschung auf, als er unsere verschränkten Hände zurück auf den Tisch legte. Ich schaute meine Hand an, die ihn auf eine Weise berührt hatte, auf die ich noch nie einen Mann berührt hatte. „Was bedeutet das?"

„Was auch immer du möchtest", antwortete er mit einem sexy Grinsen. „Du hast die Kontrolle, Emma. Ich möchte dich zu nichts drängen. Ich nehme an, dank deinem Vater hast du noch nie ein Date gehabt und erst recht keinen Sex."

Es war mir peinlich, dass er so viel über mein Privatleben wusste, und ich schaute still nach unten. Der Kellner kam mit zwei Schalen Muschelsuppe zurück, doch ich hatte gar keinen Hunger mehr. „Bitte sehr." Er schaute mich nicht einmal an, als er die Schalen vor uns auf den Tisch stellte. „Ich werde gleich mit Ihren Vorspeisen zurückkommen."

Ich atmete tief ein und schaute in Christophers unglaubliche Augen. „Du hast recht. Ich hatte noch nie ein Date, noch nie einen Kuss und noch nie Sex." Christopher ließ meine Hand los und wieder wollte ich protestieren. Meine Hand blieb noch einen Augenblick auf dem Tisch, bevor ich den Löffel nahm, um meine Suppe zu essen. „Das riecht gut", murmelte ich automatisch. Mein Kopf war nicht beim Essen.

„Ehrlich gesagt kann ich nur dich riechen." Er zwinkerte mir zu. „Und wenn ich schon ehrlich bin, kann ich auch gleich zugeben, dass ich an nichts anderes denken, als dich zu schmecken."

Mein Höschen wurde bei seinen Worten feucht. „Mich schmecken?"

Er nickte und seine Augenlider senkten sich verführerisch. „Ja, jedes süße bisschen von dir."

Mein Herz blieb stehen. „Oh."

Das Grinsen breitete sich über sein ganzes Gesicht aus, was ihn noch heißer aussehen ließ. „Lass uns das Essen beenden. Ich habe die Governor's Suite gemietet und ich würde sie dir gerne nach dem Essen zeigen. Aber nur, wenn du möchtest."

Darüber musste ich gar nicht nachdenken. „Ich möchte sie sehen." Wir wussten beide, dass wir nicht vom Hotelzimmer sprachen.

„Gut." Er nahm seinen ersten Schluck vom Cocktail. „Ich möchte dir alles zeigen."

Ich hatte zuvor von Hitzewallungen gehört aber noch nie eine erlebt. Wie sonst konnte ich erklären, was plötzlich mit meinem Körper geschah? Ich fühlte mich, als stünde ich in Flammen. Ich zerrte am Kragen meines Kleids und fächelte mir zu. „Ist das normal?"

Er schüttelte den Kopf und führte den Löffel zu seinen Lippen. „Nein, ist es nicht."

„Gut." Ich nahm mein Glas und bemerkte, dass meine Hand zitterte. „Oh, verdammt."

Sein Lächeln erfüllte mich mit Schmetterlingen. „Oh ja, verdammt."

Ich hielt das Glas in beiden Händen, um einen Schluck zu nehmen. "Ich weiß nicht, was mit mir los ist."

„Du bist erregt", sagte er schlicht, „und ich auch."

Der Rest des Essens verging schnell und ehrlich gesagt erinnerte ich mich später kaum noch an den Geschmack. Meine ganze Aufmerksamkeit war auf Christopher gerichtet.

Er nahm meine Hand, sobald wir das Essen beendet hatten, und führte mich aus dem Restaurant auf sein Zimmer. Ich schwebte, so hatte ich mich noch nie gefühlt. Ich hatte immer gesagt, dass es ein dummer Ausdruck war – als ich es nun selbst fühlte, fragte ich mich, welche anderen Ausdrücke noch wahr sein konnten.

Er steckte den Schlüssel ins Schloss seiner Tür, legte einen Arm um meine Taille und flüsterte: „Ich werde dich küssen, Emma."

Meine Lippen zitterten, mein Körper tat es ihnen gleich. Ich wusste, sobald wir im Zimmer waren und die Tür hinter uns ins Schloss fiel, wären seine Lippen auf meinen. „Okay."

Er drückte die Tür auf und er zog mich hinein. Ich schluckte, als die Tür sich hinter uns schloss. Er zog mich langsam an sich.

Die Zeit blieb stehen. Mein Atem blieb stehen. Mein Herz blieb stehen.

„Noch nie wollte ich etwas so sehr." Er beugte sich vor und dann berührten seine Lippen sanft meine. Ich spürte seinen warmen Atem über mein Gesicht streichen.

Langsam bewegte ich meine Hände, fuhr mit ihnen seine starken Arme hinauf, bis sie sich um seinen Nacken legten. Er machte ein paar Schritte und schob mich zurück, bis ich an einer Wand lehnte.

Instinktiv öffneten sich meine Lippen, als er seinen festen Körper gegen mich drückte, seine Zunge glitt in meinen Mund und spielte mit meiner. Emotionen fluteten durch meinen Körper – pure Lust, aber noch viel mehr, während er mich wild küsste.

Seine Hände fuhren meine Seiten hinunter, dann nahm er meinen Hintern in beide Hände, hob mich hoch und legte meine Beine um seine Hüfte. Die Beule seines Schwanzes pulsierte heiß gegen meine Muschi und ich war verrückt nach ihm.

Ich stöhnte über dieses unglaubliche Gefühl und sein Mund verließ meinen, um meinen Hals hinunter zu küssen. Der Klang unseres Atems erfüllte die Luft, als die Lust uns beide überkam. Alles, was ich wollte, war, ihn in mir zu spüren. Das überraschte mich.

„Bitte", bettelte ich und drückte den Rücken durch, um mich gegen seinen Schwanz zu drücken.

Seine sanften Bisse bewegten sich meinen Hals hinauf und dann spürte ich wieder seinen heißen Atem in meinem Ohr. „Wir werden es langsam angehen, Baby. Du musst so viel erfahren. Dafür werden wir uns Zeit nehmen."

Oh, aber ich wollte mir keine Zeit nehmen. „Bitte", bettelte ich, „nimm mich einfach."

Ein leises Lachen ließ seine Brust vibrieren. „Das werde ich. Aber erst werde ich dich Dinge spüren lassen, die du noch nie zuvor gespürt hast."

Ich wollte vor Enttäuschung darüber, dass ich warten musste, aufheulen, doch dann trug er mich zum Bett und legte mich sanft darauf. Nach Atem ringend schaute ich zu ihm auf und betrachtete ihn, während er mich von oben bis unten anschaute.

Seine Hände glitten unter mein Kleid und er zog es mir in einer fließenden Bewegung aus. Nur ein pinker BH und passendes

Höschen bedeckten meinen Körper. Meine Ballerinas hatte ich bereits irgendwo auf dem Weg verloren.

Seine Brust hob und senkte sich mit seinem schweren Atem. Er zog sein Jackett aus und ließ es auf den Boden fallen. Dann riss er die Knöpfe von seinem Hemd, als er es aufriss. Er öffnete seine Hose und schob sie zu Boden.

Mein Herz schlug so laut, dass ich es hören konnte. „Ich möchte ihn sehen."

Er lächelte, dann ließ er seine Boxershorts fallen und zeigte mir zum ersten Mal seinen wunderbaren Schwanz. „Bitte sehr, Baby."

Bei dem Anblick lief mir das Wasser im Mund zusammen. „Oh, Gott."

„Ich werde diesen Schwanz so tief in deiner süßen Muschi versenken, dass du nicht mehr weißt, wo du endest und ich beginne." Er griff nach unten, nahm beide Seiten meines Höschens und zog es mir aus. Mit einer Hand tat er das gleiche mit meinem BH.

Sprachlos schaute ich ihn an. Dieser gutaussehende, normalerweise freundlich schauende Mann hatte sich in ein sexgetriebenes Tier verwandelt – ein unglaublich heißes Tier, aber immer noch ein Tier. Dann griff er nach meinen Fußknöcheln und schob sie hoch, bis meine Knie gebeugt waren. Dann kletterte er aufs Bett und zwischen meine Beine.

Ich war mir nicht sicher, was er tun würde, also schloss ich die Augen und sagte: „Tu es einfach, Christopher. Ich habe so lange gewartet ..." Ich sog scharf die Luft ein, als ich seinen heißen Mund auf meiner Muschi fühlte. „Gott!"

Seine Hände griffen meinen Hintern, als er mich anhob, um mich näher an seinem Mund zu bringen, während er weiter leckte, saugte und sogar biss, bis ich vollkommen den Verstand verlor. Ich konnte nicht vermeiden, vor Lust zu schreien. Ich war überwältigt von Gefühlen, deren Namen ich nicht kannte.

Ich war noch nie so feucht gewesen. Ich hatte noch nie so viel auf einmal gefühlt. Mein Kopf wusste nicht, wie er damit klarkommen sollte. Als seine Zunge in mich eindrang, fühlte ich, dass etwas Merkwürdiges in mir geschah.

Fast wie eine Welle, die tief in meinem Bauch begann. Sie bewegte sich, floss durch mich, kribbelte und pulsierte von meinem Kopf bis zu meinen Zehen, die sich zusammenkrallten, als ich jegliche Kontrolle verlor. Ich griff nach Christophers Schultern, während ich meinen ersten Orgasmus hatte und seinen Namen schrie: „Ja! Gott, ja! Christopher!"

Langsam hörte er auf und küsste mich sanft auf meine pulsierende Muschi, bevor er den Kopf anhob, um mich anzuschauen. „Hat dir das gefallen, Baby?"

Nickend und nach Luft ringend fiel ich zurück in die Kissen. Erst da fiel mir auf, dass ich mich auf meine Ellbogen gestützt hatte, um ihm dabei zuzuschauen, wie er mich leckte. „Sehr." Erschöpfung überkam mich und ich legte mich mit geschlossenen Augen zurück. „Ich brauche eine Pause."

„Ja, das dachte ich mir." Er legte sich neben mich und stütze den Kopf auf seine Hand, um zu mir hinabzuschauen, seine Fingerspitzen fuhren sanft über meine Brust. Seine Lippen drückten sich an meine Wange, als er murmelte: „Du weißt, dass das ein Geheimnis bleiben muss, oder?"

Ich öffnete die Augen und schaute ihn an. „Das ist mir klar. Meine Eltern würden dich umbringen."

„Das gleiche würden meine Töchter mit dir machen wollen." Er küsste meine Lippen so sanft, dass mir eine Träne entglitt. Noch nie hatte ich etwas wie dies erfahren. „Aber wir können es schaffen. Niemand braucht etwas zu erfahren."

Ich legte meine Hand auf seinen großen Bizeps. Ein Schmerz breitete sich in meinem Herzen aus. „Wie lange können wir es schaffen, Christopher?"

„So lange wir beide wollen." Er küsste mich wieder. „Wenn du wissen willst, wie lange ich es will – ich will es für eine sehr lange Zeit."

Ich kaute auf meiner Lippe und fragte mich, wie lange wir wirklich etwas haben konnten, wenn es ein Geheimnis bleiben musste. Und dann erfüllten mich Zweifel und eine große Menge Verzweiflung. „Ich glaube, ich sollte zurück auf mein Zimmer gehen. Ich …

weiß nicht, ob ich das kann."

Er versuchte, mich aufzuhalten. „Warte!"

Ich sprang auf, nahm mein Kleid vom Boden und warf es mir über, ohne mich um BH oder Höschen zu kümmern. Ich griff nach meiner Handtasche und rannte aus dem Zimmer, was glücklicherweise nur wenige Türen von meinem entfernt war.

Ich kann einfach nicht!

15

CHRISTOPHER

Als Emma mein Zimmer verlassen hatte, blieb ich schockiert und sprachlos sitzen. Ich wusste nicht, was ich tun sollte. Ich wollte sie mehr denn je und wusste, dass sie mich auch wollte.

Ich wusste, dass es die Geheimnistuerei war, die sie davon abgehalten hatte, mehr zwischen uns geschehen zu lassen. Ich wusste jedoch nicht, wie wir darum herumkommen sollten. Egal, welches Szenario ich mir vorstellte, um ihren Eltern von meinen Gefühlen zu erzählen, keines schien zu funktionieren.

Wie sollte man seinem Freund so etwas sagen? ,*Oh, hey, Sebastian, ich stehe ziemlich auf deine Tochter, also wird es bei uns ab jetzt heiß hergehen. Ist doch in Ordnung, oder, alter Kumpel?*'

Ich konnte mir gut vorstellen, wie das enden würde – mit mir auf dem Boden nach einem wohl verdienten Schlag ins Gesicht.

Natürlich hatten wir den Rest des Wochenendes keinen Kontakt mehr. Nachdem ich sie am nächsten Tag vergeblich suchte – sie musste mich gemieden haben – entschloss ich, nach Hause zu fahren. Und es gab auch kein zweites Date in meiner Seevilla mehr.

Zwei Wochen nach unserer explosiven Nacht war die Sache zwischen uns beiden zum Stillstand gekommen. Obwohl Emma und ich höflich mit einander im Büro umgingen, fiel mir keine einzige Sache ein, die sich für uns verändert hatte. Ich konnte es immer noch in ihrer Körpersprache und ihren Augen lesen, wenn sie mich anschaute – sie wollte mich immer noch genau so sehr wie ich sie.

An einem Nachmittag starrte ich gerade aus dem Fenster, als es an der Tür klopfte. „Herein."

Herein kam Sebastian und er sah wütend aus. Alle Alarmglocken gingen bei mir an. *Hat sie ihm von Concord erzählt?*

„Ich muss mit dir sprechen, Christopher." Er schlug mit seiner Faust in die andere Hand. „Es gibt da ein Arschloch, das meinem kleinen Mädchen nachstellt, und ich möchte, dass das aufhört. Bitte sag mir, dass du etwas dagegen tun kannst. Es ist unangebracht am Arbeitsplatz."

Ich wollte auch nicht, dass jemand seiner Tochter zu nahekam. „Das kann ich. Wer belästigt Emma?"

„Randy aus der Buchhaltung." Er setzte sich und sein Fuß tippte unablässig an das Stuhlbein. „Er ist so weit gegangen, ihr bis zu ihrem Büro zu folgen und sie zum Mittagessen einzuladen, die kleine Ratte."

Ich setzte mich hinter meinen Schreibtisch. „Ich verstehe." Eifersucht stieg in mir auf, doch ich wusste, dass ich vorsichtig sein musste. „Hat sie dir gesagt, dass sie es nicht möchte? Oder hast nur du damit ein Problem, Sebastian?"

Er schüttelte den Kopf. „Nein, sie hat mir davon erzählt und mich gefragt, wie sie es beenden kann. Ich habe ihr geantwortet, dass sie sich keine Sorgen machen solle, dass ich das in die Hand nehmen würde. Sie hat mich darum gebeten, sie nicht bloßzustellen und lieber dich um Hilfe zu bitten."

„Oh, hat sie das?" Da wusste ich mit Sicherheit, dass sie wollte, dass ich es beende, und das machte mich sehr glücklich. „Nun, ich werde jemanden aus der Personalabteilung anweisen, dem Jungen zu sagen, dass sein Verhalten unangebracht ist und es als sexuelle Belästigung ausgelegt werden kann, sollte er damit fortfahren. Wenn ihm sein Job lieb ist, was er hoffentlich ist, sollte das abschreckend genug sein."

Sebastian beruhigte sich sofort. „Emma hatte recht. Es war am besten, mit dem Problem zu dir zu kommen."

„Ja, hatte sie." Ich konnte nicht anders, als ein wenig Hoffnung zu verspüren, dass sie mich vielleicht doch wieder treffen wollte.

„Sie bewundert dich, weißt du?", fuhr er fort, „Sie spricht viel von dir."

Mein Interesse erwachte und ich fragte: „Tut sie das?"

„Ja", sagte er, während er aufstand, um zu gehen, „Sie ist gar nicht glücklich damit, wie deine Ex dich behandelt hat. Wir haben Lisa letztes Wochenende die Straße entlanggehen gesehen. Ich habe Emma darauf hingewiesen und sie murmelte etwas davon, sie zu überfahren."

Sie ist also auch eifersüchtig.

„Das ist nett von ihr", murmelte ich.

Sebastian lachte. „Nett? Das würde ich nicht gerade sagen. Ich habe ihr gesagt, dass man so etwas nicht sagen sollte und denken auch nicht."

Schulterzuckend gab ich zu: „Ich habe selbst schon ein- oder zweimal darüber nachgedacht."

„Ja, aber das bist du." Er ging zur Tür. „Emma hat keinen Grund, diese Frau tot sehen zu wollen." Als er die Tür bereits geöffnet hatte, erinnerte er mich mit einem schmalen Lächeln: „Bitte beginne bald damit Randys Präsenz im Leben meiner Tochter zu reduzieren. Meiner Meinung nach, je schneller, desto besser."

Meiner Meinung nach auch. „Ich rufe sofort in der Personalabteilung an."

Nachdem ich das geregelt hatte, entschied ich, nach Hause zu fahren. Donnerstags holte Emma normalerweise meine frische Wäsche ab und brachte sie mir nach Hause. Da Donnerstag war, hatte ich also eine Chance, sie zu Hause zu treffen und mit ihr zu sprechen.

Wir mussten zu einer Einigung kommen, ansonsten würde ich verrückt werden. Diese Probe, die ich von ihr bekommen hatte, hatte mich süchtig nach ihr gemacht. Und ich wusste, dass sie es auch wollte.

Etwas später saß ich in meinem Eingangsbereich und wartete darauf, dass Emma ankam. Wenn sie kam, legte sie meine saubere Wäsche in den Schrank im Foyer, also wusste ich, dass ich sie treffen würde.

Die Tür öffnete sich und Emma kam herein. Sie hielt die Anzüge in ihren Plastikhüllen so hoch, dass sie mich nicht sah, bis sie alles in den Schrank gehängt hatte. Als sie sich umdrehte, sah sie mich vor der Tür stehen, die ich geschlossen hatte. „Hallo, Emma."

Ihre Kinnlade fiel herunter und sie schüttelte den Kopf. „Nein, Christopher."

„Ich werde dich nicht anfassen." Ich verschränkte die Arme vor der Brust. Es war nicht so als wollte ich sie nicht anfassen. Ich wollte sie mehr als alles andere in meine Arme ziehen, doch ich wollte absolut nicht, dass sie sich bedroht fühlte. „Ich will nur mit dir sprechen."

„Worüber?" Sie schaute über die Schulter als suchte sie nach einem Fluchtweg.

Ich wusste, dass sie noch nie mehr von meinem Haus gesehen hatte als den Eingangsraum. „Ich werde dir nicht wehtun, Emma. Du brauchst nicht vor mir wegzulaufen."

Sie schaute zu mir zurück und nickte. „Ich weiß, dass du das nicht tun würdest. Es ist nur – naja, um ehrlich zu sein, traue ich mir selbst nicht über den Weg, wenn wir beide allein sind."

Es war schön, das zu hören. „Weil du mich willst."

Sie nickte wieder. „Ja. Aber die Vorstellung davon, es zu verheimlichen, gefällt mir nicht."

„Mir auch nicht." Ich streckte meine Hand aus, ging jedoch keinen Schritt auf sie zu. „Kannst du zu mir kommen, damit wir uns hinsetzen und reden können?"

Mit einem tiefen Seufzer willigte sie ein. „Okay."

Als ich ihre Hand nahm, fühlte ich es wieder – die Energie, die durch mich strömte. „Ich habe dich vermisst."

„Wir haben uns fast jeden Tag gesehen", sagte sie mit einem Lächeln in ihrem hübschen Gesicht.

Ich zog ihre Hand an meinen Mund und küsste sie. „Du weißt, was ich damit meine, Baby."

„Ich habe dich auch vermisst", flüsterte sie, als könnte jemand außer mir sie hören.

Ich setzte mich auf einen Stuhl im Wohnzimmer und zog sie zu mir, damit sie sich auf meinen Schoß setzt. Ich streichelte ihre weichen Haare und atmete ihren Geruch ein. „Wir können uns etwas einfallen lassen. Das weiß ich genau."

Sie legte die Hände auf meine Wangen und schaute mich verzweifelt an. „Meine Eltern werden niemals einverstanden sein."

„Ich weiß." Ich nahm eine ihrer Hände und zog sie an meine Lippen, um sie noch einmal sanft zu küssen, denn ich liebte es, die Gänsehaut zu sehen, die sie davon bekam. Ich strich mit meiner anderen Hand über ihren Arm, um sie zu fühlen. „Momentan ist es vielleicht nicht das Richtigste, es für uns zu behalten, aber sicherlich am einfachsten. So muss ich nicht mit deinen Eltern kämpfen und du nicht mit meinen Töchtern. Sie können genauso schlimm wie ihre Mutter sein, wenn sie wollen."

Ihre grünen Augen funkelten, als sie mich anschaute. „Wie würden wir es also anstellen?"

Die Tatsache, dass sie überhaupt die Frage gestellt hatte, ließ mich denken, dass ich sie nicht mehr wirklich überzeugen musste. Ich hatte mit einer Idee gespielt, von der ich ihr nun erzählte. „Wir könnten uns einen gemeinsamen Ort schaffen. An Wochenenden könntest du Ausreden ausdenken, beispielsweise dass du eine Freundin in Rhode Island besuchst oder so. Ich kann mir auch Dinge ausdenken, die ich zu erledigen habe. Niemand braucht zu wissen, dass wir uns in unserem Liebesnest treffen."

„Ein Liebesnest?", fragte sie mit glänzenden Augen, „Das klingt irgendwie romantisch."

„Ich finde, es klingt sehr romantisch." Ich fuhr mit den Fingern ihren langen Hals entlang und dann über ihre weichen Lippen. „Ich will dich, Emma. Ich will so viel von dir, wie ich bekommen kann. Wenn das nur die Wochenenden bedeutet, dann nehme ich die."

„Es wäre, als wären wir wirklich zusammen", sagte sie und fuhr mir dann mit den Händen durch die Haare, „das fände ich schön."

Ich küsste sie sanft und widerstand der Versuchung, weiterzugehen, obwohl ich sie wirklich hoch in mein Schlafzimmer tragen wollte. Als unsere Münder sich trennten, konnte ich kaum atmen. „ich besorge uns etwas, so schnell ich kann. Wenn ich dieses Wochenende etwas habe, kommst du?"

Sie schaute überrascht drein. „Denkst du wirklich, dass du so schnell etwas findest? Heute ist Donnerstag."

„Geld beschleunigt die Dinge, Baby." Ich küsste sie noch einmal, weil ich mich nicht davon abhalten konnte. Ihr Körper schmolz gegen meinen und ihr Herz klopfte gegen meine Brust.

Ich fuhr mit der Hand ihren Körper hinauf und umschloss ihre Brust, während ich die andere Hand zwischen ihre Beine gleiten ließ und die Hitze genoss, die von ihrer Muschi ausging. Ich würde sie sehr bald haben. Eine Jungfrau. Diese Frau, die noch nie von einem anderen Mann berührt worden war, würde mir gehören. Doch niemand durfte es je wissen.

Selbst als meine Erregung wuchs, fragte sich mein Hirn weiter, was ich da tat. Eine Beziehung zwischen Emma und mir würde niemals von unseren Familien akzeptiert werden. Niemals.

Würden unsere Liebes-Wochenenden genügen? War es schlau oder ein direkter Weg in den Abgrund? Das Letzte, was ich wollte, war, dass wir uns gegenseitig verletzten. Oder würde es alles irgendwie funktionieren?

Während sie sich auf meinem Schoß wandte, zog Emma ihren Rock hoch und nahm meine Hand, um sie in ihr feuchtes Höschen zu schieben. Meine Finger fuhren durch ihre heißen Falten, während unser Kuss immer leidenschaftlicher wurde.

Die schüchterne, kleine Emma verschwand, als die sexy, angemachte Emma zum Spielen herauskam. Mein Schwanz wurde hart für sie, doch ich hatte nicht vor, dem Mädchen so ihre Unschuld zu nehmen. Ich wollte, dass es etwas Besonderes für sie war. Sie gab schon genug für mich auf. Ich wollte nicht, dass der Moment für sie weniger besonders war als für jedes andere Mädchen.

Doch ich würde ihr einen Orgasmus schenken, damit sie sich weiter nach mir sehnte. Ich schob einen Finger in ihre enge Muschi und während ich ihn hinein und hinaus führte, drückte ich meinen Handballen gegen ihre Klitoris. Sie ritt meinen Finger und stöhnte immer wilder.

Noch nie hatte ich etwas Heißeres gesehen.

Ich fühlte, wie ihr Körper sich um meinen Finger zusammenzog, als sie den Höhepunkt erreichte, und sie zog ihren Mund von meinem zurück, um ihr Gesicht in meiner Schulter zu vergraben und „Christopher! Ja!", zu stöhnen.

Ihre Säfte flossen auf meine Hose und liefen meine Hand hinunter. Ich konnte mich nicht davon abhalten, diese Säfte von meinen Fingern zu lecken – ich musste sie wieder schmecken. Ich steckte den Finger noch einmal in sie hinein, bevor ich ihn in ihren Mund steckte.

Sie saugte daran und stöhnte. Ihre Zunge fuhr um ihn herum, während ich in zwischen ihren Lippen hinein und hinaus schob, so, wie ich es gerne mit meinem Schwanz tun wollte. Ich flüsterte ihr zu: „Nächstes Mal möchte ich, dass du meinen Schwanz in deinen süßen Mund nimmst und mir genauso einen bläst."

Ich zog meinen Finger aus ihrem Mund und sie schaute zu mir auf. „Wieso erst nächstes Mal?"

Heilige Scheiße! Was mache ich nur mit dieser Frau?

16

EMMA

Christopher fand schnell etwas zum Mieten, sodass ich eine Ausrede brauchte, um das Wochenende über wegzufahren. Ich rief Valerie an und erzählte ihr, was ich vorhatte. „Hey, ich brauche einen Gefallen von dir. Du musst meine Eltern anlügen, sollten sie dich aus irgendeinem Grund anrufen."

„Klar", antwortete sie schnell, „aber du musst mir erzählen, warum."

Niemand durfte von Christopher und mir erfahren, also wählte ich meine Worte sorgfältig: „Ich habe jemanden kennengelernt."

„Oh, ja!", rief sie. „Und ich soll dich decken. Ich bin dabei!"

Meine Gebete waren erhört worden. „Ich hoffte, dass du das sagen würdest. Ich kann dir nicht viel über ihn sagen, nur dass er sexy, lustig und großartig auf jede Art und Weise ist."

„Habt ihr zwei es getan?", fragte sie.

„Nicht bis zu Ende." Ich schloss die Augen und dachte an den Vortag. „Aber wir haben so einiges gemacht."

„Ich brauche Details", forderte sie.

„Naja, wir haben uns geküsst", neckte ich.

„Komm schon, Emma!"

„Okay, okay", sagte ich und ließ mich auf mein Bett fallen, um die

Details zu erzählen. Mama und Papa waren zum Essen ausgegangen und ich wusste, dass niemand mich hören würde. „Er hat mich geleckt und ich hatte meinen ersten Orgasmus. Und ein paar Wochen später hat er mich gefingert, bis ich noch einmal gekommen bin. Dann habe ich ihm einen geblasen und er ist in meinem Mund gekommen. Ich habe es heruntergeschluckt, ohne zu würgen."

„Nicht wahr!", kreischte sie.

„Aber dieses Wochenende werden wir endlich Sex haben." Ich rollte mich auf meinen Bauch, während ich darüber nachdachte, wie er es mir machen würde. „Er hat etwas Kleines zur Miete gefunden, wo wir unsere Wochenenden verbringen können. Wir nennen es unser Liebesnest. Und wir haben vor, alle unsere Wochenenden dort zu verbringen. Es ist einfach leichter, meine Eltern aus der Sache herauszuhalten. Deshalb brauche ich deine Hilfe."

„Ich wusste immer, dass sie dir dabei in die Quere kommen würden, eine Frau zu werden, Emma. Deshalb bin ich stolz darauf, sie anzulügen, wenn es nötig sein sollte." Ich wurde bei ihren Worten von einer Welle der Erleichterung überschwemmt.

„Gut. Wenn du einen Anruf von ihnen bekommst, sag einfach, dass ich jedes Wochenende bei dir war." Ich dachte eine Sekunde lang darüber nach, wie weit sie gehen würden, sollten sie je misstrauisch werden. „Warte, was, wenn sie deine Eltern anrufen?"

„Oh, das ist kein Problem", versicherte sie mir. „Mama hat Papa beim Flirten mit einigen Ex-Freundinnen auf Facebook erwischt und es gab einen großen Streit. Naja, um es kurz zu machen, haben sie beide neue Handynummern, also können deine Eltern sie nicht erreichen."

„Super!" Ich dachte darüber nach, was ich gesagt hatte, und versuchte es noch einmal von vorne: „Nicht das mit deinem Vater und den Ex-Freundinnen, sondern dass meine Eltern ihre Nummern nicht haben. Der Rest tut mir leid und wenn du darüber sprechen möchtest, bin ich für dich da …"

„Ach, das ist schon in Ordnung, sie machen sich gerne ab und an gegenseitig eifersüchtig." Sie hielt einen Augenblick lang inne, als dächte sie über etwas nach. „Bitte sei vorsichtig, Emma", warnte sie mich, „ich meine, lass diesen Typen nichts mit dir tun, was du nicht möchtest. Und wenn er dich schlecht behandelt, erzähle auf jeden Fall deinem Vater davon."

„Ich denke nicht, dass er mich schlecht behandeln wird oder etwas tun würde, was ich nicht möchte." Vor allem, weil ich mir nicht eine einzige Sache vorstellen konnte, von der ich nicht wollte, dass Christopher sie mit mir tat. „Aber ich werde Papa davon erzählen, wenn ich denken sollte, dass es nötig ist."

„Gut. Ich mag die Geheimniskrämerei nicht sonderlich, aber ich kenne deinen Vater." Es fühlte sich gut an, jemanden zu haben, der mich so verstand wie Val.

„Okay, dann schreibe ich ihnen jetzt und sage, dass ich auf dem Weg zu dir bin. Ich sage, dass ich spät am Sonntag zurückkomme." Ich dachte eine Sekunde lang darüber nach und fügte dann hinzu: „Wo wirst du dieses Wochenende sein, damit ich ihnen immerhin darüber die Wahrheit sagen kann?"

„Ich bleibe dieses Wochenende auf dem Campus. Die Erstis kommen zur Besichtigung und ich zeige ihnen das Gelände." Sie seufzte und fügte dann hinzu: „Ich schätze, dann werde ich dich nicht mehr viel sehen, jetzt, wo du einen geheimen Freund hast."

„Ich habe ihm versprochen, dass ich jedes Wochenende mit ihm verbringen werde, aber ich bin mir sicher, dass ich eine Ausnahme machen und dich ab und zu besuchen kann." Die Vorstellung, mich von meiner besten Freundin zu entfernen, machte mich etwas traurig. Doch dann dachte ich daran, dass ich Christopher sehen würde, und die Traurigkeit verschwand. „Okay, ich muss los, bevor sie nach Hause kommen. Ich habe ihnen noch nie ins Gesicht gelogen, also möchte ich weg sein, bevor es nötig wird."

„Alles klar, viel Spaß."

Ich legte auf, griff die Tasche, die ich bereits gepackt hatte, und lief zu meinem Auto. Kurz bevor ich aus der Garage fuhr, schrieb ich meiner Mutter, dass ich über das Wochenende bei Valerie in New York sein würde. Nachdem das Thema Eltern abgehakt war, fuhr ich die fünfzehn Minuten zu der Adresse, die Christian mir gegeben hatte, kurz bevor ich das Büro verlassen hatte.

Die kleine Hütte lag am See, nicht zu weit von seiner Villa entfernt und lag verborgen in einem privaten Waldstück. Als ich ankam, sah ich, dass die Doppelgarage auf der einen Seite offenstand. Das bedeutete, dass Christopher vor mir angekommen war. Ich fuhr hinein, nahm meine Tasche und schloss dann die Garagentür, bevor ich die Stufen zur Tür des kleinen Holzhauses hinaufstieg.

Die Eingangstür öffnete sich und dort stand Christopher, mit nichts als einem Handtuch um die Hüften. „Hey, Baby, du bist zu Hause!" Er breitete die Arme aus und ich lief in sie hinein. „Ich kam gerade aus der Dusche, als ich dich kommen hörte. Die Tür war abgeschlossen, deshalb trage ich das Handtuch."

Es war mir recht egal, wieso er das weiche, weiße Handtuch trug – alles, was ich gerade wollte, war, die Arme um ihn zu schlingen. „Na, lass uns mal hineingehen und dich aus diesem Ding bekommen." Ich legte ihm die Arme um den Hals und er hob mich hoch, um mich hineinzutragen.

Ich bemerkte kaum unsere Umgebung, so sehr war ich in seine braunen Augen versunken, während ich sein dunkles Haar streichelte. Als er am Sofa vorbeiging, warf ich meine Tasche darauf. „Willst du unser Schlafzimmer sehen?", fragte er.

„Ja, will ich." Ich kicherte bei dem Gedanken. *Unser Schlafzimmer.*

Er trat die Tür mit einem Fuß auf und trug mich in das Zimmer, was unser Schlafzimmer werden würde. „Es wurde heute geliefert. Ich hoffe, es gefällt dir."

Ich schaute das große Bett mitten im Raum an und fragte: „Was kann man daran nicht mögen?"

Lachend warf er mich aufs Bett, sodass die hellgrüne Decke auf beiden Seiten hochflog. „Das dachte ich auch." Er breitete die Arme aus und zeigte um sich. „Willkommen in unserem Liebesnest, Baby."

„Es ist so schön", sprudelte ich hervor, während ich mich im Schlafzimmer umschaute. Dunkelgrüne Vorhänge verdeckten die Fenster und ein Deckenventilator bewegte die Luft über dem Bett.

„Ich werde uns ein paar Steaks auf dem Grill im Garten machen. Das Haus liegt ziemlich verdeckt, niemand kann uns vom See aus sehen." Er lehnte sich herunter und gab mir einen kleinen Kuss auf die Nase. „Ich muss das Feuer anmachen. Im Kühlschrank findest du alles für einen Salat. Ich dachte, wir könnten ein paar Ofenkartoffeln dazu machen. Die sind in der Speisekammer."

Er drehte sich von mir weg und ließ das Handtuch fallen, bevor er eine Shorts von einem Tischchen nahm und sie anzog, dann ging er halb angezogen aus der Schlafzimmertür.

Ich hatte mir nicht vorgestellt, dass unser Wochenende so beginnen würde, aber ich schätzte, dass er wollte, dass ich mich hier zu Hause fühle – und wie ein richtiges Pärchen oder so. Also zog ich meine Schuhe aus und tauschte meine Jeans für eine Shorts aus, bevor ich in die Küche ging.

Er hatte Musik angemacht und sie klang leise herein. Ich tanzte ein bisschen, während ich die Kartoffeln suchte und in den Ofen legte.

Christopher steckte seinen Kopf herein und grinste mich an. „Wickel die lieber in Alu-Folie, Baby. Und stell den Ofen auf 185 Grad, okay?"

Ich nahm sie wieder heraus und suchte nach der Alu-Folie, nachdem ich die Temperatur des Ofens hochgestellt hatte. „Alles klar, Boss."

Er öffnete die Tür und kam hinein. Dann zog er mich an sich, legte die Arme um mich und küsste mir die Nasenspitze. „Nicht Boss. Lass dir einen anderen Spitznamen einfallen oder irgendetwas Süßes für mich, Baby."

„Ähm – ich weiß nicht wirklich, wie ich dich nennen soll." Ich fühlte mich etwas unwohl, weil ich nicht wusste, wie ich ihn nennen sollte – ein Kosename konnte doch nicht so schwierig sein, oder?"

„Denk drüber nach." Er küsste mich auf die Wange und vergrub sein Gesicht an meinem Hals.

Ich dachte darüber nach, wie ich mich durch ihn fühlte – ganz warm und sexy. „Und wenn ich dich Sexy nenne?"

Sein Grinsen sagte mir, dass ihm das sehr gefiel. „So kannst du mich nennen. Aber nur, wenn du es auch wirklich so meinst."

Während meine Finger über seine nackte Brust fuhren, sagte ich ihm, was ich wirklich über ihn dachte: „Christopher, du bist der sexigste Mann, den ich je getroffen habe. Natürlich meine ich es so. Und jetzt bewege deinen sexy Hintern nach draußen und mach mir ein Steak, dass ich vielleicht essen werde."

„Oh, du wirst es essen." Er ließ mich los und klatschte mir dann auf den Hintern, als ich mich wieder meinen Kartoffeln zugewandt hatte.

Mit dem Klatscher hatte er mich überrascht, aber noch überraschter war ich davon, wie sehr es mir gefiel. „Werde ich das?"

„Ja, wirst du. So wie du meinen Schwanz verschlungen hast, denke ich nicht, dass blutiges Fleisch ein Problem sein wird." Er ging aus der Tür und ich blieb krebsrot zurück.

„Verdammt, dieser Mann macht mich heiß." Ich wedelte mir mit der Hand Luft zu, bevor ich weiter die Kartoffeln in Folie einwickelte.

Bald darauf kam er mit einem Teller saftig aussehender Steaks in der einen Hand und einem kalten Bier in der anderen zurück. „Ich bin fertig. Wie sieht es bei dir aus?"

Ich stellte den Salat auf den kleinen Tisch im Esszimmer und konnte das Lächeln nicht loswerden, das an meinem Gesicht zu kleben schien. „Ich bin auch so weit, Sexy."

Er stellte den Teller ab und holte dann Steak-Sauce und ein paar Bier aus dem Kühlschrank. „Steak und Bier – die perfekte Kombination." Er stellte sie auf den Tisch, dann stellte auch ich die restlichen Sachen ab. Danach setzte er mich auf seinen Schoß und gab mir einen Kuss, der mich mehr ans Schlafzimmer als an Essen denken ließ. Als der Kuss endete, lehnte er seine Stirn gegen meine. „Genau wie du und ich, Baby. Ich habe die Vorahnung, dass unsere Wochenenden besser werden als alle Wochenenden, die wir je hatten."

„Das denke ich auch", flüsterte ich, während ich immer noch versuchte, nach dem Kuss wieder zu Atem zu gelangen.

Bevor ich wusste, was geschah, hatte er mich hochgehoben und auf den Stuhl neben ihm gesetzt. „Okay, wir wollen doch nicht, dass das Fleisch kalt wird." Er stach in das oberste Steak und legte es mir auf den Teller. „Das hier ist für dich. Ich habe das ganze Fett für dich abgeschnitten."

„Danke, das war lieb von dir." Ich betrachtete die dunkle Oberfläche und dachte, es könnte gar genug für mich sein. Doch als ich hineinschnitt und eine rote Flüssigkeit auf meinen Teller lief, schaute ich auf und sah, dass er mich anlächelte. „Ich weiß nicht."

Er lehnte sich vor und schnitt ein Stück ab, dann hielt er mir die Gabel vor den Mund. „Mund auf."

Ich atmete tief durch, schloss die Augen und gehorchte. Das warme Fleisch schmolz auf meiner Zunge und ich stöhnte auf. „Mehr."

Als ich die Augen öffnete, hatte er sich zurückgelehnt. „Ich denke, du kannst jetzt selbst essen. Ich würde mein Fleisch auch gerne warm essen."

Wie wir so dasaßen und wie ein ganz normales Paar aßen, fühlte ich mich glücklicher als ich es je gewesen war. „Das ist so schön."

„Finde ich auch." Er lehnte sich herüber, um mich auf die Wange zu küssen. „Iss auf, ich möchte, dass du gestärkt bist für die Nacht, die ich für dich geplant habe, meine süße, kleine Jungfrau."

Oh, Himmel!

17

CHRISTOPHER

Das Abendessen hatte eine gemütliche, normale Stimmung geschaffen. Nach dem Essen spülten wir Seite an Seite das Geschirr ab – sie spülte, ich trocknete ab. So langweilig das auch klang, musste ich sagen, dass ich noch nie besser unterhalten war.

Emma machte mich nur durch ihre Anwesenheit glücklich. „Ich habe gesehen, dass du das Steak aufgegessen hast."

„Stimmt! Was soll ich sagen?", sagte sie mit einem Achselzucken.

„Ich schätze, das zeigt, dass du mir sogar noch mehr vertrauen kannst." Ich stieß sie mit der Schulter an und spürte Hitze in mir aufsteigen.

Sie hielt inne und schaute mir ernst in die Augen. „Christopher, ich vertraue dir komplett. Das stand nie in Frage."

„Gut." Ich gab ihr einen Kuss auf die Wange. „Das solltest du. Ich würde dich niemals verletzen, Emma."

„Ich glaube dir." Sie lächelte mich an und fügte dann hinzu: „Ich würde auch nichts tun, um dich zu verletzen."

„Ich glaube dir auch." Ich nahm ihr den letzten Teller ab und trocknete ihn mit dem Geschirrhandtuch ab, bevor ich ihn in den

Schrank stellte. „Jetzt ist es an der Zeit, dich abzuspülen, mein kleiner Liebessnack."

Sie kicherte, als ich sie wie eine Braut hochnahm, und legte die Arme um meinen Nacken. „Liebessnack?"

Nickend küsste ich ihren Nacken und biss dann spielerisch hinein. „Lecker."

Ein schönes, heißes Schaumbad für uns beide würde sie auflockern. Ich ließ das Wasser ein und goss dann die Essenz hinein, während sie aus ihren Klamotten schlüpfte. Ich ließ meine Shorts fallen und stieg vor ihr in die alte Badewanne mit den Löwenpfoten, dann nahm ich ihre Hand, um ihr dabei zu helfen, sich mir zu setzen.

Ihr Rücken war vor mir, sodass ich mit den Händen über ihre schmalen Schultern fuhr und dann eine küsste, bevor ich sie an mich zog, sodass sie an mir lehnte. „Lehne dich einfach zurück und lass dich von meinen Händen verwöhnen."

Sie stöhnte leise, während ich die Hände über sie gleiten ließ und mich dabei auf ihre großen Brüste konzentrierte, ein wenig mit ihren Nippeln spielte, bevor ich zu ihrem Bauch herunterfuhr. Ich vermied ihren Intimbereich, da ich den bis zum Schluss lassen wollte. „Gott, Christopher, du weißt, wie man eine Frau verwöhnt."

Ich knabberte an ihrem Ohrläppchen und flüsterte: „Ich weiß auf jeden Fall, wie man dich verwöhnt."

Alles an ihr war wunderschön: die Kurven ihrer Hüften, ihr weicher Bauch, ihre üppigen Oberschenkel – alles kam so zusammen, dass sie in meinen Augen perfekt war.

Ich wusste, wenn nicht so viele Menschen zwischen uns stünden, wären wir bereits zusammen – richtig zusammen. Ich hätte nicht gezögert, eine öffentliche Beziehung mit ihr zu führen.

Doch das war nicht der Fall. Also mussten wir einfach das Meiste aus unseren Wochenenden machen. Unsere geheime Liebesaffäre. In der kurzen Zeit, die ich sie kannte, hatten meine Gefühle für Emma viel dafür getan, dass ich mich wieder geheilt fühlte. Und ich hoffte, dass unsere Beziehung mit ihrem Selbstwertgefühl und -bewusstsein helfen würde.

Sie begann, mit den Händen über meine Beine zu fahren. Ich

erzitterte, als sie sich umdrehte und ihre Brüste sich gegen meine Brust drückten. Unsere Münder fanden sich in einem leidenschaftlichen Kuss. Mein Schwanz wollte sie, doch ich würde nichts überstürzen.

Emma schien jedoch andere Pläne zu haben. Sie platzierte ihre Beine links und rechts von mir, positionierte sich mit ihrer bereits feuchten Muschi über mir und glitt dann ohne Zögern auf meine Erektion hinunter. Ihr enger Kanal fühlte sich so unglaublich um mich herum an, dass ich den Atem anhielt, während wir uns küssten.

Die Spitze meines Schwanzes traf auf eine Wand, oder genauer gesagt ihr Jungfernhäutchen. Sie verschwendete keine Zeit und drückte nach unten, sodass mein Schwanz es durchstieß. Wimmernd zog sie ihren Mund weg. „Oh, das brennt." Eine Träne kullerte ihre Wange herunter und ich fuhr mit meinem Daumen darüber.

Ehrlich gesagt spürte auch ich etwas Schmerz, als ihre jungfräuliche Muschi sich um meinen Schwanz zusammenzog. Doch der Schmerz war angenehm, sogar erregend. „Es wird besser werden." Ich legte meine Hände an ihre Taille, um sie hochzuheben.

Sie legte die Hände auf meine Schultern und schaute mir in die Augen, während ich ihren Körper bewegte. „Ich schätze, ich hätte warten sollen, bis du das in die Hand nimmst, hm?"

„Nein, ich finde es gut, dass du es gemacht hast." Ich senkte sie wieder herab und schaute dabei zu, wie sich ihre Augen langsam schlossen, als sie mehr Lust als Schmerz empfand. „Besser?"

„Hmm-hmmm", stöhnte sie, dann öffnete sie die Augen und schaute mich wieder an. „Du kannst mich schneller bewegen, wenn du möchtest."

Ich bewegte sie ein kleines bisschen schneller. Ich genoss es, ihren Körper zu betrachten, während ich sie langsam auf und ab bewegte. Ihre Brüste wippten etwas bei der Bewegung. Ich richtete mich etwas auf und nahm eine in den Mund, um leicht an ihr zu saugen.

Emmas Stöhnen, leise und sexy, machte mich hungriger nach ihr als je zuvor. Unwillkürlich wurde ich aggressiver, bewegte sie schneller und biss und saugte ihre Brust stärker.

„Ja! Christopher!", schrie sie.

Sie mochte es wild, wie es schien, und ich auch. Obwohl ich meine Ex-Frau kein einziges Mal hart genommen hatte, liebte ich das Adrenalin, das meinen Körper durchströmte bei dem Gedanken daran, es mit Emma zu tun. Ich nahm den Mund von ihrer vollen Brust und sagte: „Lass uns zum Bett gehen und schauen, was uns einfällt."

Ein langsames, sexy Lächeln krümmte ihre Lippen. „Ja, lass uns das tun. Ich kann kaum glauben, wie gut sich das hier anfühlt."

„Das ist erst der Anfang, Baby." Ich hob sie hoch, sodass sie von meinem steifen Schwanz gehoben wurde.

Sie stieg aus der Wanne und nahm ein Handtuch, um sich abzutrocknen, während ich ihr folgte. Sie warf mir das Handtuch zu, während sie weiter ins Schlafzimmer ging.

Ich fühlte mich wie ein junger Hengst und fuhr mir kaum mit dem Handtuch über den Körper, bevor ich hinter ihr herlief und sie dann hochhob, um sie mir über die Schulter zu werfen. Ich klatschte ihr auf den Hintern und trug sie zu unserem Bett. *Unser Bett!*

Emmas Reaktionen bisher hätten mich nicht mehr überraschen können. Sie hatte schüchtern und unschuldig begonnen, doch dann setzte sie sich einfach so auf meine Erektion. Wow, wer hätte das kommen sehen?

Nicht, dass ich mich beschwerte. Alles an dieser Frau schien mich nur noch mehr anzumachen.

Ich warf sie aufs Bett und schaute ihren wunderschönen Körper an. „Ich muss sagen, dass du mich beeindruckt hast, Baby."

„Wieso das?", fragte sie, während sie mich betrachtete, dann winkte sie mich mit dem Zeigefinger heran. „Komm her und erzähl mir mehr davon, während du mich richtig hart rannimmst, Sexy."

„Heilige Scheiße!", murmelte ich, während ich zwischen ihre gespreizten Beine kletterte und meinen Schwanz tief in ihre weiche, warme Muschi stieß. „Du bist so heiß, Emma."

Bei dem Aufprall stöhnte sie leicht auf und sagte dann: „Du auch, Christopher. Jetzt zeig mir also, was ich bisher verpasst habe."

Mir war klar, dass sie auf jede mögliche Weise gefickt werden wollte. Ich musste eine Ausgabe des Kama Sutra kaufen. Wir würden beide etwas daraus lernen.

Meine Ehe hatte mich nicht viel mehr über Sex gelehrt als das, was ich schon wusste, bevor ich Lisa kennen lernte. Es schien als würde die Beziehung mit Emma mir viel beibringen.

Ich nahm ihre Hände und zog sie hoch über ihren Kopf, dann drückte ich sie in die Matratze, während ich in ihre süße Muschi stieß. Ihr Gesichtsausdruck voller unverblümter Lust machte mich verrückt nach ihr. „Gefällt dir das?"

„Wie du mich fickst?", fragte sie mit einem sexy Grinsen. „Es gefällt mir besser als ich je erwartet hätte."

Es war eine Ewigkeit her, seit eine Frau so etwas zu mir gesagt hatte – noch vor Lisa, in meinen wilderen Jahren. Emma versetzte mich zurück in eine Zeit, als ich in meiner Blüte stand. Durch sie fühlte ich mich wild, jung, männlich und ich wollte, dass das Gefühl niemals verschwand.

Und ihr dabei zuzuschauen, wie sie sich immer wohler mit ihrer Sexualität fühlte, war ein starkes Aphrodisiakum.

Ich legte mich auf sie, küsste sie wild und verlangte mehr von ihr. Sie bäumte sich auf, um mir bei jedem festen Stoß entgegenzukommen, sie wollte es mehr als ich es mir je bei dieser Jungfrau hätte vorstellen können.

Ihre Beine legten sich um mich, als sie sich an mir hochzog, damit ich noch tiefer eindringen konnte. Ich ließ ihre Hände los, um mit meinen ihre Knie zu greifen, sie hochzuziehen, ihre Beine von mir zu lösen und noch mehr zu spreizen. Ich drückte ihre Knie aufs Bett und drang noch tiefer in sie ein.

Sie stöhnte, als ihre Muschi sich für mich noch mehr dehnte. „Du bist perfekt für mich, Baby."

Durch zusammengebissene Zähne stieß sie hervor: „Nur für dich, mein sexy Mann."

Mein Schwanz zuckte und wollte Erleichterung, doch ich wollte mit ihr kommen. Das war mir zuvor nie so wichtig gewesen. Doch ich wollte Emma mehr geben, als ich je zuvor jemandem gegeben hatte, selbst der Frau, die ich geheiratet hatte.

Ich hätte mittlerweile wissen müssen, dass Emma voller Überraschungen steckte, doch ihre nächsten Worte überrumpelten mich so sehr, dass ich innehielt. „Klatsch mir auf den Hintern und nimm mich von hinten", flüsterte sie.

Ich hatte noch nie so etwas getan. „Bist du dir sicher?", musste ich fragen.

Sie nickte, als ich zu ihr hinabschaute. „Zieh mir an den Haaren, nimm mich richtig hart."

Die Vorstellung ließ mich in Flammen aufgehen. Ich zog mich aus ihr zurück, dann drehte ich sie auf ihren Bauch. Als sie so dalag, hob ich die Hand und ließ sie mit einem lauten Klatschen auf ihre Pobacke fallen. Ich sah meinen Handabdruck auf ihrer weißen Haut und klatschte noch einmal darauf.

Wieder und wieder klatschte ich auf ihren Hintern, bis er rot war. Sie wimmerte und schrie sogar ein paarmal auf, doch sie bat mich nicht darum, aufzuhören. Als sie begann, ihre Hüften zurück zu mir zu drücken – als wollte sie den Kontakt zwischen meiner Hand und ihrem Po vergrößern – hielt ich es nicht mehr aus. Ich drückte ihre Beine auseinander und legte mich auf ihren Rücken, wobei ich meine Erektion in ihre feuchte, pulsierende Muschi schob.

Ich biss ihr in den Nacken und behielt ihr Fleisch zwischen den Zähnen, während ich knurrte: „Das sollte dir beibringen, kein böses Mädchen zu sein, Baby." Ich nahm eine Handvoll ihres seidigen Haars und zog es zurück, um mehr von ihrem Nacken zu entblößen. Ich biss noch einmal zu, während ich sie gnadenlos fickte.

Mit jedem harten Stoß wurde ihr Körper vor und zurück geschoben, sodass ich wusste, dass ihre Klitoris unglaublich stimuliert wurde. Ich konnte kaum darauf warten, zu fühlen, wie sie um meinen harten Schwanz kam.

Sie schnurrte und stöhnte, während ich sie fickte. „Christopher ... Sexy ... oh mein Gott!"

Ihr sowieso enger Kanal zog sich um meinen Schwanz zusammen, was mich wie ein Tier knurren ließ. Er pulsierte und drückte und ich machte einige furchtbare Geräusche, während ihr Orgasmus mich auf die exquisiteste Art und Weise folterte. „Baby! Ah!" Ich explodierte in ihr wie nie zuvor. „Scheiße!"

Ich hörte nichts außer unserem gemeinsamen Stöhnen und unserem Atem, als wären wir einen Marathon gelaufen.

Danach lag ich auf ihr, konnte mich nicht bewegen und versuchte, wieder zu Atem zu kommen. Als ich langsam wieder klare Gedanken fassen konnte, machte ich mir Sorgen, sie unter mir zu erdrücken. Ich rollte mich hinunter und landete neben ihr. Dann rollte sie sich auf den Rücken. „Besser als ich es mir je vorgestellt hatte."

Ich lachte etwas. „Ja, für mich auch."

Emma legte ihren Kopf auf meine Brust. „Du hast die Latte gerade für jeden anderen Mann sehr hoch gelegt, weißt du?"

Ich legte den Arm um sie und küsste ihre Stirn. „Das hoffe ich."

Das war nicht fair und ich wusste es. Emma verdiente mehr als eine geheime Liebesaffäre. Sie verdiente eine normale Beziehung wie jeder andere auch. Doch sie hatte sich für mich entschieden. Und so selbstsüchtig es auch war, ich wollte sie ganz für mich allein, solange sie mit mir zusammen war.

Ihre Fingerspitzen fuhren über meine Brust und ihre weichen Lippen drückten sich auf meine Haut. „Ich denke nicht, dass mir das hier jemals langweilig wird."

„Mir auch nicht." Ich drückte sie und sagte ihr, worüber ich nachgedacht hatte: „Ich möchte nicht, dass du mit anderen Männern ausgehst, Emma."

Sie hob den Kopf an, um mich anzuschauen. Zuerst schien sie verwirrt zu sein, doch dann lächelte sie. „Dachtest du, ich würde einmal mit dir Sex haben und dann völlig durchdrehen und mit jedem Mann dort draußen schlafen, Christopher?"

Ich wusste nicht, was ich dachte. Ich dachte nur, dass ich wollte, dass sie mit mir und nur mit mir zusammen war. „Nein. Ich wollte es einfach nur sagen."

Sie legte ihren Kopf zurück auf meine Brust. „Kein Grund zur Sorge, Sexy. Ich will sowieso nur dich."

Gut.

18

EMMA

Unser erstes gemeinsames Wochenende hatte mir viel beigebracht. Von vielem hatte ich bereits vermutet, dass es mir gefallen würde, wie beispielsweise so viel Zeit mit Christopher zu verbringen. Anderes war eher eine Überraschung, beispielsweise, dass ich wirklich, wirklich gerne Sex mit ihm hatte. Ich bekam nicht genug von ihm.

Das nächste Wochenende ging genau so weiter. Auf dem Heimweg von unserem zweiten gemeinsamen Wochenende rief ich Valerie an, um ihr davon zu erzählen, wie gut alles lief. „Also, ich fahre jetzt nach Hause. Wollte dir nur Bescheid geben."

„Danke", antwortete Val. „Also, wie läuft es?"

Ich wusste nicht, wo ich anfangen sollte, aber versuchte es mit: „Ach, es ist fantastisch. Und ich hatte noch nie so viel Spaß."

„Natürlich." Sie lachte. „Die erste Liebe ist immer ein riesiger Spaß. Und dann verblasst er und das Leben kommt einem in die Quere." Mit einem kaum unterdrückten Lachen fuhr sie fort: „Ich möchte nur, dass du weißt, dass das vorbeigehen wird, Emma."

Ich wollte nicht darüber nachdenken, dass es enden konnte, auch wenn sie Witze machte. „Hör bloß auf!"

„Scherz beiseite, da ist schon etwas Wahres dran", fuhr sie fort.

„Am Anfang ist alles wunderbar, doch dann verschwindet die Neuartigkeit. Ich will damit nicht sagen, dass ihr euch trennen werdet. Ich meine nur, dass diese Euphorie ziemlich nachlassen wird. Ich möchte, dass es dich nicht überrumpelt, wenn es passiert."

Ich wusste, dass sie mir eine gute Freundin sein wollte, doch ich wollte nicht über die Zukunft nachdenken. Ich wollte weiter glücklich sein mit dem, was wir hatten. „Danke für die lieben Worte, aber ich denke, vorerst bin ich lieber weiter euphorisch."

„Ja, vorerst", seufzte sie. „Also, das ist euer zweites Wochenende zusammen. Wann hast du vor, deinen Eltern von deinem Mann zu erzählen, Emma?"

Niemals.

Ich hatte ihr noch nicht vom Altersunterschied zwischen Christopher und mir erzählt oder davon, dass er Papas Freund und unser Chef war. Ich fand nicht, dass sie all das zu wissen brauchte. Wobei – eigentlich wollte ich nicht hören, was sie dazu sagen würde. Ich wusste, dass sie mir sagen würde, dass es eine dumme Idee war und ich einen Schlussstrich ziehen sollte. Und das wollte ich nicht hören.

„Du weißt, wie meine Eltern sind, Valerie." Ich bog in unsere Straße ein und musste den Anruf beenden. „Vorerst wollen wir niemandem von uns erzählen."

„Sag mir, wie er heißt", drängte sie, „so weiß ich immerhin, mit wem du zusammen warst, wenn etwas passiert."

„Das wäre das Sicherste und Schlauste." Das wusste ich. Doch ich wusste auch, dass ich ihr nicht seinen Namen sagen konnte. „Und vielleicht sage ich ihn dir irgendwann, aber nicht heute. Ich bin gerade zu Hause angekommen und Mama kommt mir bereits entgegen, um mich zu begrüßen", log ich.

„Okay, aber irgendwann bekomme ich seinen Namen aus dir heraus! Bis dann", sagte sie, bevor sie auflegte.

Ich lachte über ihre Entschlossenheit, während ich das Auto in der Garage parkte, meine Tasche nahm und ausstieg. Mein Körper kribbelte immer noch von Christophers Berührungen. Unser Abschiedskuss fühlte sich immer noch frisch auf meinen Lippen an.

Ich wünschte mir, wir könnten telefonieren, aber er sagte, dass das zu riskant sei. An den Tagen, an denen ich ihn in der Woche im Büro gesehen hatte, konnte ich mich kaum davon abhalten, ihn zu berühren, zu küssen und meine Arme um ihn zu schlingen. Doch der Gedanke ans Wochenende hatte mir durch die Woche geholfen.

Ich zählte bereits die Tage, bis er und ich wieder umarmt im gleichen Bett schlafen konnten. Jeden Morgen, den wir zusammen verbracht hatten, hatte er mich mit einem Kuss aufgeweckt, der sich schnell in mehr verwandelt hatte. Den Großteil des Morgens waren wir nicht aus dem Bett gekommen. Erst mittags hatte uns der Hunger in die Küche getrieben.

Nur zwei Wochenenden waren vergangen und bereits jetzt wollte ich jeden Tag und jede Nacht so verbringen.

Ich betrat das Haus und hörte Mama und Papa im Wohnzimmer. „Bist du das, Liebling?", rief Mama.

„Ja, Mama." Ich warf die Tasche auf den Treppenabsatz, bevor ich zu ihnen ging.

Ein Film lief im Fernsehen, Papa hielt ihn an. „Also, wie war dein Besuch bei Valerie?"

„Gut. Wir haben einfach gequatscht und Filme geschaut. Es war ganz gut." Ich zuckte mit den Schultern. „Halt was zu tun."

Papa nickte. „Also für nächstes Wochenende machst du bitte keine Pläne."

Mein Herz blieb stehen. Ich kann Christopher nicht sehen! „Wieso?"

Meine Mutter stimmte ein: „Es ist unser Hochzeitstag, Liebes. Du weißt doch, dass wir immer einen Ausflug machen. Wir wollen hoch nach Canada fahren und fischen. Klingt das nicht spaßig?"

Ich war immer auf ihre Hochzeitstagsausflüge mitgefahren. Und wir hatten immer Spaß gehabt. Aber ich wollte nicht mehr diese Art von Spaß haben. „Val und ich haben bereits Pläne gemacht, ich habe euren Hochzeitstag vollkommen vergessen. Tut mir leid, aber diesmal komme ich nicht mit."

Papas Gesicht sagte mir, dass er mich nicht so leicht davonkommen ließ. „Sag deine Pläne ab, Emma. Wir haben bereits eine Hütte mit zwei Zimmern gebucht. Du kommst mit uns mit."

Ich war nicht daran gewöhnt, meinem Vater Widerworte zu geben, sodass ich nicht wusste, was ich sagen sollte. Ich ließ die Schultern hängen und fühlte mich hilflos.

Mama stand auf und legte die Arme um mich. „Schau nicht so traurig drein, Liebes. Es wird schön werden wie immer."

„Aber Val wird so enttäuscht sein." Ich wusste, dass Christopher enttäuscht sein würde und ich auch, doch Val war der einzige Name, den ich laut aussprechen konnte.

„Sie wird darüber hinwegkommen", sagte Papa.

Dann hatte Mama einen Einfall. „Ich hab's! Lass uns Valerie auch einladen."

„Nein", sagte ich schnell.

Papa schaute mich schief an. „Und wieso nicht?"

„Sie wird keine Lust darauf haben. Sie hasst Outdoor-Aktivitäten." Ich wusste nicht, was ich sagen sollte, aber das war so schnell aus meinem Mund gekommen. Es schien als könne ich ziemlich gut lügen.

Mama strich mir über den Rücken. „Sag ihr, dass du nächstes Wochenende nicht mit ihr verbringen wirst. Wir werden eine gute Zeit haben, du wirst schon sehen. Ich schaue jetzt meinen Film zu Ende, bevor ich einschlafe. Und du musst morgen früh aufstehen. Es ist fast elf Uhr. Letzte Woche bist du früher nach Hause gekommen.

Es war viel schwerer, mich diesmal von Christopher loszureißen.

Ich ging die Treppe hinauf, griff auf dem Weg nach meiner Tasche und ging in mein Zimmer. Meine einzige Hoffnung war, dass Christopher mir helfen würde, einen Ausweg zu finden.

Am nächsten Morgen eilte ich zur Arbeit, nur um herauszufinden, dass Christopher noch nicht da war. Dann gegen elf Uhr sagte Mrs. Kramer mir, dass er nach Concord gefahren war, um die Chinesen zu treffen. Ich hatte das Treffen vollkommen vergessen.

Er würde sie irgendwann nach dem Mittagessen mit in die Firma bringen. Das bedeutete, dass er den ganzen Tag über mit ihnen beschäftigt sein würde. Wir würden niemals eine Chance dazu haben, mit einander zu sprechen.

Plötzlich fand ich die Tatsache schrecklich, dass wir nicht in der

Öffentlichkeit mit einander sprechen konnten. Dass ich nicht mein Handy nehmen und ihn anrufen konnte.

„Wo ist unser Vater?", hörte ich eine Frau sagen, als ich auf den Flur hinausging.

Mrs. Kramer stand vor Christophers Büro und zwei hochgewachsene, schlanke und vollkommen aufgetakelte Blondinen standen vor ihr. „Er ist mit zwei Kunden zusammen. Er wird den ganzen Tag über beschäftigt sein. Morgen fahren die Kunden ab, dann wird er Zeit für Sie haben. Ich möchte nicht, dass Sie ihn heute oder morgen früh stören."

Eine von ihnen verdrehte die Augen. „Wir haben ihn seit Tagen nicht gesehen, weil er am Wochenende weg war. Er ist so spät gestern Abend zurückgekommen und heute Morgen so früh abgefahren, dass wir gar nicht mit ihm sprechen konnten. Und wir wollten mit ihm über eine Überraschung sprechen, die wir unserer Mutter machen wollen. Aber wir brauchen seine Zustimmung."

Eifersucht durchströmte mich bei dem Gedanken daran, dass er etwas mit einer Überraschung für seine Ex-Frau zu tun haben könnte. Doch Mrs. Kramer wies diese Idee sofort ab. „Wenn es irgendetwas mit Ihrer Mutter und ihm zu tun hat, kann ich Ihnen bereits sagen, was er dazu sagen wird."

„Ich weiß", sagte das kleinere der beiden beinahe identischen Mädchen. „Aber Mama möchte wirklich das Wochenende vom vierten Juli in der Villa am See verbringen und das ist nächstes Wochenende."

Mir war gar nicht bewusst gewesen, dass am kommenden Wochenende der Feiertag war. Und da ich mit Mama und Papa wegfahren musste, würde Christopher tatsächlich das Wochenende mit seinen Töchtern und seiner Ex-Frau verbringen?

Mrs. Kramer antwortete schnell: „Die Villa am See ist das Zuhause Ihres Vaters. Und Sie wissen beide sehr genau, dass er Ihre Mutter dort nicht sehen möchte. Wieso wollen Sie beide ihn überhaupt dazu bringen, Zeit mit ihr zu verbringen, obwohl Sie wissen, was zwischen den beiden passiert ist? Ihr Vater war sehr verletzt von dem, was Ihre Mutter getan hat. Ich dachte, Sie lieben ihren Vater und verstehen das."

„Sie lässt uns damit einfach nicht in Ruhe, Mrs. Kramer", gab die Größere der beiden zu.

„Dann rufe ich sie mal an", sagte Mrs. Kramer. „Nach allem, was sie ihm angetan hat, werde ich nicht zulassen, dass sie ihn bedrängt. Und jetzt machen Sie sich beide auf den Weg, ich muss mich an die Arbeit machen." Mrs. Kramer drehte sich um und sah, dass ich in meiner Bürotür stand. „Miss Hancock, da sind sie ja. Können Sie bitte den Sitzungssaal vorbereiten?"

Ich eilte an den drei Frauen vorbei, Christophers Töchter schauten mich nicht einmal an, wodurch ich mich merkwürdig unwichtig fühlte. Ich verstand sofort, wieso er Angst davor hatte, dass seine Töchter von uns wussten – nie im Leben konnten er und ich eine Beziehung führen, von der diese zwei wussten.

Auf dem Weg zum Sitzungssaal hielt ich einen Augenblick lang am Fenster an. Ich sah, wie Christopher auf das Gebäude zuging und seine Töchter ihm entgegenkamen. Sie umarmten ihn beide, dann schüttelte er den Kopf, während sie ihm etwas sagten.

Diese Mädchen hatten ihn trotzdem gefragt, ob ihre Mutter am Wochenende kommen könne!

Ich wusste es einfach. Ich sah es an seiner Reaktion und dem ernsten Gesichtsausdruck auf seinem gutaussehenden Gesicht.

Die Männer, die ich in seiner Begleitung erwartet hatte, waren nirgends zu sehen, also beeilte ich mich, um zumindest einen Augenblick mit Christopher sprechen zu können. Ich fuhr in seinem Privataufzug hinunter ins Erdgeschoss, denn ich wusste, dass es die beste Möglichkeit war, um zumindest ein bisschen Zeit allein mit diesem Mann zu haben.

Als ich die Lobby erreichte, öffneten sich die Türen und Christopher trat mit gesenktem Kopf ein, ohne mich zu bemerken. Er drückte den Knopf zu unserer Etage. „Hey, du", sagte ich letztendlich, um seine Aufmerksamkeit auf mich zu ziehen.

Sein Kopf schoss in meine Richtung. „Emma!"

„Ich muss dir nur schnell etwas sagen. Meine Eltern zwingen

mich, dieses Wochenende mit ihnen nach Kanada auf ihre Hoch-
zeitstagsausflug zu fahren. Ich weiß nicht, was ich tun soll." Ich wollte
ihn berühren, traute mich jedoch nicht.

Seine Augen sagten mir, dass er bereits einen schlechten Tag
hatte, der jetzt noch schlechter geworden war. „Verdammt."

„Alles in Ordnung?", fragte ich und schaute auf die Nummern,
die bei jedem Stock, an dem wir vorbeifuhren, aufblinkten. Uns lief
die Zeit davon.

„Naja. Die Chinesen wollen einen anderen Vertrag als bespro-
chen. Und meine Ex-Frau will sich in mein Zuhause einschleusen.
Und jetzt das." Er kam auf mich zu und zog mich in seine Arme.
„Gott, ich brauche dich, Baby."

Mein Herz schmerzte so sehr, als er mich fest umarmte. Das Klingeln des Aufzugs ließ uns auseinanderspringen. Wir waren im
obersten Stock angekommen. „Vielleicht können wir uns nach der
Arbeit in unserem Häuschen treffen?"

„Ich werde zu beschäftigt damit sein, den Deal unter Dach und
Fach zu bringen." Er betrachtete die Türen, als sie sich öffneten.
„Weißt du was? Egal. Wir sehen uns dort gegen zehn. Sag deinen
Eltern, dass du nach Concord fährst, um etwas abzuholen, was
unsere Gäste dort vergessen haben, und wir dir ein Zimmer für die
Nacht gebucht haben." Dann trat er aus dem Aufzug und die Türen
schlossen sich hinter ihm

Ich fühlte mich wie mitten in einem Sturm. Mein Kopf war voller
Chaos, ich fragte mich, was gerade passiert war, aber ich war auch
glücklich, dass ich die Nacht mit meinem sexy Mann verbringen
würde.

Aber was war mit dem Wochenende?

19

CHRISTOPHER

Die Probleme nahmen einfach kein Ende. Jetzt musste ich mir überlegen, wie ich Emma aus den Wochenendplänen ihrer Eltern herausbekam, während ich eigentlich darüber nachdenken sollte, wie ich den Meinungsunterschied zwischen mir und meinen potenziellen Kunden löste.

„Es geht hier nur um ein paar Cent", sagte ich den Herren, die keinen Millimeter von ihrem Angebot abweichen wollten.

Sebastian kam herein, er war nur wenige Minuten zu spät. „Tut mir leid. Ich musste noch etwas Wichtiges erledigen." Er setzte sich ans andere Tischende und ich überließ ihm das Wort. Ich war erschöpft davon, diese Männer von meiner Logik zu überzeugen.

„Ich mache eine Pause. Ich bin gleich zurück, Sebastian." Erschöpft verließ ich den Raum.

Ich hatte einen Haufen Probleme und keine Ahnung, wie ich sie lösen sollte – außer dem Thema mit meiner Ex-Frau, die am Wochenende in mein Haus kommen wollte. Das war einfach. Ich hatte meinen Töchtern gesagt, sie könnten ihrer Mutter ausrichten, dass das *niemals* geschehen würde.

Das lange Wochenende hatte mich überrumpelt. Das war Emma zuzuschreiben. Mein Kopf war in den letzten zwei Wochen mit nichts anderem als ihr beschäftigt gewesen. Alles, was ich wollte, war, das lange Wochenende mit ihr zu verbringen, doch es schien als wäre das schwieriger als erwartet.

Könnten Emma und ich doch nur ehrlich über unsere Beziehung sein, dann wäre das kein Problem. Doch da wir das nicht konnten, kam es mir wie ein großes Problem vor.

Ich nahm an, dass die meisten Menschen es nicht so schlimm finden würden. *Na und, dann kann ich halt nicht das Wochenende mit Emma verbringen, ist doch nur ein Wochenende.*

Aber es war so schon schwer genug für mich gewesen, sie am Vorabend gehen zu lassen. Das Wissen, dass ich sie in nur vier Tagen wieder in den Armen halten würde, hatte mir geholfen. Doch nun wären es elf Tage, bevor ich sie wieder umarmen, küssen und mit ihr schlafen würde.

Ich konnte es einfach nicht so lange aushalten. Und die Verzweiflung in ihrer Stimme und ihrem Gesicht sagte mir, dass Emma sich ähnlich fühlte. Was für einen Unterschied zwei Wochenenden im Leben von zwei Personen machen konnten!

Ich ging in mein Büro, setzte mich an meinen Schreibtisch und öffnete den Laptop. Wenn mein Hirn nicht funktionierte wie es sollte, wendete ich mich normalerweise ans Internet. Als ich „gute Ausreden, um etwas abzusagen" googelte, war die erste Ausrede, die mir erschien, eine Krankheit vorzuspielen.

Ich dachte eine Sekunde lang darüber nach. Emma konnte ihren Eltern sagen, dass sie sich krank fühlte und den Ausflug nicht kaputtmachen wollte, indem sie alle ansteckte.

Die Idee klang super, bis ich richtig darüber nachdachte. Ihre Eltern würden wahrscheinlich den Ausflug absagen und bei ihr zu Hause bleiben. Und das bedeutete immer noch, dass sie das Wochenende nicht mit mir verbringen würde.

Nächste Idee. Die typische 'mein Chef zwingt mich zu Überstunden'-Ausrede. Auch das würde nicht funktionieren, da ich der Freund ihres Vaters war und niemals seinen Familienausflug so torpedieren würde.

Dann waren da noch ein paar andere Ausreden, die nicht funktionieren würden: ‚ich muss das Haus putzen‘, ‚ich habe mir den Knöchel verstaucht‘, ‚ich habe ein Problem in der Familie‘, ‚mein Auto funktioniert nicht‘ und mein Favorit: ‚ich habe meinen Eisprung und wir versuchen, Eltern zu werden.‘"

Der Versuch war leider gescheitert. Ich saß da und starrte auf den Bildschirm, während ich versuchte, mir etwas Besseres einfallen zu lassen als den Müll, den ich gerade gelesen hatte, als es an der Tür klopfte. Ich schloss den Laptop und rief: „Herein."

Sebastian kam wie ein Held hereinstolziert. Das Grinsen auf seinem Gesicht sprach Bände. „Ich bin mit den neuen Kunden zu einer Lösung gekommen, Christopher." Er kam zu meinem Schreibtisch und legte einen unterzeichneten Vertrag darauf. „Und wir haben keinen Cent verloren." Mit vor Stolz aufgeblähter Brust setzte er sich vor mir auf einen Stuhl.

Es war mir egal, wie er es geschafft hatte, ich war einfach erleichtert, dass er es geschafft hatte. „Herzlichen Glückwunsch." Ich stand auf, klopfte ihm auf die Schulter und goss uns jeweils ein Glas meines guten Scotchs ein. Und als ich das tat, hatte ich eine brillante Idee. „Habt du und Celeste nicht bald euren Hochzeitstag?"

„Ja, dieses Wochenende." Sebastian nahm das Glas, das ich ihm anbot. „Danke."

Als er einen Schluck nahm, ließ ich mir spontan einfallen: „Als Beweis meiner Dankbarkeit für die gute Arbeit, möchte ich dir und deiner wunderbaren Frau eine sechstägige Reise nach Bora Bora schenken."

Er schaute überrascht. „Wann?"

„Na zu eurem Hochzeitstag natürlich." Ich setzte mich wieder und nippte an meinem Scotch.

„Aber wir haben bereits Pläne, wir fahren nach Kanada. Celeste hat eine Hütte gemietet und wir gehen fischen." Er nahm einen weiteren Schluck, während er darüber nachzudenken schien.

Mir war klar, dass ich ihm die Idee noch schmackhafter machen musste. „Natürlich bekommst du auch noch einen saftigen Bonus dafür, dass du mir einen unterschriebenen Vertrag gebracht hast – das wirst du wahrscheinlich auch feiern wollen."

Ich nahm meinen Stift und notierte ein hübsches Sümmchen auf einem Zettel, den ich ihm zuschob. Er nahm ihn in die Hand und schaute mit großen Augen darauf. „Ist das die Summe des Bonus?"

„Ganz genau." Ich öffnete meinen Laptop und schickte Mrs. Kramer eine E-Mail. „Meine Assistentin wird ihn dir bis morgen früh überweisen. Das sollte dir und Celeste helfen, auf eurer kleinen Reise eine gute Zeit zu haben. Ich hoffe, sie ist positiv überrascht darüber, dass ihr zwei die Sonne genießen werdet, anstatt in der kanadischen Wildnis gegen Bären zu kämpfen."

„Überrascht wird sie auf jeden Fall sein." Er schaute von dem Papier auf und schüttelte dann den Kopf. „Aber Emma."

Ich hielt die Hand hoch. „Ihr wird es gut gehen, Sebastian. Hab einen schönen Hochzeitstag mit deiner Frau. Dass ihr eure Tochter überall hin mitgenommen habt, hat doch bestimmt die Romantik etwas gedämpft in all den Jahren, oder?"

Er nickte. „Ja, schon etwas. Aber Celeste wird nicht wollen, dass Emma so lange ganz alleine hier ist."

„Überzeuge sie." Ich nahm einen weiteren Schluck von meinem Scotch und fühlte mich, als hätte ich gerade ein Wunder bewirkt.

Nicht nur würde ich das Wochenende mit Emma verbringen können, doch ich hätte sie fast eine ganze Woche für mich, wenn ich das wirklich über die Bühne bringen konnte. Meine unteren Regionen waren bereits in Aufruhr, doch ich beruhigte mich, da ich nicht wollte, dass mein Freund Verdacht schöpfte.

Sebastian klatschte mit der Hand auf meinen Schreibtisch. „Ich werde sie überzeugen! Das ist mit Abstand das Spektakulärste, was je jemand für mich getan hat, Christopher!"

„Hey, du hast es dir verdient." Ich stand auf und schüttelte ihm die Hand. „Du hast dieser Firma gerade Millionen, vielleicht sogar Milliarden verdient, Sebastian!"

„Ja, das habe ich wohl." Er stand auch auf und ging auf die Tür zu. „Ich werde Celeste anrufen und ihr von den großartigen Neuigkeiten erzählen. Und ich bin mir sicher, dass Emma auch glücklich für uns sein wird. Außerdem bist du ja hier, um ihr zu helfen, sollte etwas passieren, oder?"

„Natürlich." Ich begleitete ihn zur Tür und öffnete sie. „Sie ist hier in guten Händen. Ihr zwei genießt einfach eure Reise. Ich werde Mrs. Kramer darum bitten, euch alle Details per E-Mail zu schicken."

Während Sebastian zurück in sein Büro ging, ging ich zum Büro meiner Assistentin. Als ich die Tür öffnete, sah ich, dass Mrs. Kramer mit Emma sprach. „Ich möchte, dass Sie etwas für mich organisieren, Mrs. Kramer." Ich nickte Emma zu. „Wie geht es Ihnen, Miss Hancock?"

„Sehr gut, Sir." Emma lächelte mit gesenktem Kopf, sie sah schüchtern aus.

„Freut mich, das zu hören." Ich wandte mich meiner Assistentin zu. „Haben Sie bereits ihre E-Mails gesehen? Ich habe Ihnen gerade etwas geschickt."

„Nein, Sir." Mrs. Kramer schaute Emma an. „Können Sie das für mich tun?"

Emma setzte sich an den Schreibtisch und öffnete die E-Mail. Ich bemerkte, wie sich ein Grinsen über ihr Gesicht zog. „Es scheint, als hätte mein Vater sich einen schönen Bonus verdient." Emma drehte den Computer zu Mrs. Kramer, damit sie ihn sehen konnte.

„Oh, das muss ich dann recht schnell in die Wege leiten." Mrs. Kramer setzte sich auf den Stuhl, von dem sich Emma erhoben hatte.

„Und ich möchte, dass sie Mr. Hancock und seiner Frau eine Reservierung in einem der Resorts in Bora Bora machen. Organisieren Sie bitte alles. Den Flug, das Hotel, einfach alles. Ich möchte, dass sie am Donnerstag abfliegen und fünf Nächte dort verbringen. Okay?"

„Mache ich. Ich werde Mr. Hancock alles per E-Mail schicken, sobald ich fertig bin, Mr. Taylor." Mrs. Kramer machte sich sofort an die Arbeit, während Emma mich mit weit aufgerissenen Augen anstarrte.

„Ihr Vater hat es geschafft, dass die Chinesen den Vertrag unterschrieben haben. Er hat es sich verdient", informierte ich sie. „Wir behandeln unsere Leute hier gut."

„Das stimmt allerdings", sagte sie leise.

Da ich wusste, dass Mrs. Kramer vollkommen auf ihre Arbeit

konzentriert war, zwinkerte ich Emma zu. „Ich werde gegen drei Uhr das Büro verlassen. Ich möchte, dass Sie um die Uhrzeit nach Concord fahren und etwas abholen, was unsere chinesischen Gäste dort im Hotel vergessen haben. Ich werde Ihren Vater informieren, dass Sie heute Nacht dort schlafen werden und Sie sich morgen früh sehen werden."

„Selbstverständlich", sagte sie, immer noch überrascht. „Ich fahre um drei Uhr nach Concord."

„Gute Fahrt", sagte ich, bevor ich ging, „und fahren Sie vorsichtig."

Einige Stunden später war ich nicht überrascht, als Emma in unsere Hütte geschlendert kam mit einem Grinsen, das ihr Gesicht nicht verlassen wollte. „Also, darf ich erwarten, dass du und ich unsere Nächte hier verbringen werden, während meine Eltern weg sind?"

„Nicht nur die Nächte, Miss Hancock." Ich zog sie in meine Arme und küsste ihre süßen Lippen, bevor ich ihr die guten Nachrichten überbrachte. „Du hast die gleichen Tage frei wie dein Vater. Von Donnerstag bis nächsten Dienstag. Denkst du, dass du es aushältst, so viel Zeit mit mir in unserem kleinen Liebesnest zu verbringen, Baby?"

Die Art, wie sie ihren Körper um mich schlang, sagte mir, dass sie glaubte, das aushalten zu können. „Ich muss dich warnen, Sexy, du verwöhnst mich ziemlich."

Ich kann mir Schlimmeres vorstellen.

20

EMMA

Zwei Monate vergingen und ich Christopher und ich verbrachten so viel Zeit zusammen in unserer Hütte, wie wir konnten. Ein weiterer Montag war gekommen, an dem ich mich von dem Mann um fast zwei Uhr morgens losreißen musste, um zum Haus meiner Eltern zurückzukehren.

Als mein Wecker klingelte, begann mein Tag furchtbar. Ich strauchelte ins Bad, denn ich fühlte einen Knoten im Bauch, von dem mir schlecht wurde. Ich hielt mir den Bauch, während ich zum Waschbecken ging, um mir die Zähne zu putzen.

In einer plötzlichen Welle von Hitze und Schwindel änderte ich die Richtung und wankte direkt zur Toilette, wo ich mir die Seele aus dem Leib kotzte. Ich fühlte mich so schwach, dass ich mich auf den kalten Fliesenboden setzen musste. „Was zum Teufel ist los?", wimmerte ich.

Nach ein paar Minuten schaffte ich es, meinen Körper vom Boden zu hieven und ging direkt zurück zum Bett, um mich hinzulegen und darüber nachzudenken, was ich gegessen oder getrunken hatte.

Christopher und ich hatten Spaghetti zum Abendessen gemacht.

Ich hatte ein Glas Wein dazu getrunken, sicherlich nicht genug, um mich so schlecht zu fühlen.

Ich drehte mich auf die Seite, schloss die Augen, die mir aus irgendeinem Grund brannten. Als ich sie öffnete, sah ich, dass zehn Minuten vergangen waren. Ich stand auf und ging zur Dusche, um mich aufzuwecken, in der Hoffnung, dass ich mich dadurch besser fühlen würde.

Das kühle Wasser half. Mein Kopf fühlte sich besser und nachdem ich mich abgetrocknet und mir die Zähne geputzt hatte, fühlte ich mich lebendiger und in der Lage, den Arbeitstag zu schaffen.

Ich musste ein frisches Händehandtuch unter dem Waschbecken hervorholen und griff nach unten, um eins zu nehmen. Da wurde meine Aufmerksamkeit auf eine ungeöffnete Tamponpackung gelenkt.

... die gleiche Packung, die ich nach meiner letzten Periode gekauft hatte. Vor zwei Monaten.

Ich lehnte mich vor und sagte laut: "Vor. Zwei. Monaten."

Vor zwei Monaten?

Ich stand auf und schaute mich im Spiegel an. „Emma Eileen Hancock, das hast du nicht wirklich getan!"

Wie im Traum ging ich zurück zu meinem Bett, um mich hinzusetzen, bevor ich zusammenbrach. Es überflutete mich alles. Jedes einzelne Mal, das Christopher und ich mit einander geschlafen hatten, ging mir durch den Kopf – und dann überkam es mich. *Verhütung.*

Ich hatte mich nie darum gekümmert. Ich hatte auch nie Christopher danach gefragt. Wir hatten kein einziges Mal verhütet in den letzten zwei Monaten. Und nun hatte ich meine Periode verpasst.

Ich nahm mein Handy vom Nachttisch und schaute auf meine Notizen. Ich hatte nicht nur eine Periode verpasst, sondern zwei. Ich hätte sie eine Woche zuvor haben sollen.

Ich musste mir einen Test besorgen. Ein Schwangerschaftstest würde bestätigen, was ich bereits wusste, aber ich ließ mich nicht daran glauben, bis ich keinen Beweis in den Händen hielt.

Auf dem Weg zur Arbeit hielt ich in einer Drogerie an, um einen Schwangerschaftstest zu kaufen. Ich versteckte ihn in der Tasche und nahm ihn mit in mein Büro, um direkt zu meiner privaten Toilette zu gehen.

Auf ein Stäbchen zu pinkeln war nicht gerade der Start in den Arbeitstag, den ich mir am Abend zuvor vorgestellt hatte, aber andererseits hatte ich mir auch nicht vorgestellt, kotzend aufzuwachen.

Wenige Minuten später starrte ich auf die Linie, die mir sagte, dass ich mir mein Leben versaut hatte. Und Christophers auch.

Ich konnte nicht schnell genug abhauen. Im Vorbeigehen griff ich meine Handtasche, dann schoss ich aus meinem Büro und eilte den langen Flur entlang, direkt zur Treppe. Ich hatte nicht vor, den Aufzug zu benutzen, um niemandem zu begegnen.

Nach drei Stockwerken musste ich mich setzen und durchatmen. Alles drehte sich wegen des Sauerstoffmangels und der Tatsache, dass ich so verdammt dämlich gewesen war. „Du bist eine solche Idiotin, Emma Hancock."

Ich saß da und wusste nicht, was ich tun solle. Nur ein Gedanke kam mir. *Valerie.*

Ich stand auf und ging die Treppen langsamer als zuvor hinunter, damit ich nicht ohnmächtig würde und mir das Genick brach, indem ich die Treppe herunterfiel. Andererseits wäre das vielleicht gar nicht so schlecht.

Es dauerte ewig, aber irgendwann kam ich im Erdgeschoss an. Ich musste zu meinem Auto in der Garage gelangen, ohne dass mich jemand sah und fragte, wohin ich wollte.

Irgendwie schaffte ich es und schlüpfte in mein Auto. Meine Hände zitterten, während ich das Lenkrad umklammerte. Ich musste zu Valerie. Sie wüsste, was zu tun war. Zumindest hoffte ich das.

In meiner Panik hatte ich sie nicht einmal angerufen. Ich fuhr einfach wie eine Verrückte. Als ich beim Studentenwohnheim der Columbia anhielt, aus dem Auto stieg und zu ihrem Zimmer ging, musste ich herausfinden, dass sie nicht da war.

Nachdem ich fünf Minuten lang geklopft hatte, lehnte ich mich gegen die Tür und rutschte langsam daran herunter. Nun war es offiziell Zeit für einen Zusammenbruch. „Nein!", jaulte ich, vergrub das Gesicht in den Händen und begann zu schluchzen.

„Was machst du hier, Emma?", hörte ich eine Mädchenstimme.

Ich schaute auf, konnte sie durch meine Tränen jedoch nicht sehen. „Val?"

„Natürlich bin ich es. Niemand sonst kennt dich hier, Emma." Sie half mir beim Aufstehen. „Was ist los? Hat Romeo mit dir Schluss gemacht oder so?"

„Nein", wimmerte ich.

„Hat jemand deinen Hund überfahren?", fragte sie sarkastisch.

„Nein", weinte ich.

„Lass uns hineingehen, bevor jemand die Sicherheitsleute ruft bei dem Lärm, den du machst." Sie schloss die Tür auf und zog mich hinein, um mich auf das Bett zu setzen. „Ich hole dir einen feuchten Waschlappen, damit du dein verweintes Gesicht saubermachen kannst, dann hörst du mit dem Weinen auf und sagst mir, was zum Teufel los ist."

Ich atmete tief ein und aus, um aufzuhören zu weinen, während ich weiter die Tränen wegwischte, die einfach nicht versiegen wollten. Als Valerie mit dem feuchten, kühlen Waschlappen zurückkam, nahm ich ihn und legte ihn auf meine brennenden Augen, bis ich die Tränen stoppen konnte und dachte, dass ich die nötigen Worte sagen konnte.

„Ich ... ich ..." Ich schaffte es nicht. Ich brach wieder zusammen und fiel auf das Bett. Dabei vergrub ich mein Gesicht in dem Kissen.

„Emma! Bitte. Reiß dich zusammen", bat sie mich. „Außerdem gehört das Kissen meiner Mitbewohnerin, was du da mit Rotz und Tränen bedeckst. Das ist eklig."

„Tut mir leid", murmelte ich, während ich den Waschlappen wieder auf meine Augen legte, um die Tränenflut zu stoppen, doch es klappte nicht.

Nichts klappte. Ich würde wahrscheinlich an Dehydrierung sterben, wenn ich so weitermachte. Und wahrscheinlich wäre es für alle das Beste.

Ich konnte mit diesen schrecklichen Neuigkeiten niemals zu

Christopher zurückkehren. Meinen Eltern konnte ich es auch nicht sagen. Ich wusste nicht, was ich tun sollte.

Valerie lag neben mir auf dem Bett und umarmte mich mit ihren dünnen Armen. „Versuch einfach, dich zu beruhigen, Emma. Nichts ist so schlimm. Wir können alles in den Griff bekommen. Schhhh. Hör auf zu weinen. Weinen hat noch nie ein Problem gelöst."

Ich wusste, dass sie recht hatte. Aber nichts würde mein Problem lösen.

Immerhin hatte ich Geld auf dem Konto. Ich konnte weglaufen und ein neues Leben unter einem falschen Namen beginnen. Vielleicht Connie Beavers oder so. Ich würde mein Baby bekommen und es allein großziehen. Auch wenn ich nichts über Babys oder das Muttersein wusste.

Der Gedanke ließ mich noch mehr weinen. „Valerie, ich habe es versaut. Ich habe es so richtig versaut!"

„Wie denn?", fragte sie, während sie meine Schultern streichelte. „Komm schon, Emma, sag mir, was los ist. Ich halte das nicht aus. Wirklich."

„Ich kann nicht." Ein neues Level des Weinens begann. Tief, als würde meine Seele zerrissen.

„Verdammt!", schrie sie mich an und stand auf. „Setz dich hin und sag mir jetzt, was passiert ist! Sofort!"

Ihr Tonfall schockierte mich, ich setzte mich auf und rieb mir die Augen. „Du darfst es niemandem erzählen, Val. Ich meine es ernst. Niemandem."

„Was hat dieses Arschloch dir angetan, Emma?" Sie schlug sich mit der Faust in die Hand. „Ich bringe ihn um!"

„Es ist nicht seine Schuld." Ich versuchte, zu Atem zu kommen und die Tränen unter Kontrolle zu bekommen. „Es ist allein meine Schuld."

„Ich bin mir sicher, dass es seine Schuld ist." Sie tigerte hin und her. „Ich hätte das Geheimnis niemals bewahren sollen. Ich hätte dir sagen sollen, dass du deinen Eltern von ihm erzählen musst. Ich hätte dich dazu überreden sollen, ihn mir vorzustellen. Ich hätte so viele Dinge tun sollen. Du bist zu naiv. Zu zutraulich. Zu unschuldig.

Das ist alles meine Schuld, Emma." Sie begann zu weinen und fiel vor mir auf die Knie, dann nahm sie meine Hand in ihre. „Bitte vergib mir, Emma!"

Nun weinten wir beide und ich wusste nicht, was ich tun sollte.

Das Handy in meiner Handtasche begann zu klingeln und ich musste es herausnehmen, um zu sehen, wer es war. Durch einen Tränenschleier sah ich, dass es Mrs. Kramer war. Sie musste sich fragen, wo ich war.

Valerie nahm mir das Handy aus den Händen. „Wer ist Mrs. Kramer, Emma?"

„Geh nicht dran." Ich nahm das Handy zurück und stellte es aus. „Ich kann mit niemandem sprechen. Ich würde zusammenbrechen."

„Du bist bereits zusammengebrochen", erinnerte sie mich.

Als ich mein Handy zurück in die Tasche steckte, beruhigte ich mich etwas. Ich musste mir überlegen, was ich tun würde. Ich konnte nicht den Rest meines Lebens in Valeries Studentenzimmer sitzen und mir die Augen aus dem Kopf heulen. Das wäre kein Leben für mein Baby – von dem ich sowieso nicht wusste, wie ich mich um es kümmern sollte.

„Valerie, ich habe mich nie um Verhütung gekümmert", brachte ich letztendlich hervor.

„Oh", sagte sie und stand auf. „Das ist nicht schlimm." Sie wischte sich über die Augen und glättete sich das T-Shirt. „Ich nehme dich zu dir Klinik mit, zu der ich gehe. Da musst du nicht einmal bezahlen, alles ist umsonst."

Irgendwie wollten die Worte nicht aus meinem Mund kommen. Es war, als wäre es nicht wahr, so lange ich es nicht aussprach. „Nein."

Sie schüttelte den Kopf. „Nein? Was soll das heißen, Emma? Du willst nicht verhüten? Ich meine, du willst nicht, dass irgendwer weiß, dass du mit diesem Typen zusammen bist. Wenn du nicht verhütest, wirst du allen erzählen müssen, dass du mit ihm herumgevögelt hast, wenn du schwanger wirst."

Ich starrte sie einfach nur an und hoffte, dass sie mich nicht dazu zwang, es auszusprechen. Doch sie schien keine Ahnung zu haben. Oder vielleicht wollte sie es auch einfach nicht glauben.

Da ich nicht wusste, was ich tun sollte, griff ich in meine Handtasche und holte das Stäbchen hervor, das mein Leben verändert hatte. Ich streckte es in ihre Richtung und schloss die Augen, um die Enttäuschung auf ihrem Gesicht nicht sehen zu müssen, wenn sie endlich verstand, was passiert war.

„Oh, nein", flüsterte sie. Ihre Arme schlossen sich um mich. "Oh, Emma."

„Ich habe es richtig versaut, Val", wimmerte ich.

"Ich weiß", wimmerte sie zurück. „Das ist wirklich, wirklich schlimm."

Also hatte ich nicht übertrieben. Es war wirklich schlimm. Ich hatte es mehr versaut als je zuvor. Und ich hatte noch nie zuvor irgendetwas Schlimmes getan, also wären meine Eltern ehrlich schockiert und sehr enttäuscht.

Christopher würde mich hassen. Das wusste ich sicher. Er würde mich dafür hassen, dass ich schwanger geworden war. Er würde mich dafür hassen, dass ich ihn verließ, denn das musste ich tun. Er würde mich dafür hassen, dass ich so unreif gewesen war, nicht an Verhütung zu denken, bevor ich mit ihm geschlafen hatte.

Und er würde auch unser Baby hassen.

21

CHRISTOPHER

„Wie meinen Sie das, dass sie Ihre Anrufe nicht annimmt?", fragte ich Mrs. Kramer, die ehrlich besorgt um Emma schien.

Sie tigerte vor meinem Schreibtisch auf und ab, während sie antwortete: „Ich habe sie jetzt zehnmal angerufen. Es ist früher Nachmittag und sie nimmt immer noch nicht ab. Ich war beim Sicherheitspersonal und habe Videomaterial von ihr gesehen, wie sie heute Morgen um Viertel vor neun gekommen ist. Nicht einmal zwanzig Minuten später hat sie das Gebäude verlassen, ist in ihr Auto gestiegen und weggefahren. Sie sah panisch aus, Mr. Taylor."

Die Tatsache, dass ich das erst jetzt erfuhr, machte mich wütend. „Wieso haben Sie mir das nicht schon vorher erzählt?" Ich stand auf, um direkt den Flur hinunter zu Sebastian zu gehen und ihn zu fragen, wo seine Tochter sein könnte. „Haben Sie ihren Vater gefragt, wo sie sein könnte?"

„Nein", sagte sie leise. „Ich wollte ihm nichts sagen, falls Emma nicht wollte, dass er weiß, wo sie ist. Sie hat mich darum gebeten, ihn aus ihren Angelegenheiten herauszuhalten. Sie wissen doch, dass er sie wie ein Kind behandelt. Das können Sie doch sicherlich nachvollziehen."

„Sie hätten sich an mich wenden können", schoss ich zurück, ohne es zu wollen.

Sie schaute betroffen drein, als sie sagte: „Es tut mir leid. Ich dachte nicht, dass der Präsident der Firma damit belästigt werden wollte, wo meine Assistentin sich aufhält, Sir."

Sie hatte recht und ich musste meine Wut kontrollieren, denn sie würde übertrieben wirken, wenn meine Beziehung zu Emma so unschuldig war wie Mrs. Kramer und alle anderen dachten. „Es tut mir leid, Sie so angefahren zu haben, Mrs. Kramer. Rufen Sie sie weiter an. Schreiben Sie ihr ein paar Nachrichten mit der Bitte, Sie zurückzurufen, da wir uns alle Sorgen um sie machen. Ich werde mit ihrem Vater sprechen."

Wir verließen mein Büro und Mrs. Kramer ging in ihres, während ich zu Sebastians ging. Ich hörte ihn am Telefon, bevor ich anklopfte. Er legte auf und rief dann: „Herein."

Als ich sein Büro betrat, gab ich mir äußerste Mühe, nicht zu besorgt zu wirken. „Hey, Sebastian. Mrs. Kramer ist um Emma besorgt. Sie ist heute Morgen ins Büro gekommen, aber ist dann weggefahren, ohne etwas zu sagen. Und sie nimmt ihr Handy nicht ab. Weißt du, ob sie krank nach Hause gefahren ist?"

„Sie ist nicht zu Hause. Ich habe gerade mit Celeste telefoniert und sie hat nichts davon gesagt, dass Emma dort sei." Er nahm sein Handy in die Hand. „Aber ich werde sie fragen, um sicherzugehen."

Ich setzte mich und tat so als sei ich nur marginal daran interessiert, wieso seine Tochter verschwunden war. „Ich bin mir sicher, dass sie dort ist. Bitte sie darum, auch in ihrem Zimmer und Bad nachzuschauen."

„Okay", sagte er und wartete darauf, dass Celeste abnahm. „Schatz, ist Emma heute Morgen zurückgekommen?"

„Nein", hörte ich Celeste sagen. „Wieso?"

„Nun, ihr Chef sagt, dass Emma hier war und dann weggefahren ist, ohne jemanden zu benachrichtigen. Könntest du bitte in ihrem Zimmer und Bad nachschauen, nur um sicher zu sein?", bat er seine Frau.

Während ich auf ihre Antwort wartete, strengte ich mich noch stärker an, die Sorge nicht zu zeigen, die an mir nagte. Sebastian schüttelte den Kopf, als seine Frau ihm etwas sagte, und schaute mich dann besorgt an. „Sie ist nicht dort, Christopher."

Ich stand auf und wusste, dass ich in unserer Hütte nachschauen musste, falls sie aus irgendeinem Grund dort war. „Ruf sie mal selbst an, Sebastian. Vielleicht ist sie wütend auf Mrs. Kramer oder so und möchte einfach nicht mit ihr sprechen."

„Mache ich." Er rief sie an, während ich an der Tür wartete, um zu sehen, ob sie ans Telefon ging. „Emma?"

Mein Herz klopfte. *Wir haben sie gefunden!*

„Ist alles in Ordnung?", fragte ich.

Er hielt einen Finger hoch. „Liebling, hör auf zu weinen. Sag mir, wo du bist."

Ich konnte nichts von dem hören, was sie am Telefon sagte, also ging ich zurück zu Sebastians Schreibtisch in der Hoffnung, etwas verstehen zu können. Doch bevor ich in Hörweite gelangte, legte er das Handy mit verwirrtem Gesichtsausdruck ab.

„Was hat sie gesagt?", fragte ich besorgt.

„Dass es ihr gut geht – und dass sie wegzieht." Er schüttelte ungläubig den Kopf. „Und dass ich mich nicht um sie sorgen soll. Sie sei eine erwachsene Frau, die auf sich selbst aufpassen kann."

„Das macht keinen Sinn." Ich drehte mich um, um sie selbst anzurufen, doch das würde ich ihrem Vater sicherlich nicht erzählen. „Ich werde Mrs. Kramer ausrichten, dass Sie mit ihr gesprochen haben."

Ich ging direkt zu ihrem Büro, öffnete die Tür und sah, dass sie am Telefon war. Sie winkte mir zu, während sie mit der Person am anderen Ende sprach. „Ich verstehe nicht, Miss Hancock. Wieso möchten Sie kündigen?"

Emma will kündigen?

Nichts davon machte Sinn. Emma hatte mich etwa morgens um zwei verlassen. Sie hatte nichts von alldem erwähnt, was sie nun tat. Irgendetwas musste passiert sein, was sie zu dieser Übereile trieb.

Meine Ex-Frau kam mir in den Sinn. *Hatte sie mit Emma gesprochen und ihr irgendeine Lüge erzählt?*

Was auch immer es war, ich musste mit Emma darüber sprechen. „Sagen Sie ihr, dass Sie mich anrufen soll, Mrs. Kramer."

„Miss Hancock, Mr. Taylor möchte, dass Sie ihn anrufen." Sie hielt mir das Telefon entgegen. „Oder Sie können direkt mit ihr sprechen, Sir."

Ich schüttelte den Kopf und sagte: „Sagen Sie ihr bitte, dass sie mich jetzt sofort anrufen soll."

„Er möchte, dass Sie ihn sofort anrufen, Miss Hancock", sagte sie. Dann runzelte sie die Stirn und legte auf. „Ähm – sie hat nein gesagt und aufgelegt."

Nein?

Ich kämpfte gegen den Drang an, wegzustürmen, und zuckte mit den Schultern, bevor ich in einem normalen Tempo hinausging, um meine Gefühle nicht preiszugeben. Ich ging zu meinem Auto, in dem ich auf direktem Weg zu unserer Hütte fuhr, während ich versuchte, Emma ans Telefon zu bekommen.

Als ich endlich bei der Hütte ankam, war sie leer. Sie war nicht dort und nun war ich wirklich besorgt.

Ich nahm mein Handy und schrieb ihr, dass sie mich bitte anrufen solle, weil ich vor Sorge ganz krank war. Ich betete, dass sie mir zumindest zurückschrieb. Doch das tat sie nicht.

Eins wusste ich sicher: Emma hatte nur eine Freundin auf der Welt, an die sie sich wendete, wenn sie ein Problem hatte. Nur eine Person, der sie vertraute: *Valerie.*

Das Problem war, dass ich nicht einmal den Nachnamen des Mädchens kannte. Ich wusste, dass sie in New York an der Columbia studierte, aber mehr nicht.

Ich ging ins Schlafzimmer der Hütte und fand meinen Laptop auf einem Tischchen. Emma hatte ihn benutzt, um zu surfen und soziale Medien am Wochenende zu nutzen. Ich hoffte, dass ich in eins ihrer Nutzerkonten eindringen konnte, um Hinweise darauf zu finden, was los war.

Soweit ich wusste, lief alles unglaublich gut zwischen uns beiden. Emma und ich waren glücklich zusammen. Sie hatte sich nie über die Arbeit beschwert – jedenfalls nicht bei mir. Und ihre

Eltern machten keine Probleme, weil sie jedes Wochenende weg war.

Meiner Meinung nach hatte sie nichts, vor dem sie weglaufen musste.

Doch dann wiederum wusste ich nicht, ob es irgendwelche externen Faktoren gab.

Ich öffnete den Computer und sah, dass sie alle Fenster geschlossen hatte. Emma war die Einzige, die das Gerät benutzte, also dachte ich, dass sie vielleicht die Passwörter einiger ihrer Nutzerkonten gespeichert hatte.

Einen nach dem anderen durchkämmte ich ihre Accounts und nichts sprang mir ins Auge. Sie hatte einige Publikationen geliked und selbst ein paar gemacht, aber nichts wies auf den Grund hin, aus dem sie verschwunden war.

Ich achtete auf das Datum und die Uhrzeit ihrer Posts, um zu sehen, ob sie vor kurzem etwas veröffentlicht hatte. Hatte sie aber nicht.

Immerhin fand ich Valeries Nachnamen und konnte ihr eine Nachricht schicken, was ich auch sofort tat.

Valerie, ich bin Emmas Freund. Ich muss unbedingt mit ihr sprechen. Bitte sage ihr, dass sie mich anrufen soll.

Nun blieb mir nichts anderes übrig als zu warten. Und zu warten. Und zu warten.

Ich schlief auf dem Bett ein, während ich auf ihre Antwort oder Emmas Anruf wartete. Und die Träume waren schrecklich. Ich hatte nie eine dramatische Vorstellung gehabt, doch durch Emmas unerwartetes Verschwinden, wurde mein Hirn verrückt.

In meinen Träumen war Emma entführt worden und ich konnte nicht zu ihr gelangen. Dann träumte ich, dass Emma mich heimlich hasste und weggelaufen war, um unsere Beziehung zu beenden. Als ich aufwachte, war ich schweißgebadet.

Ich schaute nach meinen Nachrichten auf dem Computer und sah, dass ich keine Antwort bekommen hatte. Verzweifelt schrieb ich ihr ein weiteres Mal.

Valerie, bitte, bitte, ich flehe dich an, Emma dazu zu überzeugen, mich anzurufen. Ich muss wissen, wieso sie gegangen ist. Ist es meine Schuld?

Ich starrte auf den Bildschirm und blinzelte ungläubig, als ein Wort erschien. *Nein.*

Ich hatte keine Ahnung, was das bedeutete, also tippte ich, *Nein was?*

Sie antwortete, *Es ist nicht direkt wegen dir.*

Warum dann?, schrieb ich zurück.

Darauf bekam ich kein einziges Wort zur Antwort.

Was konnte es meinen, dass es nicht direkt wegen mir war? Spielte das Mädchen mit mir? Und ich hatte das Gefühl, dass Emma bei ihrer Freundin war, wie sonst konnte Valerie wissen, was los war?

Mein Handy klingelte und ich sprang vom Bett. Als ich es aus der Hosentasche zog, fiel es mir fast auf den Boden, so sehr zitterten meine Hände. Auf dem Bildschirm stand jedoch nicht Emmas Name. Es war meine Tochter Lauren.

„Was ist, Lauren?"

„Hallo, Papa, ich finde es auch schön, dich zu hören", sagte sie lachend.

„Ich bin gerade beschäftigt, Liebes." Ich wollte nicht, dass sie die Sorge in meiner Stimme hörte. „Was brauchst du?"

„Eigentlich nichts", sagte sie. „Ich wollte nur wissen, wann du nach Hause kommst und ob du, Ashley und ich heute Abend zusammen essen gehen können. Mir ist langweilig."

„Du könntest dir einen Job besorgen, dann wäre dir nicht so langweilig", antwortete ich.

Ihr Lachen zeigte mir, dass sie dachte, ich würde Scherze machen. „Papa, du bist so lustig. Also, um wie viel Uhr kommst du nach Hause?"

Ich hatte keine Ahnung, wann ich nach Hause kommen würde. „Du und deine Schwester können ohne mich essen. Ich werde bis spät arbeiten."

"Vielleicht will ja Mama mit uns essen", jammerte sie. „Du hast in letzter Zeit kaum Zeit mit uns verbracht. Jedes Wochenende bist du weg. Wir sehen dich kaum noch. Wir wollen doch nur mit dir zu Abend essen."

Schuldgefühle überfluteten mich, weil ich so wenig Zeit mit meinen Töchtern verbrachte. „Wie wäre es mit morgen, Lauren?" Bis dahin hätte ich hoffentlich alles mit Emma geklärt.

„Okay, in Ordnung. Also eigentlich gibt es doch einen Grund, aus dem wir mit dir sprechen wollen", gab sie zu. „Ashley und ich haben eine kleine karibische Insel gesehen, die im Internet zum Kauf angeboten ist, Papa! Wir möchten, dass du sie uns kaufst."

Ich hätte wissen sollen, dass sie etwas wollten.

„Ich kaufe euch keine Insel." In den letzten Monaten war ich immer unzufriedener mit meinen Töchtern geworden. Sie hatten absolut keine Ambitionen außer mein Geld so schnell wie möglich auszugeben. „Aber du hast recht, wir müssen uns unterhalten. Nicht über das, was ihr haben wollt, sondern was ich möchte, was ihr tut. Es ist an der Zeit für einen Wandel. Es ist an der Zeit, dass ihr zwei aufhört, dem Weg eurer Mutter zu folgen und euch zur Abwechslung mal etwas von mir abschaut."

„Was soll das heißen?", fragte sie verwirrt.

„Ich erkläre es euch morgen Abend genau, wenn du, deine Schwester und ich uns gemeinsam hinsetzen." Ich hörte das Handy piepen und sah Emmas Namen auf dem Bildschirm. „Ich muss los." Ich wischte über den Bildschirm und nahm Emmas Anruf an. „Emma?"

Ihre Stimme klang belegt, als hätte sie geweint. „Christopher, es tut mir leid. Ich schwöre, dass es niemals meine Absicht war. Ich möchte, dass du dich nicht um mich sorgst. Ich werde verschwinden."

„Nein!", rief ich, „Verschwinde nicht, Baby!"

„Ich muss weg. Das ist das Einzige, was ich jetzt noch tun kann, nachdem ich es so versaut habe. Sie brach zusammen und weinte unkontrolliert, bevor sie sagte: „Ich bin schwanger." Und dann legte sie einfach so auf.

Die Zeit blieb stehen. Mein gesamter Körper wurde taub.

Sie ist schwanger?

22

EMMA

„Wer ist er, Emma?", fragte Valerie mich, als ich mein Handy aufs Bett fallen ließ und zum x-ten Mal in den letzten sechs Stunden zu weinen begann.

„Ich kann es dir nicht sagen", wimmerte ich.

„Doch, das kannst und wirst du." Sie zog mich vom Bett und zwang mich dazu, sie anzuschauen. „Ich weiß, dass ich den Kerl nicht kenne, aber er klang älter. Er ist ein älterer Mann, oder?"

Ich nickte. „Ja." So viel konnte sie wissen.

„Okay." Sie ließ mich los und ich fiel zurück aufs Bett wie eine schlappe Nudel. „Da er älter ist, habt ihr vielleicht kein so großes Problem wie du dachtest." Sie zog mich wieder hoch. „Außer der Typ ist verheiratet. Ist er verheiratet, Emma?"

„Nein!", sagte ich leicht empört darüber, dass sie glaubte, ich hätte eine Affäre mit einem verheirateten Mann. Ich ließ mich wieder aufs Bett fallen, als sie mich losließ.

„Du musst endlich mit dem Heulen aufhören und mit dem Sprechen anfangen. Denn das macht alles keinen Sinn." Sie setzte sich zurück auf ihr Bett, das nur ein paar Meter von mir entfernt stand. Glücklicherweise war ihre Zimmergenossin bei einer Freundin, sodass ich allein mit Valerie war. „Also beruhige dich und erzähle mir, was das Problem ist."

Ich schüttelte den Kopf und setzte mich auf. Mir war klar, dass es nichts auf der Welt gab, das mein Problem in Ordnung bringen konnte. Ich wischte mir die Nase an meinem Handrücken ab und sie verzog das Gesicht, bevor sie mir ein Päckchen Taschentücher zuwarf.

Nachdem ich mir die Nase geputzt hatte, sagte ich: „Schau, ich kann nicht gestehen, was wir getan haben. Das habe ich dir bereits gesagt."

„Ich will die ganze Geschichte hören und dann entscheide ich das selbst." Sie verschränkte die Arme vor der Brust und schaute mich herausfordernd an. „Fangen wir mit etwas Einfachem an. Wie heißt er?"

Ich hatte nicht vor, irgendwem seinen Namen zu sagen. „Nein."

„Ja!", antwortete sie. „Und zwar sofort, Emma Hancock!"

Ich wusste, wenn ich ihre Hilfe wollte, musste ich es ihr erzählen, als tat ich es. „Christopher Taylor."

„Siehst du, das war doch ganz einfach." Sie lächelte mich an und fragte dann: „Und wieso könnt ihr zwei nicht in der Öffentlichkeit zusammen sein?"

„Er ist mein Chef. Und er ist der Chef meines Vaters. Und er ist ein alter Uni-Freund meines Vaters." Ich wischte mir die Augen mit meinem Taschentuch und atmete tief durch. „Ich muss wirklich mit dem Weinen aufhören und anfangen, darüber nachzudenken, was ich tun will. Ich kann offensichtlich nicht für immer hierbleiben."

„Sind dein Vater und er immer noch Freunde?", fragte Valerie. Sie sah nachdenklich aus und ich hoffte, dass sie sich irgendeinen Plan einfallen ließ.

„Ja, sind sie." Ich wusste, dass meine Lage hoffnungslos war, aber Val war anscheinen noch nicht zu der gleichen Schlussfolgerung gekommen. „Weißt du, ob es immer noch Mutter-Kind-Häuser für unverheiratete junge Mütter gibt?", fragte ich in dem Versuch, mir eine Lösung einfallen zu lassen.

Sie zuckte mit den Achseln. „Keine Ahnung. Also erzähl mir von diesem Mann. Ich verstehe, dass er nicht die Freundschaft zu deinem Vater kaputtmachen will, aber hat er noch andere Gründe, warum er eure Beziehung geheim halten will?"

„Seine Töchter sind ziemlich gemein, glaube ich. Er will nicht, dass sie mich belästigen, hat er gesagt." Ich dachte darüber nach, was ich sonst noch tun konnte. „Vielleicht kann ich als Tagesmutter arbeiten, so könnte ich auch lernen, wie man sich um ein Baby kümmert. Und wenn meins geboren wird, kann ich mit auf es aufpassen. Das wäre doch eine Win-Win-Situation."

„Glaubst du wirklich, dass du als Tagesmutter genug verdienst, um dein Kind und dich zu versorgen, Emma?" Sie schaute zur Decke als sei das die dämlichste Idee, die sie je gehört hatte. „Dieser Mann ist der Eigentümer der Firma, in der du arbeitest. Das heißt, dass er Geld haben muss, also kann er Alimente zahlen. Also, hat er Geld?"

Ich nickte. „Er ist Milliardär."

Valerie schluckte mit weiten Augen. „Milliardär? Willst du mich verarschen?"

„Nein, ich meine es ernst. Aber um Alimente von ihm zu bekommen, müsste ich mein Geheimnis erzählen, und das kann ich nicht." Sie wusste doch, wie mein Vater war. „Du erinnerst dich schon noch an meinen Vater, oder? Ich meine, er ist der Hauptgrund, aus dem wir es geheim gehalten haben."

Valerie starrte mich an, ihre Stirn gerunzelt und die Lippen auf eine Seite gezogen. „Emma, dir ist klar, dass dein Vater irgendwann herausfinden wird, dass du schwanger bist, oder? Er wird nicht aufgeben, bis er herausgefunden hat, wer der Vater ist."

Sie hat recht.

„Na, dann kann ich meine Eltern halt nie wiedersehen." Der Gedanke machte mich traurig. „Ich werde sie vermissen. Und Christopher werde ich auch vermissen. Ich werde sogar Mrs. Kramer vermissen." Und dann startete eine weitere Runde der Tränen.

Noch nie in meinem Leben hatte ich mich so allein gefühlt. Jetzt hatte ich nur noch Valerie und das war einfach nicht genug. Ich ließ mich zurück aufs Bett fallen und bedeckte mir das Gesicht mit den

Händen, während ich das Gewicht der Verantwortung für mich und nun auch für ein Kind auf mir spürte.

Val griff mich bei den Schultern und zog mich zurück nach oben. „Okay, du musst damit aufhören. Das bringt doch nichts. Weißt du, was ich denke, was du tun solltest? Ruf den Kindsvater an und sag ihm, dass er sich etwas einfallen lassen muss. Er ist ein erwachsener Mann, ihm wird etwas einfallen. Und du bist – nichts für ungut – unreif."

„Bin ich nicht!", heulte ich auf. Doch tief in meinem Inneren wusste ich, dass Valerie recht hatte.

Mein ganzes Leben lang war ich von meinen Eltern verhätschelt worden und auch wenn ich in den letzten Monaten sehr gereift war, war ich doch noch nicht reif genug, um ein eigenes Kind aufzuziehen. Doch ich hatte absolut keine Ahnung, was ich aus meiner Lage machen sollte.

„Aber ich kann ihn nicht anrufen und ihm einfach sagen, dass er alle meine Probleme lösen soll. Ich kann das nicht auf ihm abladen. Es ist die Verantwortung der Frau, sicher zu gehen, dass sie verhütete. Das habe ich immer verteidigt. Und ich habe nicht eine Sekunde lang daran gedacht. Es ist meine Schuld, also muss ich einen Ausweg finden. Ich bin mir sicher, dass es irgendeine Hotline gibt, die ich anrufen kann. Ich muss mir einfach ein Motel suchen und den Anruf tätigen, damit du mich los bist."

Val bewegte sich nicht. Sie hielt mich weiter bei den Schultern. „Nichts davon wirst du tun. Und ich will dich nicht loswerden. Schau, Emma, dein ganzes Leben lang hast du dich nur auf dich selbst verlassen. Nie hast du um Hilfe gebeten, selbst wenn du sie wirklich gebraucht hast. Ich weiß nicht, wieso du das tust, aber du musst damit aufhören.

Und hör auf mit diesem Quatsch, dass es die Verantwortung der Frau ist – das ist immer die Verantwortung von beiden und wenn er kein Kind wollte, hätte er da auch selbst dran denken müssen. Du bist nicht allein. Es wächst ein Kind in dir heran. Und wenn du dich nicht um dich selbst kümmerst, schadest du dir ab jetzt nicht nur selbst, sondern auch ihm." Sie zeigte auf meinen Bauch. „Und du willst doch dem Kleinen nicht schaden."

„Nein, natürlich nicht." Ich legte mir die Hände auf den Bauch. „Ich fragte mich, ob es ein Mädchen oder ein Junge wird. Ob es wohl einfacher ist, sich um eins oder das andere zu kümmern? Denkst du, dass Christopher mir je vergeben wird?"

„Ich wette, das hat er bereits." Val setzte sich neben mir aufs Bett und legte mir den Arm um die Schultern. „Ruf ihn an, Emma. Gib ihm die Chance, das Richtige zu tun. Wenn er das nicht tut, können wir immer noch schauen, was wir tun, aber du musst ihm eine Chance dazu geben. Du hast gesagt, dass er Töchter hat. Er ist bereits Vater. Ich bezweifele, dass er möchte, dass sein Kind ohne ihn aufwächst."

„Aber es ist mir so peinlich, Val, ich schäme mich", gab ich zu. „Ich habe so lange darüber gelogen, wo ich an den Wochenenden war. Ich werde alle diese Lügen erklären müssen, wenn ich es gestehe."

„Darum geht es meistens bei Geständnissen, Emma – alle Lügen zu enthüllen." Sie lachte leichtherzig. „Du bist nicht die Erste oder die Letzte, die bei einer Lüge ertappt wird."

„Ja, aber ich muss nicht ertappt werden. Ich kann einfach verschwinden und mein Leben ohne meine Eltern leben. Viele Leute tun das", sagte ich.

„Als ob deine Eltern dich nicht suchen würden, Emma." Sie ließ mich los und ich stand auf. „Die Wahrheit ist, dass du vielleicht eine Zeit lang weglaufen kannst, aber die Realität wird dich einholen. Deine Eltern werden von diesem Baby erfahren. Und eines Tages werden sie herausfinden, dass Christopher Taylor der Vater ist. Nun kannst du dich wie eine Erwachsene verhalten und es ihnen ins Gesicht sagen oder dich wie ein Kleinkind verhalten – das Kind, was du anscheinend bist."

Sie hatte recht und das wusste ich. Doch ich konnte Christopher nicht um Hilfe bitten. „Dann werde ich es ihnen sagen. Aber noch nicht. Ich muss ein bisschen Zeit vergehen lassen. Ich muss mir selbst etwas Zeit geben, um es zu akzeptieren." Ich war sowieso schon am Rande der Verzweiflung, ich konnte einfach noch nicht zu meinen Eltern gehen.

Vals Handy vibrierte und sie zog es aus der Tasche. „Ich muss zur Toilette."

Val hatte viele Freunde. Ich wusste, dass ich nicht bei ihr bleiben konnte. Ich musste hier weg. Ich musste mir ein Motel und eine Hotline suchen, von der ich Hilfe bekäme.

Sie meinte es gut, das wusste ich. Aber sie verstand einfach die Beziehung nicht, die ich zu meinen Eltern und mit Christopher hatte. Valeries Rat war zwar super, würde mir aber nicht helfen. Ich verschwendete ihre Zeit und Energie.

Ich tätschelte meinen Bauch und flüsterte: „Scheint, als würden du und ich es allein schaffen müssen."

Valerie kam strahlend aus dem Bad zurück. „Wie wäre es mit einer Flasche Wasser, Emma? Du solltest viel Wasser trinken. Ich denke, das wäre gut fürs Baby und du hast so viel geweint, dass du bestimmt etwas dehydriert bist." Sie ging zum Mini-Kühlschrank und nahm zwei Flaschen heraus, von denen sie mir eine entgegenstreckte.

Ich nahm sie und schraubte den Deckel ab. „Valerie, du bist eine tolle Freundin. Ich mache mich jetzt auf den Weg und suche mir ein Motel. Ich will mich in Ruhe duschen und entspannen. Ich danke dir für deinen Rat, wirklich, aber ich muss einige wichtige Entscheidungen treffen und brauche dafür Stille."

Sie setzte sich auf ihr Bett. „Hast du eine Tasche mitgebracht?"

Während ich das Wasser trank, dachte ich darüber nach, was sie gerade gesagt hatte, und verschluckte mich. „Verdammt! Nein. Ich habe nichts außer meiner Handtasche mitgebracht."

Sie nickte. „Ja, habe ich mir gedacht. Wie viel Geld hast du?"

„Ein paar Tausend auf der Bank. Ich habe meine Bank- und Kreditkarte dabei." Ich dachte daran, was es kosten würde, neue Kleidung kaufen zu müssen, ein Motel zu bezahlen und mein Auto zu tanken. Dann wurde mir klar, dass ich im Firmenwagen gekommen war. „Scheiße! Scheiße! Scheiße!"

Val stand auf und drehte mir den Rücken zu. „Du bist nicht in deinem eigenen Auto gekommen, oder? Du hast ein Auto der Firma genommen, oder?"

„Okay, Valerie. Ich brauche einen Gefallen von dir." Ich grübelte angestrengt. „Fahr mit meinem Firmenwagen zurück nach Manchester. Geh zu mir nach Hause, packe alle meine Sachen ein, die du mitbekommen kannst. Das musst du mitten in der Nacht tun, während meine Eltern schlafen. Ich gebe dir den Code zum Sicherheitssystem. Parke den Firmenwagen in der Garage und komme in meinem alten Auto zurück zu mir, dann habe ich mein Auto und meine Sachen." Es war der perfekte Plan.

„Sicher, das könnte ich für dich tun, Emma." Sie drehte sich zu mir um. „Aber was willst du langfristig tun?"

Ein Klopfen an der Tür erklang und sie stand auf, um sie zu öffnen. „Ich habe eine viel bessere Idee."

Mir fiel keine bessere Idee ein, aber ich war bereit, ihre zu hören. Sie öffnete die Tür, während ich ins Bad ging, um mir das Gesicht zu waschen.

„Emma?", rief eine tiefe Stimme mich.

Ich musste mich nicht umdrehen, um zu wissen, wer in der Tür stand. Und ich wusste, dass die Dinge nun nicht mehr in meinen Händen lagen.

Wie konnte sie nur?

23

CHRISTOPHER

„Emma?" Ich sah, wie sie beim Klang meiner Stimme erstarrte. „Baby, ich bin für dich da." Ich ging in das kleine Studentenzimmer, das ihrer Freundin gehörte.

Gott sei Dank hatte Valerie meine Nachricht beantwortet, als ich bei der Columbia University angekommen war. Ich wusste, dass Emma irgendwo hier sein musste, doch ich hatte keine Ahnung, wo. Valerie hatte mir die Zimmernummer geschrieben und ich kam auf direktem Weg, um mein Mädchen nach Hause zu holen.

Emma hatte immer noch keinen Muskel bewegt. Ich legte meine Arme von hinten um sie und küsste sie auf den Kopf. Es fühlte sich so gut an, sie wieder in meinen Armen zu halten.

„Du hättest nicht kommen sollen", flüsterte Emma. „Sie hätte dir nicht sagen sollen, wo ich bin."

„Das musste ich", sagte ihre Freundin und stellte sich vor sie. „Ich lasse dich nicht abhauen, Emma. Er ist für dich gekommen und ich werde dich nicht den größten Fehler deines Lebens begehen lassen, indem du versuchst, das hier allein zu stemmen."

Ich musste es der jungen Dame lassen, Valerie war eine ausgezeichnete Freundin. „Danke, dass du mich hereingelassen hast, Valerie. Nachdem Emma angerufen hat, wusste ich, dass es nur einen Ort gab, an dem sie sein konnte, und das ist bei dir."

„Ich lasse euch beide mal alleine." Val lächelte mich an. „Es ist schön, dich kennen zu lernen, Christopher. Bitte gehe gut mit meiner Freundin um."

„Das werde ich, versprochen." Ich drehte Emma in meinen Armen um und sie vergrub ihr Gesicht an meiner Brust, während sie die Arme um mich legte. „Wir schließen ab, wenn wir gehen."

„Danke", sagte Valerie, bevor sie aus der Tür ging. „Ich habe dich lieb, Emma. Wir sprechen uns später."

Als ich endlich allein war mit der jungen Frau, die mein Kind in sich trug, wusste ich, dass ich ihr sagen musste, was ich für sie fühlte. „Emma, ich möchte, dass du weißt, dass ich dich liebe. Ich möchte, dass du weißt, dass ich für dich und das Kind da sein werde. Und wir werden allen von uns erzählen. Kein Versteckspiel mehr."

Ihre Arme schlossen sich noch fester um mich. „Ich liebe dich auch. Aber ich habe so unglaubliche Angst."

Ich würde lügen, wenn ich sagen würde, dass ich gar keine Angst hatte, aber musste stark für sie sein. „Es gibt keinen Grund, Angst zu haben. Du bist nicht allein. Du hättest nicht weglaufen sollen, Baby. Du hast mich zu Tode erschreckt."

Sie schaute mit roten Augen zu mir auf. „Es tut mir leid. Alles tut mir leid. Ich hätte verhüten müssen oder sichergehen, dass wir Kondome benutzen, aber ich habe nicht einmal daran gedacht. Wenn ich schlauer gewesen wäre, wäre das hier niemals passiert."

Ich wiegte sie in meinen Armen und konnte nichts anderes tun, als sie anzulächeln. „Mache dir keine Vorwürfe – ich habe auch nicht an Verhütung gedacht. Und ich bin froh, dass es passiert ist."

Langsam verwandelte sich ihr Gesichtsausdruck in Ungläubigkeit. „Du kannst doch nicht wirklich froh darüber sein. Lüg mich nicht an, Christopher."

„Ich lüge nicht." Ich zog sie mit mir, setzte mich auf eins der kleinen Betten und zog sie auf meinen Schoß. „Zuerst war ich schockiert und fühlte mich taub, doch dann habe ich es langsam verarbeitet. Wir bekommen ein Baby. Du und ich bekommen wirklich ein Kind. Und ich war noch nie so glücklich in meinem Leben." Ich wusste, dass mein Lächeln zu meinen Worten passte, und hätte es nicht verbergen können, selbst wenn ich gewollt hätte. „Ich habe zudem noch nie jemanden so geliebt wie dich. Ein Baby zu bekommen ist genau das Richtige für uns, Emma. Verstehst du nicht? Dieses Kind ist das Produkt unserer Liebe. Nichts könnte mich glücklicher machen."

Sie zog die Augenbrauen zusammen und sah immer noch nicht überzeugt aus. „Das wird nicht glatt laufen. Es wird nicht einfach. Ich habe keine Ahnung, wie mein Vater reagieren wird, aber es wird keinesfalls gut sein. Und ich bin mir sicher, dass deine Töchter auch nicht gerade vor Freude auf und ab springen werden."

„Das ist mir egal. Die können mir alle den Buckel herunterrutschen. Und du wirst nicht mehr bei deinen Eltern wohnen müssen. Du ziehst bei mir ein." Ich freute mich nicht gerade über ihre Reaktion.

Sie wurde schlaghaft bleich. „Nein! Deine Töchter werden mich hassen, Christopher!"

„Ich möchte nicht, dass du dich wegen ihnen sorgst. Wenn sie dich nicht gut behandeln, werden sie ausziehen müssen." Ich würde ihnen nicht erlauben, Emma das Leben zur Hölle zu machen. „Ich meine es ernst. Wenn sie auch nur ein böses Wort zu dir sagen, will ich davon erfahren. Niemand, nicht einmal dein Vater, wird grob mit dir umspringen, ansonsten bekommen sie es mit mir zu tun."

Langsam begann ihr Gesichtsausdruck sich zu wandeln. Vertrauen leuchtete in ihren Augen auf. „Das ist so viel für dich."

Ich küsste sie sanft auf die Lippen. „Ich komme damit klar, Emma. Ich will mich darum kümmern, mache dir deswegen keinen Sorgen. Komm jetzt bitte mit mir nach Hause."

„Ich schätze, dass es das Beste sein wird. Zusammen können wir es schaffen, egal, wie viele Leute gegen uns sein werden." Sie schaute mir in die Augen, während sie mir mit der Hand über die Wange streichelte. „Ich liebe dich. Und es macht mich so glücklich, dich so über unser Kind sprechen zu hören. Ich habe mich den ganzen Tag lang so schrecklich gefühlt, seit ich heute Morgen dieses Stäbchen sah. Aber du bist hier und gibst mir Ruhe und Sicherheit. Ich fühle mich so umsorgt."

„Und geliebt?", fragte ich. Ich wollte vor allem, dass sie das fühlte.

Ihr Lächeln war strahlend. „Und geliebt." Sie lehnte sich vor, um mir die Wange zu küssen. „Und ich hoffe, dass du dich auch geliebt fühlst."

Ich drehte den Mund, um ihre Lippen zu erwischen, und gab ihr einen weiteren Kuss. „Ja, ich fühle mich geliebt. Und ich hätte es schon früher gesagt, aber irgendwie ist es mir nie über die Lippen gekommen. Aber nun ist es das und bereite dich darauf vor, es ab nun oft zu hören."

Ich führte Emma aus dem Studentenzimmer und setze sie in ihr Auto, damit sie mir hinterherfahren konnte. Ich sagte ihr, sie solle ihren Vater anrufen, um ihm zu sagen, dass es ihr gut ging und sie ihn und ihre Mutter am folgenden Abend besuchen würde, um ihnen alles zu erklären.

Auf dem Heimweg rief ich meine Töchter an und sagte ihnen, dass wir uns später zu Hause sehen würde, da ich eine große Nachricht hatte. Ich konnte mir vorstellen, dass sie wahrscheinlich dachten, dass ich ihnen die Insel kaufen würde, die sie wollten. Wenn dem so war, würden sie sehr enttäuscht werden.

Ich parkte mein Auto vor meinem Haus am See, Emma fuhr direkt hinter mir auf den Hof. Ich stieg aus und eilte zu ihr, bevor sie Angst bekam und wegfuhr. Ich öffnete die Tür und nahm ihre Hand. „Komm, Baby."

„Ich glaube, ich kippe gleich um, Christopher. Ich hatte noch nie so viel Angst vor der Reaktion von jemandem." Sie hielt sich an mir fest und ihre Fingernägel gruben sich in meinen Arm.

„Es wird alles gut. Ich kümmere mich um alles." Ich brachte sie ins Haus, das wir ab nun nicht nur teilen würden, sondern in dem wir zumindest ein Kind gemeinsam aufziehen würden. „Erwarte keine Glückwünsche von ihnen, aber du kannst dich darauf verlassen, dass ich keine hässlichen Worte zulassen werde."

„Okay, das schaffe ich", flüsterte sie, während wir durch das Foyer ins Wohnzimmer gingen. „Mein Gott, dieses Haus ist umwerfend, Christopher."

„Danke. Ich habe das Interior auf meine Persönlichkeit abgestimmt. Freut mich, dass es dir gefällt." Ich war sehr stolz auf mein Heim. Es war das einzige Haus, das ich jemals als mein eigenes angesehen hatte. Doch nun wollte ich, dass Emma alles auch als ihrs ansah. „Jetzt, wo du hier wohnen wirst, können wir den Dekorateur anrufen, damit er es auch an deinen Geschmack anpasst."

„Christopher, das ist alles zu viel auf einmal. Ich fühle mich komplett überwältigt." Sie schaute mich eingeschüchtert an.

Alles ging zu schnell für sie. „Okay, ein Schritt nach dem anderen, Baby. Kein Problem."

Sie verwandelte sich zurück in das schüchterne, junge Ding, das sich an mich klammerte als wäre ich ihre einzige Rettung. Es tat mir leid, dass sie sich unsicher fühlte, aber ich sah, dass sie dagegen ankämpfte, um die sichere junge Frau zu sein, die sie in den letzten Monaten geworden war. Ich war stolz auf sie, weil sie es versuchte, und hoffte, ihr weiter auf diesem Weg zu helfen. Die Tatsache, dass unsere Beziehung ein Geheimnis gewesen war, hatte sie nicht davon abgehalten, ihr Selbstvertrauen zu stärken. Ich fand es furchtbar, dass die Schwangerschaft und unsere Offenbarung sie anscheinend zurückwarfen.

Das Klickern von Absätzen auf den Fliesen hallte, als meine Töchter den Flur entlangkamen. „Papa?", rief Lauren. „Bist du zu Hause?"

Emmas Beine begannen zu zittern und ich half ihr, sich auf einen Stuhl zu setzen. Ich hielt ihre Hand, während ich neben ihr stand. „Keine Sorge."

Meine Töchter betraten das Wohnzimmer und beide blieben wie angewurzelt stehen, als sie sahen, dass ich Emmas Hand hielt. „Wer ist sie?", fraget Ashley.

„Und wieso hältst du ihre Hand?", fügte Lauren hinzu.

„Setzt euch, Mädchen", ich nickte in Richtung des Sofas, „und ich erzähle euch alles."

Lauren starrte Emma düster an und schoss Blitze mit ihren

blauen Augen, die denen ihrer Mutter so sehr glichen. „Wenn du glaubst, dass es einfach wird, liegst du falsch."

„Du drohst ihr nicht", knurrte ich meine ältere Tochter an. „Das erlaube ich nicht."

Sie setzten sich mit beeindrucktem Gesichtsausdruck hin. Ich war noch nie in ihrem Leben hart mit ihnen umgesprungen. Doch ich würde nicht zulassen, dass sie Emma schlecht behandelten, und ich wusste, dass ich nun hart sein musste.

Emma schaute mit einem matten Lächeln zu mir auf. „Danke, Christopher."

„Gern geschehen, Baby", sagte ich und wandte mich dann zurück zu meinen Töchtern. „Das ist Emma Hancock. Wir führen seit einigen Monaten eine Beziehung."

„Also warst du die ganzen letzten Wochenenden bei ihr, oder?", fragte Lauren mich. „Du hast uns angelogen."

„Wenn ich sehe, wie ihr euch jetzt verhaltet, versteht ihr vielleicht, wieso ich beschloss, unsere Beziehung vor euch geheim zu halten." Ich kam auf das wirkliche Thema der Unterhaltung zu sprechen: „Lasst uns nicht weiter um den heißen Brei herumreden. Emma und ich bekommen ein Baby. Sie zieht hier ein und wenn euch das nicht gefällt, könnt ihr gerne ausziehen."

Emma schüttelte den Kopf. „Nein, bitte nenne es nicht unser Zuhause, Christopher. Dies ist dein Zuhause und ihrs. Ich will nicht, dass sie das Gefühl haben, dass ich hereinplatze und ihnen alles wegnehme."

„Aber genau das tust du", zickte Lauren sie an. „Du bist hinter unseren Rücken herumgeschlichen und hast dich von unserem reichen Vater schwängern lassen, damit du das bekommst, was uns gehört. Tu nicht so unschuldig."

„Lauren, ich lasse nicht zu, dass du so mit ihr sprichst." Ich ließ Emmas Hand los, um auf meine Töchter zuzugehen. Ich wollte, dass sie wussten, dass ich ein solches Verhalten nicht tolerieren würde. „Tatsache ist, dass ich so glücklich wie seit langer Zeit nicht mehr bin. Und ich bin glücklich darüber, ein weiteres Kind zu bekommen.

Wenn es nach mir geht, werde ich noch viele weitere Kinder haben. So viele wie sie mir gibt. Habt ihr das verstanden?"

Mit weit aufgerissenen Augen und zitternden Lippen schauten sie mich an und ich fühlte mich wie ein Monster. Bald fielen Tränen auf die Wangen meiner Töchter.

„Sie hat dich hereingelegt. Sie hat es nur auf dein Geld abgesehen", flüsterte Lauren. „Sie hat es absichtlich getan. Das steht ihr mitten in ihrem einfältigen Gesicht geschrieben."

Meine Hand zuckte, ich wollte meiner Tochter so sehr eine Ohrfeige verpassen. Ich hatte keine von beiden jemals geschlagen und hatte nicht vor, das zu ändern. „Es tut mir leid, dass ihr so denkt. Ihr könnt jetzt eure Sachen packen und gehen. Ich lasse nicht zu, dass Emma, die Mutter meines Kinds, in einer Umgebung lebt, wo sie sich angegriffen und nicht willkommen fühlt."

Ich drehte meinen Kindern den Rücken zu und wandte mich Emma wieder zu. Wenn sie in meinem Leben bleiben wollten, mussten sie akzeptieren, dass Emma auch ihren Platz darin hatte, genau wie unser Kind.

24

EMMA

Die Unterhaltung mit Christophers Töchtern war in etwa so verlaufen, wie ich es mir vorgestellt hatte. Sie sahen mich mit Hass in ihren strahlend blauen Augen an. Sie dachten, dass ich absichtlich schwanger geworden war, um an das Geld ihres Vaters zu kommen. Nichts davon überraschte mich. Trotzdem tat es weh.

Christopher nahm mich mit nach oben in sein Schlafzimmer. Er hielt meine Hand, während er die Tür zu dem riesigen Raum öffnete. „Und das ist dein neues Schlafzimmer, Emma."

Es war sehr maskulin mit dem dunkelbraunen Leder kombiniert mit cremigen Stoffen, mit denen die Möbel bezogen waren. Das riesige Bett mit Pfosten hatte eine dicke, kaffeefarbene Tagesdecke und vier weiche Kissen. „Es ist schön."

Er zog mich hinein und schloss die Tür hinter uns. „Ich möchte, dass du dich hier auch verwirklichst, Baby. Lass deinen eigenen Stil mit einfließen. Du weißt schon, wie du es auch in der Hütte gemacht hast. Ich schätze, dass wir die jetzt nicht mehr brauchen, wo wir hier zusammen wohnen können."

Ein Ledersofa in der Ecke sah einladend aus und ich ging hin und setzte mich darauf, um darüber nachzudenken, was ich ihm sagen sollte.

Er verschwendete keine Zeit und versuchte sofort, dass ich mich zu Hause fühlte. „Ich werde dir die Teilzeit-Angestellten vorstellen, die hier arbeiten. Zweimal pro Woche kommen drei Mädchen und reinigen das Haus. Die Gärtner kommen einmal pro Woche, um sich um den Garten zu kümmern. Dreimal die Woche kommt die Köchin. Sie kauft ein, die Mädchen statten die Bäder aus. Du musst wirklich nichts machen, wenn du nicht möchtest. Und wenn du dich mit etwas davon unwohl fühlst, können wir es ändern."

„Siehst du, genau das ist das Problem, Christopher. So wurden deine Töchter erzogen. Mein Auftauchen in deinem Leben und nun unser Baby gefährden ihren Lebenswandel." Ich wusste, dass das der Hauptgrund war, aus dem sie niemanden im Leben ihres Vaters haben wollten, vor allem keine fruchtbare junge Frau, die mehr Erben zur Welt bringen konnte, die ihr Erbe um Millionen verringerten.

Er setzte sich neben mich und verschränkte seine Finger mit meinen, unsere Hände lagen auf seinem Bein. „Sie werden sich an die Tatsache gewöhnen müssen, Emma. Schließlich existiert das Baby bereits. Nichts wird das jetzt mehr ändern." Er küsste meine Hand und schaute mich dabei fest entschlossen mit seinen braunen Augen an.

„Sie werden mich niemals akzeptieren. Ich bin jünger als sie. Und es wird keine angenehme Erfahrung sein, eine Familie sein zu wollen." Ich fühlte mich überwältigt und unerfahren. „Übrigens solltest du wissen, dass ich keine Ahnung habe, wie man sich um ein Baby kümmert."

Er lachte, dann ließ er meine Hand los, um seinen Arm um mich zu legen. „Das kannst du lernen." Er küsste mir die Schläfe. „Und wir können eine Nanny anstellen, wenn du glaubst, dass dir das hilft."

„Aber nur, wenn sie alt ist", sagte ich bei dem Gedanken an eine junge Frau, die bei uns wohnen und sich um unser Kind kümmern würde.

Christopher durchschaute mich sofort. „Eifersüchtig? Wie süß." Er küsste mich auf die Wange. „Du bist niedlich, Emma."

„Ich bin auch sehr ungebildet in Sachen Schwangerschaft." Genauso unvorbereitet wie darauf, ein Kind zu erziehen.

„Dann lernen wir eben darüber." Er hatte eine Antwort auf alles.

„Ich habe selbst keine Ahnung davon."

„Das kann nicht sein, du hast zwei Kinder", murmelte ich.

„Lisa ließ mich nicht viel beitragen, als sie schwanger war." Er schaute weg, als wäre die Erinnerung unangenehm. „Das wird genauso neu für mich sein wie für dich, wette ich. Ich wollte schon immer ein mehr eingebundener Vater sein, aber Lisa ließ mich das nie für unsere Töchter sein. Ich freue mich so, Emma. So sehr." Er küsste mir noch einmal auf die Wange, dann drehte er mich um, sodass ich Nasenspitze an Nasenspitze vor ihm saß.

Einen Augenblick lang schauten wir uns einfach nur in die Augen. Dann lehnte ich mich vor und legte meine Lippen auf seine. Mehr als je zuvor wollte ich diesen Mann. Und mit dem Kind, das ich in mir trug, hatte ich das Gefühl, dass er auf so ziemlich jede Weise zu mir gehörte.

Dieses Baby wird nichts kaputtmachen.

Mein Leben würde sich jedoch sehr verändern. Ich würde in einer Villa wohnen. Teure Autos fahren. Ausgefallene Klamotten tragen. In einem Jahr würde ich mich wahrscheinlich selbst kaum wiedererkennen. Und alles hatte mit dem Tag begonnen, an dem ich den Mann kennenlernte, der mir mein Herz stahl.

Der nächste Tag würde ähnlich brutal werden, da wir meinen Eltern von unseren Neuigkeiten berichten mussten. Doch vorerst konnten wir uns entspannen und einfach nur wir selbst sein. Wenn wir das Treffen mit meinen Eltern hinter uns gebracht hätten, könnte endlich ein normalerer Alltag für uns einkehren. Keine gestohlenen Momente mehr. Kein Versteckspiel. Keine Geheimniskrämerei. Keine Lügen.

Wir hatten noch genügend Hürden vor uns. Doch jetzt konnten wir einfach mit einander schlafen und Kraft sammelt, um den nächsten Kampf Seite an Seite zu kämpfen.

Das dachte ich zumindest.

Christophers Handy klingelte und er entzog mir seinen Mund. „Ich sollte nachschauen, wer das ist." Er zog sein Handy aus der Brusttasche und runzelte die Stirn, als er den Namen auf dem Display sah. „Dein Vater. Ich sollte lieber drangehen."

Ich stieg von seinem Schoß, da ich mich in der Position komisch fühlte, während mein Vater am Telefon war. „Vergiss nicht, ich bin nicht hier."

Er lachte und hob dann ab. „Hey, Sebastian, was gibt es?"

„Du bist ein großes Stück Scheiße, das gibt es, Christopher Taylor", kam die aggressive Antwort meines Vaters.

Unsere Augen trafen sich und ich drückte mich an ihn, während er fragte: „Was soll das heißen, Sebastian?"

„Ich habe einen Anruf von Lauren bekommen", sagte Papa und mein Herz gefror. „Sie hat mir gesagt, dass sie zwei und zwei zusammengezählt haben, als du Emmas kompletten Namen erwähnt hast. Lauren rief mich an, um sicherzugehen, dass ich weiß, was Sache ist – ich habe deinen Mädchen meine Nummer gegeben, als du uns zum Essen eingeladen hast, und Gott sei Dank habe ich das getan! Lauren hat mir gesagt, dass du und mein kleines Mädchen euch in den letzten Monaten heimlich getroffen habt. Sie sagt, dass du mein kleines Mädchen geschwängert hast!"

„Sie ist kein kleines Mädchen, Sebastian", stellte Christopher klar. „Sie ist volljährig. Und deine Reaktion ist genau der Grund, wieso wir unsere Beziehung geheim gehalten haben." Er nahm meine Hand. „Wir lieben uns."

„Mir wird schlecht", grollte mein Vater. „Schicke sie sofort nach Hause. Wir bringen sie irgendwohin und kümmern uns um die Schwangerschaft."

„Untersteh dich!", schleuderte Christopher zurück. „Das ist nicht deine Entscheidung, Sebastian."

„Deine auch nicht", schoss Papa zurück. „Meine Frau und ich wollen die Chance, mit unserer Tochter zu sprechen. Wir wollen wissen, ob du sie zu irgendetwas gezwungen hast. Und sollte das der Fall sein, bleibt dir nur noch übrig, zu beten. Ich weiß, dass Emma niemals von sich aus etwas mit dir angefangen hätte. Du bist so krank. Ist dir überhaupt klar, wie krank du bist?"

Ich hielt es nicht aus. Christopher hatte sich schützend vor mich gestellt und ich hatte nicht vor, stumm dazusitzen, während mein Vater so mit ihm sprach. Ich nahm Christopher das Handy aus der Hand, um meinen Vater wissen zu lassen, dass ich nicht mit ihm einverstanden war. „Papa, hör sofort auf, so mit ihm zu sprechen. Ich liebe ihn. Ich werde bei ihm einziehen. Und wir werden unser Baby zusammen großziehen."

„Emma?", fragte Papa mit sanfter Stimme. „Mein kleines Mädchen, komm nach Hause und sprich mit Mama und mir. Wir können alles in Ordnung bringen. Du musst nichts tun, was du nicht möchtest. Aber du musst wissen, dass Christopher dich ausgenutzt hat. Er ist zu alt für dich und hätte es besser wissen sollen, aber er hat Probleme, mein Kindchen. Komm nach Hause und lass Mama und mich dir helfen. Wir sind nicht wütend auf dich, Liebes. Nur auf ihn."

„Ich kann meine eigenen Entscheidungen treffen, Papa. Ich *habe* meine eigenen Entscheidungen getroffen. Ich wollte mit Christopher zusammen sein, seit ich ihn zum ersten Mal gesehen habe. Er hat mich nicht reingelegt. Er hat nichts getan, was ich nicht wollte." Ich hatte niemals vorgehabt, etwas so Persönliches wie mein Sexleben mit meinem Vater zu erörtern, aber ich wollte nicht, dass mein Vater schlecht über den Mann dachte, den ich liebte. „Und Papa, ich habe selbst den ersten Schritt getan. Jedes Mal war ich es, die auf ihn zugegangen ist."

„Das hat er dich glauben lassen, Emma. Das ist nicht die Wahrheit." Ich fand es schrecklich, wie selbstsicher er klang – als wüsste er mehr über das Thema als ich.

„Papa, ich komme nicht nach Hause. Ich weigere mich, mit dir und Mama über dieses Thema zu sprechen, wenn ihr euch so einsichtslos verhaltet. Ich bin eine erwachsene Frau. Ich weiß, dass ihr mich nicht so seht, aber rechtlich bin ich erwachsen und Christopher sieht mich auch als erwachsen an. Ich kann mit jedem zusammen sein, mit dem ich zusammen sein möchte, egal wie alt er ist. Ich werdet euch mit dem Gedanken anfreunden müssen, wenn ihr einen Platz in meinem Leben und in dem eures Enkelkindes haben möchtet." Ich reichte das Handy Christopher zurück. „Leg einfach auf."

„Warte!", rief Papa.

„Nein!", rief ich, „Christopher, lege bitte auf."

Aber Christopher war noch nicht dazu bereit, den furchtbaren Anruf zu beenden.

„Sebastian, du und ich sollten uns treffen und darüber sprechen. Deine Freundschaft bedeutet mir viel und ich möchte euch beiden nicht eure Tochter wegnehmen. Ich weiß, dass du und Celeste sie mehr als alles andere auf der Welt liebt." Christopher schloss die Augen. „Das bringt mich um. Ich schwöre, dass ich niemals dich oder deine Familie verletzen wollte."

„Deine Heuchelei kann mir gestohlen bleiben", sagte Papa. „Die Wahrheit ist, dass du meine Familie zerstörst, und das werde ich nicht zulassen, Christopher. Ich werde meine Tochter zurückbekommen und ihr zeigen, dass es ein Fehler war. Wieso sollte sie mit einem alten Mann zusammen sein wollen? Sie ist jung und ihr ganzes Leben liegt vor ihr. Und du hast, naja, deine besten Jahre hinter dir. In deinem Alter solltest du kein Baby mehr großziehen."

Ich zitterte vor Wut über diese Beleidigungen. Ich war so wütend, dass ich nicht sprechen konnte. Doch die Worte meines Vaters hatten einen anderen Effekt auf Christopher. Er war voller Schuldgefühle, Reue und ich wusste, dass er alles wieder in Ordnung bringen wollte.

„Sebastian, es hat mein Leben so sehr verbessert, dich zum Freund zu haben. Ich bereue, etwas getan zu haben, das dich so verletzt hat. Ich hoffe, dass wir eines Tages darüber hinwegkommen können. Ich bin der Vater deines Enkelkinds, das wird sich niemals ändern. Und ich bin der Mann, der deine Tochter fast so sehr wie du liebt. Ich werde mich so lange ich lebe um sie kümmern – wie lange das auch sein mag."

Tränen standen mir in den Augen, während Christopher meinem Vater sein Herz ausschüttete. Ich nahm seine freie Hand und küsste sie, während unsere Augen sich trafen. „Ich liebe dich so sehr, Christopher. Du hast keine Ahnung. Nichts wird sich uns und dem Baby in den Weg stellen. Das verspreche ich dir."

Mein Vater war noch nicht fertig. „Ich verspreche euch beiden jetzt schon, dass ich euch nicht unterstützen werde. Ich werde alles dafür tun, meinem kleinen Mädchen den Herzschmerz zu ersparen, der dir egal zu sein scheint, Christopher. Ich werde so schnell wie möglich aus deinem Haus ausziehen. Und ich werde auch nicht weiter für dich arbeiten. Ich gebe morgen früh den Firmenwagen zurück."

Christophers Gesichtsausdruck sagte mir, dass das die pure Folter für ihn war. „Bitte tue das nicht, Sebastian. Bitte gib dir etwas Zeit. Nimm dir so viel Zeit wie du brauchst. Du hast bezahlten Urlaub, so lange du brauchst. Ich verstehe, dass es schwer für dich ist, mit der Situation umzugehen und sie zu verarbeiten, aber wirf nicht deine Karriere weg."

Mein Vater antwortete nicht einmal und legte auf. Christopher und ich schauten uns nur an.

Was habe ich getan?

25

CHRISTOPHER

Als ich aufwachte, rieb ich mir die verschlafenen Augen und schaute auf die Uhr. Die Tatsache, dass Emma leise schnarchend neben mir lag, erfüllte mich wie nichts je zuvor.

Sie ist zu Hause.

Ich fragte mich, wie es sich für uns so richtig anfühlen konnte, jedoch nicht für all diejenigen, die uns liebten.

Nicht, dass ich noch nie zuvor auf einen Dickkopf oder Menschen mit Vorurteilen getroffen war. Ich hatte Jahrzehnte lang mit einigen Personen verhandelt, die genau diese Charaktereigenschaften hatten. Es schien, als müsste ich mich mit Emmas Eltern und meinen Töchtern einfach mehr anstrengen. Diese Frau und unser Baby waren das Wichtigste in meinem Leben. Ich musste unsere Familien dazu bringen, das zu verstehen und zu akzeptieren.

Um fünf Uhr morgens aufzustehen war nicht meine übliche Morgenroutine, aber ich wusste, dass Sebastian Frühaufsteher war. Also ließ ich Emma schlafen, während ich aufstand, um Sebastian und Celeste einen morgendlichen Überraschungsbesuch abzustatten. Ich müsste vielleicht einen auf die Nase einstecken, aber wenn sich mein alter Freund dadurch besser fühlte, konnte ich das hinnehmen.

Als ich kurz darauf ging, küsste ich der schlafenden Emma die Stirn, wobei ich vorsichtig war, sie nicht aufzuwecken. Wenn sie wüsste, was ich vorhatte, würde sie mich bitten, nicht zu gehen, oder noch schlimmer, mitzukommen.

Gerade, als ich auf den Hof fuhr, kam Sebastian aus der Tür und ging zur Garage. Ich schätzte, dass er keinen Anzug trug, weil er auf dem Weg war, den Firmenwagen zurückzugeben. Als Celeste hinter ihm herauskam, wusste ich, dass das tatsächlich sein Plan war. Ich war gerade rechtzeitig gekommen.

Als sie mich bemerkten, blieben sie beide stehen und starrten mein Auto an. Sebastian nahm die Hand seiner Frau, als warteten sie darauf, dass ich mich näherte. Die beiden sahen bereit aus, sich zu verteidigen, und ich musste zugeben, dass mich das etwas erschütterte.

Da ich jedoch fest entschlossen war, dieses Problem meiner neuen Familie zu lösen, parkte ich das Auto und stieg aus. „Guten Morgen." Keiner von beiden sagte etwas. Also fuhr ich fort: „Ich möchte mit euch beiden sprechen. Ich schulde euch eine Erklärung für das, was geschehen ist."

„Du brauchst mir gar nichts zu erklären, Christopher", sagte Sebastian hart. „Du wolltest etwas und hast es dir genommen. Genau wie so viele andere mächtige Männer, ohne einen Gedanken an die Konsequenzen zu verschwenden. Alles, was wir von dir wollen, ist, dass du das Richtige für unsere Tochter tust."

„Was ich vorhabe", warf ich ein.

Celeste schüttelte den Kopf. „Wir meinen damit, dass du sie gehen lassen musst."

Ich zog eine Augenbraue hoch, denn ich konnte einfach nicht verstehen, wie jemand denken konnte, dass das das Beste für sie wäre. „Vielleicht sollten wir hineingehen. Die Nachbarn müssen ja wohl nicht jedes Detail hören, oder?" Es war wirklich nicht nötig, ein großes Drama hier draußen zu machen.

Glücklicherweise war Celeste der gleichen Meinung. „Ja, lass uns hineingehen."

Ich folgte ihnen ins Haus, wo niemand Anstalten machte, sich hinzusetzen, auch wenn das eine ruhigere Atmosphäre geschaffen hätte. Anstatt darauf zu warten, einen Platz angeboten zu bekommen, da ich wusste, dass das nicht geschehen würde, sagte ich selbst: „Setzen wir uns doch und sprechen wie die Erwachsenen, die wir sind."

Nachdem ich mich gesetzt hatte, setzten Celeste und Sebastian sich mir gegenüber aufs Sofa. Sie waren ein Team und ich war allein, aber ich ließ mich dadurch nicht einschüchtern, nicht einmal, als Sebastian sagte: „Du gewinnst vielleicht die ersten paar Schlachten, Christopher, aber ich schwöre dir, dass meine Frau und ich den Krieg gewinnen werden."

„Weißt du, was sogar noch besser wäre?", fragte ich, „Wenn es keine Schlachten und keinen Krieg gäbe. Ich möchte nur, dass wir einander besser verstehen. Ist euch beispielsweise klar, dass ich der Vater eures ersten Enkelkinds bin?"

Sebastian fuhr sich mit der Hand über die Augenbrauen und versuchte offensichtlich, seine Wut zu verbergen. „Da will ich jetzt nicht drüber sprechen. Ich möchte mit dir darüber sprechen, dass du dachtest, es wäre in Ordnung, mein kleines Mädchen zu verführen."

Wie konnte ich das erklären, ohne ihn noch mehr aufzubringen?

„Als du Celeste kennengelernt hast, wie wusstest du, dass du von ihr angezogen warst?"

„Vergiss es, Christopher, wir werden jetzt nicht deine Spielchen spielen", sagte Sebastian. „Wir werden nicht vortäuschen, dass du gute Absichten mit Emma hattest. Vor allem, weil wir alle drei wissen, dass das nicht der Fall war. Du wusstest, dass sie unerfahren ist. Das hatte ich dir erzählt. Und dann hast du beschlossen, sie zu ruinieren."

„Das stimmt einfach nicht, Sebastian." Wut begann, in mir hoch zu kochen. „Ab dem ersten Augenblick, in dem ich Emma gesehen habe, habe ich einen Funken in mir gespürt. Ich habe so sehr versucht, nicht an sie zu denken. Und bin kläglich gescheitert."

„Sowas nennt sich Besessenheit, Christopher", merkte Celeste an. „Ich glaube, du brauchst psychologische Hilfe."

Ich schaute Christoper an und fragte ihn: „Erinnerst du dich daran, dass du nicht aufhören konntest, von Celeste zu sprechen, als du sie gerade kennengelernt hattest? Denn ich erinnere mich an all die Sachen, die du getan hast, um sicherzugehen, dass ihr euch wiedersehen würdet. Ich erinnere mich an die Abende, die du pausenlos von ihr gesprochen hast. Du hast sogar einen ihrer Kurse belegt, damit du mehr Zeit mit ihr verbringen konntest. Klingt das auch nach Besessenheit?"

„Ich war damals Anfang zwanzig. Du bist ein Mann Mitte vierzig. Celeste und ich waren im gleichen Alter", antwortete er mir, als hätte ich das alles nicht bereits gewusst. „Unsere Tochter ist erst zwanzig und sie war so rein wie frisch gefallener Schnee, bevor du in ihr Leben geplatzt bist. Du hast Töchter, die älter als Emma sind. Wie kannst du versuchen, deine Besessenheit nach jemandem so jungen zu rechtfertigen?"

Es fiel mir schwer, die richtigen Worte zu finden, um die Größe dessen zu beschreiben, was ich fühlte. „Emma tut mehr, als mich nur glücklich zu machen. Sie ist die Sonne in einer Welt, von der ich zuvor nicht wusste, dass sie schwarz war. Ich dachte, es wäre in Ordnung für mich, den Rest meines Lebens allein, aber zufrieden zu verbringen. Ich war nicht unglücklich, mein Leben war in Ordnung. Und dann traf ich sie." Ich schüttelte den Kopf, denn immer noch verstand ich kaum, was mir an dem Tag widerfahren war. „Und alles hat sich geändert. Ich habe noch nie so etwas Großartiges gefühlt."

„Und was ist mit ihr?", fragte Celeste. „Ich möchte wissen, was sie gefühlt hat. Ich bin davon überzeugt, dass du sie verführt hast, Christopher. Auch wenn du ein gutaussehender Mann bist, bist du viel älter als sie und sie war immer so schüchtern. Es macht einfach keinen Sinn. Und ich bin ihre Mutter – ich kenne sie besser als sie selbst."

„Ihr beide habt Emma ein bisschen zu lang wie ein Kind behandelt", ließ ich sie wissen, während ich mir frustriert mit der Hand durchs Haar fuhr. „Ihr denkt vielleicht, dass ihr sie besser kennt als sie selbst, aber ich versichere euch, dass ihr sie tatsächlich kaum kennt. Ihr kennt das Mädchen, von dem ihr euch wünscht, dass sie es noch immer ist. Ihr kennt Emma nicht, wie sie sich selbst sieht, als eine unabhängige, verantwortungsbewusste Frau."

Sebastians Gesichtsausdruck voller Abscheu brachte mich aus der Fassung. „Sie ist erst zwanzig. Du kannst aufhören, von ihrem Alter zu sprechen, als wäre sie eine alte Jungfer, die wir eingesperrt haben. Emma war immer schüchtern und introvertiert. Das ist ihre normale Verhaltensweise. Wenn sie sich mit dir anders verhält, dann musst du das aus ihr hervorgeholt haben. Sie ist nicht verführerisch. Das muss der Druck gewesen sein, den du auf sie ausgeübt hast. Gib es schon zu, damit wir den Haufen Scheiße in Ordnung bringen können, den du geschaffen hast!"

„Ich werde nichts zugeben, das nicht wahr ist." Ich fühlte mich, als glitt mir der Boden unter den Füßen weg. Ich machte keine Fort-schritte mit ihnen. „Wie es angefangen hat, ist jetzt auch irrelevant. Wir fühlten uns beide sehr voneinander angezogen. Wir haben uns beide dementsprechend verhalten. Und so schwer es auch für euch beide zu glauben ist, haben wir beide geglaubt, dass es am besten ist, unsere Beziehung vor allen zu verstecken, da wir wussten, wie ihr beide und meine Töchter reagieren würdet. Und ich sehe, dass wir damit nicht unrecht hatten, den lächerlichen Reaktionen nach, die ihr vier an den Tag gelegt habt."

Celeste seufzte und warf die Hände in die Luft. „Was hast du erwartet?" Sie kniff die Augen zu Schlitzen. „Dachtest du auch nur eine Sekunde lang, dass irgendeiner von uns hiermit einverstanden wäre? Ihr wusstet beide, dass es falsch ist. Aber das Ding ist, Christo-pher, dass du ein Erwachsener bist und Emma ein Kind. Selbst wenn sie volljährig ist, war sie nicht reif genug, eine solche Beziehung zu haben. Und nun hast du sie geschwängert – noch etwas, wofür sie nicht reif genug ist. Und ihr Vater und ich werden letztendlich die sein, die sich um dieses Baby kümmern müssen werden."

Aufgebracht sagte ich etwas zu laut: „Wenn ihr glaubt, dass ihr zwei mein Kind aufziehen werdet, seid ihr verrückt geworden!"

Sebastian sprang sofort auf. „Du wirst hier nicht herumschreien, du kranker Hurensohn!", schrie er mich an.

Celeste nahm seinen Arm und hielt ihn fest, als hätte sie Angst, dass er zu mir herüberstürmte und mich verprügelte. Nicht, dass ich Angst vor einer körperlichen Konfrontation hatte, doch ich wollte ihn nicht versehentlich verletzen. Die Tatsache, dass ich ihn bereits emotional verletzt hatte, schmerzte mich.

„Beruhigen wir uns alle", sagte Celeste in dem Versuch, die Situation zu deeskalieren. „Setze dich, Sebastian. Ich möchte, nicht, dass es in eine Schlägerei ausartet. Das haben wir bereits besprochen."

Als er sich wieder hinsetzte, starrte er mich an. „Du kannst nicht die ganze Zeit bei Emma sein. Du arbeitest jede Woche unglaublich viele Stunden. Sie wird allein mit dem Baby sein und sie wird keine Ahnung haben, was sie tun muss. Es werden ihre Mutter und ich sein, die für sie da sein müssen, nicht du. Du hast keinen klaren Kopf. Du kannst nur an deine Besessenheit von ihr denken. Wenn ihre Schwangerschaft sichtbar wird, wenn sie erst das Baby hat, ist sie nicht mehr das unschuldige Ding, nach dem du anfangs lüstern warst. Dann wirst du deine sogenannte Anziehung verlieren. Und du wirst das Interesse an ihr verlieren."

Es erschütterte mich, ihn so etwas sagen zu hören. Könnte ich jemals das Interesse an der einen Frau verlieren, die mich tiefer berührte als irgendwer je zuvor?

„Christopher, bitte", flehte Celeste mich an. „Tue das Richtige für Emma und das Baby. Du wirst sie allein damit lassen, ein Kind groß-zuziehen, von dem sie nichts versteht. Und dann wirst du lange vor ihr und euren Kindern sterben und sie wird noch einsamer sein."

Der Gedanke war mir nie in den Kopf gekommen, doch er brachte mich zum Nachdenken.

26

EMMA

Ein Klingeln weckte mich aus einem tiefen Schlaf auf. Blinzelnd wusste ich zuerst nicht, wo ich war. Doch dann erinnerte ich mich wieder an alles. „Ich bin in Christophers Haus. Aber wo ist er?"

Ich setzte mich auf und rieb mir die Augen. Das Klingeln hörte nicht auf. Dann schaute ich auf mein Handy. Ich hatte vergessen, dass ich am Vortag meinen Klingelton geändert hatte. Meine Mutter rief an.

In der Hoffnung, dass sie sich entschuldigen würde, nahm ich ab. „Hi." Ich gähnte und räkelte mich, während ich auf ihre Entschuldigung wartete.

„Emma, wir haben gerade mit Christopher gesprochen und er hat zugestimmt, das Richtige für dich zu tun. Dein Vater und ich möchten, dass du nach Hause kommst. Wir werden dir bei allem helfen, aber du musst nach Hause kommen", sagte sie.

„Was meinst du damit, dass Christopher das Richtige tun möchte?" Ich hatte ehrlich gesagt keine Ahnung, wovon meine Mutter sprach. Christopher tat bereits das Richtige, indem er mich und unser Baby liebte.

„Er lässt dich gehen", sagte sie, als wäre das etwas Gutes für mich.

„Nein", sagte ich schlicht. „Das ist nicht das Beste – für keinen von uns, weder für ihn, noch für mich oder das Baby. Ich komme nicht nach Hause, außer er bittet mich darum, zu gehen."

Anspannung erfüllte ihre Stimme. „Ziehe es nicht in die Länge, Emma. Er ist nicht ganz richtig im Kopf. Komm einfach nach Hause. Geh, bevor er zurückkommt."

Jetzt hatte ich das Gefühl, als hätte sie mir nicht die ganze Wahrheit erzählt. „Mama, was genau hat er zu dir gesagt?"

„Dass er das Richtige tun würde", sagte sie, „und wir haben ihm gesagt, dass das Richtige ist, dich in Ruhe zu lassen. Du verdienst es, mit jemandem zusammen zu sein, der mehr wie du ist, Emma. Jemand in deinem Alter. Und wenn du wirklich bereit bist für eine Beziehung und nicht zu einer gezwungen wirst, wie er es getan hat –"

„Er hat mich zu gar nichts gezwungen." Mein Magen zog sich vor Übelkeit zusammen und mich musste vom Bett springen, um ins Bad zu rennen, wobei ich das Handy aufs Bett warf.

Als alles aus meinem Magen in der Toilette war, setzte ich mich auf den Boden, um wieder zu Atem zu kommen. Mein Kopf schmerzte und mein Körper zitterte. *Schwangerschaften sind ätzend.*

Als ich mich wieder besser fühlte, knurrte mein Magen. Plötzlich war ich am Verhungern.

Auf keinen Fall würde ich mich jetzt auf die Suche nach der Küche begeben. Die Tatsache, dass ich vielleicht auf Christophers Töchter treffen oder mich in der Villa verlaufen könnte, war der entscheidende Faktor.

Ich duschte mich, warf mir Klamotten über und nahm meine Handtasche, dann lief ich durch die Eingangstür, um in mein Auto zu steigen. Soweit ich wusste, war Christopher nicht zu Hause. Dem Anruf meiner Mutter nach zu urteilen, hatte er es auf sich genommen, meinen Eltern ohne mich einen Besuch abzustatten. Ich fühlte mich etwas unwohl damit, dass er mir davon nichts gesagt hatte.

Gerade, als ich in ein Fast-Food-Drive-Through fuhr, klingelte mein Handy wieder. Ich hatte es in meine Handtasche gesteckt. Also musste ich sie durchsuchen, um es zu finden. Als ich sah, dass es mein Vater war, drückte ich den Anruf weg. Ich wollte nicht streiten.

Ich wollte einfach nur etwas in den Magen bekommen. Also fuhr ich das Fenster herunter und bestellte: „Zwei Würstchen mit Toast und einen großen Apfelsaft, bitte."

„Ist das alles?", fragte die Person drinnen.

Mein Magen knurrte. „Und ein Kartoffelpfannkuchen, bitte."

„Ihre Bestellung ist gleich so weit, fahren Sie bitte zum nächsten Fenster", wies das Mädchen mich an.

Das Frühstück war nicht das gesündeste, was ich je gegessen hatte – und meine Eltern wären sicherlich nicht damit einverstanden gewesen. Kein Stück frisches Obst. Kein Vollkorn. Nur Weißmehl-Brot, fettiges Fleisch und das Schlimmste: ein frittierter Kartoffel-pfannkuchen. Den Apfelsaft hätten sie mir vielleicht durchgehen lassen, aber das war mir alles egal.

Alles, woran ich denken konnte, war Christopher und was er dachte, was das Richtige für mich war. Tief in mir wusste ich, dass er dachte, dass es richtig wäre, das Baby und mich in seinem Leben zu haben. Aber eine nagende Angst ließ mich seit dem Anruf meiner Mutter nicht mehr los und eine Stimme in meinem Kopf sagte: *Was, wenn sie ihn umgestimmt haben?*

Was, wenn meine Eltern ihn irgendwie davon überzeugt hatten, dass es besser für mich wäre, wenn er es ihnen überließe, sich um mich zu kümmern?

Ich hatte niemals gedacht, dass meine Eltern mich so sehr kontrollieren wollten, dass sie es für das Beste hielten, den Vater meines Kindes aus meinem Leben zu entfernen.

Ich fuhr zum nächsten Fenster und lächelte die Kassiererin an, als sie mir die Summe sagte.

Ich zog einen Zwanziger hervor und reichte ihn ihr. „Bitte."

Sie gab mir das Wechselgeld und die Tüte mit meinem unge-sunden Frühstück, dann fuhr ich weg. Der Geruch machte mich noch hungriger und ich musste auf dem Parkplatz eines Supermarkts anhalten, um das Essen in mich hineinzuschaufeln.

Ich konnte mich nicht daran erinnern, jemals so hungrig gewesen zu sein. Ich schlang alles in Rekordzeit hinunter. Dann kam ein unvorstellbar lauter Rülpser hervor. Ekelhaft, aber ich fühlte mich besser.

Da ich mich nun ruhiger fühlte, griff ich nach meinem Handy, um Christopher anzurufen und herauszufinden, was in seinem Kopf vor sich ging. Bevor ich anrufen konnte, klingelte mein Handy und er war es.

„Hallo?", fragte ich und versuchte, einen neutralen Tonfall zu wahren. Ich wusste nicht, wie er sich nach dem Gespräch mit meinen Eltern fühlte oder ob meine Mutter die Wahrheit gesagt hatte. Ich versuchte, mich auf seine Antwort vorzubereiten.

Doch es kam keine Antwort. „Hallo, Christopher?", fragte ich noch einmal. Die Geräusche am anderen Ende der Leitung klangen etwas undeutlich, als würde etwas das Mikrophon bedecken.

Hatte er mich versehentlich angerufen? Gerade, als ich auflegen wollte, um ihn richtig anzurufen, hörte ich leise eine Frauenstimme am anderen Ende. Ich konnte nicht richtig verstehen, was sie sagte, aber ich konnte Teile von Christophers Antwort hören.

„... du weißt, dass sie schwanger ist ... sie verlassen ... ist mir egal ... Kinder."

Also sprach er eindeutig mit jemandem von mir. Aber mit wem? Nach dem Anruf von Mama, glaubte ich nicht, dass er noch bei meinen Eltern war. Ich hörte wieder die Frauenstimme, doch verstand immer noch nichts von dem, was sie sagte. Sagte sie etwas davon, dass er zurückkommen solle? Sie war zu weit entfernt, um es mit Sicherheit sagen zu können.

Doch als ich endlich wieder Christophers Stimme hörte, blieb mein Herz stehen. „Lisa ..." Ich konnte nichts Weiteres verstehen, da das Rauschen in meinen Ohren so laut war.

Ich schüttelte den Kopf, um wieder klar zu denken und über den Schock hinwegzukommen, dass Christopher mit seiner Ex-Frau sprach, als ich endlich verstehen konnte, was die andere Frau – Lisa – sagte.

„Bitte ... Vater meiner Kinder ... Christopher ... zu mir." Ihre Stimme klang nun viel klarer, sodass ich schätzte, dass sie sich ihm genähert hatte – nah genug, dass das Handy ihre Stimme genauso gut wie Christophers erfasste.

Was zur Hölle tat Christopher mit seiner Ex? Es klang nicht, als würden sie Streiten und seinen Beschreibungen nach war das die einzige Weise, auf die sie kommunizierten.

Doch Lisa klang nicht wütend – Christopher übrigens auch nicht. Sie klang als wolle sie ihn beruhigen.

War er für Trost zu seiner Ex gegangen?

Und was war der Teil, den sie darüber gesagt hatte, dass er der Vater ihrer Kinder war? Ich konnte nicht anders als zu denken, dass er auch der Vater meines Kinds war – eines kleinen, hilflosen Babys, das seinen Vater mehr brauchte als seine erwachsenen Töchter. Ich wünschte mir, ich könne das seiner Ex-Frau sagen, der Frau, der er nun zu vertrauen schien, die er vielleicht sogar um Hilfe bat.

„Lisa ... liebe dich ...", hörte ich Christophers Antwort. Reflexartig legte meine Hand auf und warf das Handy auf die Rückbank.

Ich konnte nicht gerade gehört haben, wie Christopher seiner Ex-Frau sagte, dass er sie liebt, oder? Aber genau so hatte es geklungen.

Ich ließ mich auf das Lenkrad fallen und war so schockiert, dass ich nicht einmal weinen konnte. Nicht nur war Christopher bei seiner Ex-Frau, er hatte eine ruhige Unterhaltung mit ihr – was er seinen Erzählungen nach seit fünf Jahren nicht mehr getan hatte – und sagte ihr, dass er sie liebte?

Und all das, nachdem meine Mutter mir gesagt hatte, dass Christopher zugestimmt hatte, mich zu verlassen.

Alles schien vor meinen Augen zu zerfallen. War ich von einem älteren Mann verarscht worden? Benutzt und dann fallengelassen?

Ich wusste nicht, was ich tun sollte. Wenn Christopher mich über seine Beziehung zu seiner Ex-Frau und seine Absicht, sich um mich und das Baby zu kümmern, angelogen hatte, würde er mir dann die Wahrheit sagen, wenn ich ihn konfrontierte? Und Mama hatte versucht klarzumachen, dass er bereits beschlossen hatte, mich zu verlassen und mich zurück nach Hause zu schicken. Ich wollte nicht, dass meine Eltern sich um mich und mein Baby kümmerten. Ich wollte Christopher. Und nicht nur, damit er sich um mich kümmerte, sondern um mein Partner zu sein.

Aber wenn meine Mutter die Wahrheit gesagt hatte, würde das jetzt nicht mehr geschehen, oder?

Nach Manchester, New Hampshire zu kommen, war das Beste, was mir je geschehen war, und gleichzeitig auch das Schlimmste. Wie konnte das sein?

Nichts machte mehr Sinn. Wieso war Christopher nach New York gekommen, um mich zu holen, wenn er nicht mit mir zusammen-leben wollte? Wieso hatte er seinen Töchtern von mir und unserem Baby erzählt? Er hatte seine Töchter mehr oder weniger mir zu Liebe herausgeworfen.

Wie konnte er es sich so schnell anders überlegt haben?

Mein Kopf schmerzte vor Fragen. Ich wollte zumindest einen Abschluss mit ihm finden. Nicht einen Anruf meiner Mutter, die mir sagte, dass es aus war.

Während ich im Firmenwagen saß, stieg Ärger in mir auf. Dieser Mann schuldete mir mehr als ich bekommen hatte. Er schuldete mir eine Erklärung. Er schuldete mir die Möglichkeit, zu sprechen. Und er schuldete auch unserem Kind etwas.

Ich gab meinen Eltern die Schuld dafür, ihn verunsichert zu haben. Doch so sehr ich sie auch beschuldigte, es tat trotzdem weh, dass Christopher sich von ihnen hatte manipulieren lassen. Und es erklärte immer noch nicht, wieso er direkt zu seiner Ex-Frau gegangen war, nachdem er mit ihnen gesprochen hatte. Es ließ mich denken, dass er Zweifel an unserer Liebe hatte.

Ich hatte keine Zweifel, was ihn betraf. Ich liebte ihn. Selbst nach diesem schrecklichen Morgen liebte ich ihn.

Jene Art von Liebe, die man nicht einfach abstellen konnte. Und es tat mir weh, dass Menschen ihn beschuldigten, weil er mich liebte. Und was noch schlimmer war, dass einige dieser Menschen behaup-teten, mich zu lieben. Meine eigenen Eltern hatten dieses Spiel mit ihm gespielt.

Dann kam ein neuer Gedanke in mir auf.

Er war zu seiner Ex-Frau gegangen.

Wieso ausgerechnet sie?

Vielleicht kannte ich Christopher doch nicht so gut wie ich glaubte. Vielleicht war er nicht so ehrlich mit mir gewesen, wie er es hätte sein sollen. Vielleicht war alles nur eine Lüge gewesen.

Vielleicht geht es mir ohne ihn besser.

27

CHRISTOPHER

Als ich mein Haus betrat, atmete ich erleichtert auf. Ich hatte kaum Zeit gehabt, um darüber nachzudenken, dass Emmas Auto nicht am gleichen Ort war, wo sie es am Vorabend abgestellt hatte – *wahrscheinlich holt sie sich etwas zu essen*, hatte ich mir gesagt – als Lisa auf dem Hof erschien.

Die Mädchen hatten ihr offensichtlich von Emma und dem Baby erzählt und ich nahm an, dass Emmas Eltern sogar mit ihr gesprochen haben könnten. Ich wusste nicht, wieso sie glaubte, dass sie helfen könne, aber es schien als hätten sie sie als letzten Versuch zu mir geschickt, um mich von Emma zu trennen. Das – oder Lisa hatte selbst entschieden, zu mir zu kommen und mich ein letztes Mal zu belästigen.

Lisa hatte irgendeinen Müll davon geredet, wieder mit mir zusammen sein zu wollen. Selbst jetzt war ich mir nicht sicher, ob sie das wirklich wollte oder es nur für ihre Töchter gesagt hatte – sie war immer eine gute Schauspielerin gewesen. Sie hatte mich angefleht, dass es das Beste für unsere Töchter war, wenn wir wieder zusammenkämen. Wieso sie dachte, dass ich das Wohlergehen meiner erwachsenen Töchter, die allein klarkommen konnten, über das meines ungeborenen Kindes stellen würde, das seinen Vater brauchte, war mir nicht klar.

Da ich wollte, dass sie so schnell wie möglich abhaute, sagte ich ihr klar, dass ich Emma und unser Baby nicht verlassen würde und sie nie wieder lieben konnte. Glücklicherweise hatte sie keinen riesigen Streit vom Zaun gebrochen, wahrscheinlich, weil das alles eher ein Schauspiel als ein wirklicher Versuch war, wieder zusammenzukommen. Sie schlug ein bisschen die Autotür zu und fuhr ab.

Auf keinen Fall würde ich meiner Ex-Frau erlauben, mein neu gefundenes Glück zu ruinieren. Emma und ich hatten so schon genügend Hürden zu überwinden, ohne dass Lisa vorbeikam und Ärger machte.

Außerdem hatte meine Unterhaltung mit Sebastian und Celeste nur meine Entschlossenheit gefestigt, was ich mit Emma tun musste. Nun, da alles Unangenehme aus dem Weg war, würde der heutige Tag großartig werden. Oder zumindest hoffte ich, dass Emma das fand.

Zuerst musste ich sichergehen, dass meine Töchter es endlich kapierten. Sie hatten sich nach unserer Unterhaltung am Vortag in ihre Zimmer zurückgezogen. Die Tatsache, dass keine von beiden ihre Sachen gepackt hatte, hatte mich glauben lassen, dass sie sich gebeugt hatten, doch nachdem Lisa aufgetaucht war, war ich mir nicht mehr so sicher. Ich wollte sicher sein, dass sie ihrer Mutter nicht gesagt hatten, dass sie kommen solle, und dass sie meine Entscheidung akzeptieren würden.

Ich ging in die Küche und fand die Mädchen dort beim Frühstück. Die Köchin war da, also hatte ich gewusst, dass ich sie dort finden würde. Ihr Lächeln beruhigte mich, als ich hineinkam. „Guten Morgen, ihr beiden. Es ist schön, heute Morgen dieses hübsche Lächeln auf euren Gesichtern zu sehen."

Ashley klopfte auf den Stuhl neben sich. „Komm, setze dich und frühstücke mit uns, Papa."

Ich setzte mich und küsste sie auf die Wange. „Ich hoffe, das bedeutet, dass ihr beiden euch für mich freut und bereit seid, euch zumindest zivilisiert zu verhalten."

Lauren schenkte mir Kaffee ein. „Ja, Papa. Wir wissen, dass wir gestern selbstsüchtig waren. Wenn das Mädchen dich glücklich macht, ist das alles, was zählt."

„Ich bin froh, dass ihr so denkt." Ich nahm einen Schluck Kaffee. „Es hat mir nicht gefallen, dass ihr gestern Abend Emmas Vater angerufen habt. Das war nicht eure Angelegenheit. Und ich hatte gerade eine unangenehme Unterhaltung mit eurer Mutter – ich schätze, dass das auch euer Schaffen war?"

Lauren ließ den Kopf hängen. „Tut uns leid, Papa. Wir waren nur wirklich wütend und haben uns um dich gesorgt."

„Es gibt nichts, um das ihr euch sorgen müsst." Ich hob die Silberhaube von der Platte auf dem Tisch, auf der Rührei und Bacon lagen, und bediente mich. „Ich nehme nicht an, dass ihr Emma heute Morgen gesehen habt?"

„Nein", sagten beide.

„Wieso fragst du? Ist sie nicht hier?", fragte Ashley.

„Ihr Auto ist weg." Ich zuckte mit den Schultern. „Ich schätze, dass sie etwas essen gegangen ist. Ich wollte sichergehen, dass mit euch alles geklärt ist, bevor ich sie anrufe. Es würde mich glücklich machen, gute Neuigkeiten für sie zu haben."

Laurens Lächeln schien etwas unnatürlich, als sie sagte: „Wenn sie weg ist, könnte es sein, dass sie zu ihren Eltern gefahren ist?"

Darüber hatte ich noch nicht nachgedacht, bis sie es erwähnte. „Vielleicht sollte ich sie sofort anrufen."

Ashley legte ihre Hand auf meine, um mich davon abzuhalten, mein Handy aus der Hosentasche zu ziehen. „Iss doch erst etwas, Papa. Ich verstehe nicht, wieso du es eilig hast. Außer, du bist besorgt, dass sie nicht mit dir leben will. Zumindest noch nicht."

Lauren nickte. „Ja. Ich meine, wir wissen, dass ihr beide jedes Wochenende zusammen verbracht habt, aber das ist nicht das gleiche wie richtig zusammenzuwohnen. Vielleicht hat sie Schiss. Mädchen in dem Alter sind noch nicht so reif. Vielleicht möchte sie bei ihren Eltern wohnen. Zumindest eine Zeit lang. Du willst sie doch nicht drängen, oder, Papa?"

„Natürlich nicht." Aber ich wollte mit ihr sprechen. „Ihr kennt sie noch nicht. Sie hatte es bisher nicht sehr leicht bei ihren Eltern."

Ich wollte das Thema, dass Emma zurück zu ihren Eltern ziehen konnte, möglichst schnell abhaken, sodass ich auf ein Thema wechselte, über das ich schon länger mit meinen Töchtern hatte sprechen wollen. „Mädchen, ich möchte euch beide in etwas Neues einführen."

„Noch mehr Neues, Papa?", fragte Lauren.

„Ja." Ich suchte nach Worten, um das zu sagen, was mir vorschwebte. „Wisst ihr, die meisten Menschen auf der Welt haben irgendeine Art von Job."

„Oh, nicht schon wieder", jammerte Ashley.

„Papa", stimmte Lauren ein, „da drüber haben wir doch schon gesprochen."

„Ja, und jetzt sprechen wir wieder darüber. Ihr zwei müsst bessere Vorbilder für den neusten kleinen Taylor sein." Ich dachte, ich könnte sie vielleicht etwas einbinden, wenn nicht gar begeistern von dem neuen Familienzuwachs. „Als Vorbilder möchte ich, dass ihr etwas zu tun findet. Es ist mir egal, wie viel Geld ihr verdient oder ob ihr überhaupt etwas verdient. Meinetwegen könnt ihr Freiwilligenarbeit leisten. Aber steht jeden Tag auf und habt etwas, was euch am Herzen liegt. Werdet verantwortungsvolle Erwachsene und Bürgerinnen."

„Das klingt langweilig, Papa", sagte Lauren. „Ich meine, du willst, dass wir unseren ganzen Tagesablauf verändern und ab jetzt jeden Tag aus dem Haus gehen?"

„Ihr könnt an den Wochenenden frei haben", bot ich an. „Oder die zwei Tage, die euer Arbeitgeber euch gibt. Aber größtenteils, ja. Ich möchte, dass ihr in die Welt hinausgeht und Sachen tut. Und nicht nur einkaufen oder Faxen machen. Ich möchte, dass ihr beide etwas tut, was einen Unterschied macht."

Ihre betretenen Gesichter sagten mir, dass sie sich mit der Suche nicht gerade beeilen würden. Mir wurde klar, dass ich mir etwas einfallen lassen musste. Vielleicht sogar etwas organisieren.

„Wir werden sehen", sagte Lauren.

Ashley seufzte. „Also heißt das, dass Emma auch arbeiten muss?"

„Emma hat einen Job", ließ ich sie wissen. „Aber wenn das Baby da ist, wird sie eine Zeit lang zu Hause bleiben müssen, um sich darum zu kümmern. Nicht, dass euch das etwas angeht. Aber ihr seid meine Kinder und es ist meine Verantwortung, sicherzustellen, dass ihr wisst, was von Menschen im Leben erwartet wird."

„Und was ist Emmas Job?", fragte Lauren.

„Sie ist die Assistentin meiner Assistentin", antwortete ich.

Meine Töchter schauten sich grinsend an. „Oh, deine Angestellten werden sich kaputtlachen, wenn sie das hören, Papa." Sie lachten beide und es gefiel mir nicht, wie gemein sie dabei klangen.

„Glücklicherweise bin ich derjenige, der ihre Gehälter bezahlt." Ich schaute sie ernst an. „Ähnlich wie bei euch, kommt ihr Geld von mir. Wenn sie weiterbezahlt werden wollen, kümmern sie sich um ihre eigenen Angelegenheiten."

Ihr Lachen hörte abrupt auf. „Ist das also, was passieren wird, wenn wir Emma nicht so behandeln, wie du willst?", fragte Ashley.

Ich war mir nicht sicher, wie ich das beantworten sollte. Einerseits wollte ich meine Töchter nicht mit Geld kontrollieren. Andererseits war es ein sehr großer Anreiz. „Stellt mich nicht auf die Probe, dann müsst ihr es auch nicht herausfinden."

Laurens Handy klingelte und sie nahm es in die Hand. „Oh, es ist Mama."

Mein Herz zog sich zusammen, als sie es nahm und aus dem Raum ging, um dran zu gehen. Sie mussten hinter Lisas plötzlichem Erscheinen auf meinem Hof stecken.

Nachdem ich den Anfang ihrer Unterhaltung gehört und die Bestätigung bekommen hatte, dachte ich darüber nach, ihnen zu folgen und mir den Rest des Anrufs anzuhören, doch ich hatte bereits genug Familienstreitigkeiten für einen Tag gehabt. Nun war es an der Zeit, mich auf Emma zu konzentrieren. Bei dem Gedanken wurde mir etwas klar – wenn Emma losgefahren war, um etwas zu essen zu kaufen, sollte sie mittlerweile zurück sein.

Wenn meine Töchter Pläne gegen mich geschmiedet hatten, hatten möglicherweise ihre Eltern das gleiche getan?

Wie der Blitz rannte ich aus der Tür, um in mein Auto zu

springen und Emma zu suchen, als ich Emma heranfahren sah. Erleichtert rannte ich direkt zu ihr. Sie stellte das Auto ab und stieg heraus. Dabei schüttelte sie den Kopf und sagte: „Wie konntest du nur, Christopher?"

„Ich habe nichts getan. Hör zu, steig direkt zurück ins Auto. Wir müssen hier weg." Ich nahm sie, zog sie herüber zur Beifahrerseite, wo ich sie auf den Platz drückte, und rannte zurück, um mich hinter das Lenkrad zu setzen. „Sie haben sich gegen uns verbündet, Baby."

„Also bist du nicht zu deiner Ex-Frau gegangen und hast ihr von mir erzählt?", fragte sie.

„Um Himmels Willen, natürlich nicht." Ich fuhr aus der Ausfahrt. „Sie ist auf meinem Hof aufgetaucht – die Idee meiner Töchter, weiß ich jetzt – mit irgendeinem Müll darüber, dass sie sich mit mir versöhnen will. Sie wusste bereits von dir und dem Baby und ich habe ganz schnell ihre Hoffnungen zerstreut."

„Und du hast meinen Eltern nicht gesagt, dass du das Richtige für mich tun wirst?", fragte sie.

„Doch, das habe ich getan." Ich fuhr auf die Straße in Richtung Stadt.

Emma sah verwirrt aus. „Mama hat gesagt, dass du zugestimmt hast, das Richtige zu tun, indem du mich verlässt."

„Für mich ist das nicht das Richtige", ließ ich sie wissen. „Das ist die Meinung deiner Eltern. Und anscheinend auch die meiner Töchter und Ex-Frau. Es scheint, als hätten sich alle einen Plan überlegt, wie sie uns auseinanderbringen könnten. Also ist es wichtig, dass wir vorerst zusammenbleiben, damit sie keine weiteren dummen Aktionen bringen können. Ich will dich nicht verlieren, Emma."

„Wo fahren wir hin?", fragte sie, als ich auf die Landstraße fuhr.

„Einfach nur weg von hier." Alles, was ich wollte, war, möglichst weit weg von all denen zu sein, die uns nicht zusammen sehen wollten. „Es ist verrückt, alle, die uns lieben, wollen uns auseinanderbringen. Es ist ihnen scheißegal, was am besten für das Baby ist. Niemanden interessiert es, dass wir uns lieben. Und ich weiß nicht, was ich dagegen tun soll."

Sie nickte zustimmend. „Ich weiß. Ich habe mich noch nie so gefühlt. Ich liebe meine Eltern. Ich habe mein ganzes Leben lang geglaubt, dass sie nur mein Bestes wollen. Wieso können sie nicht einsehen, dass du das Beste für mich bist?"

„Du bist auch das Beste für mich, Emma." Ich bremste, denn mein Herz sagte mir, dass jetzt der Augenblick gekommen war, um das Richtige zu tun.

Ich fuhr rechts heran und stellte das Auto ab, bevor ich ausstieg und die Beifahrertür öffnete. Emma schaute mich mit einem Lächeln auf ihrem hübschen Gesicht an. „Christopher, was tust du?"

„Das hier meinte ich, als ich deinen Eltern gesagt habe, dass ich das Richtige tun würde." Ich schnallte sie ab, nahm beide ihre Hände und zog sie dann aus dem Auto.

Autos schossen an uns vorbei, niemanden schien es zu interessieren, was wir taten – und das war in Ordnung für mich. Die einzige Person, deren Aufmerksamkeit ich wollte, war Emma.

„Das ist etwas angsteinflößend, Christopher", sagte Emma mit einem Blick auf den Verkehr.

„Ja, ich weiß." Ich kniete mich vor sie. „Alles an unserer Beziehung war bisher etwas angsteinflößend. Und was gibt es Besseres, um eine Beziehung weiter zu festigen, als noch etwa Angsteinflößendes hinzuzufügen?"

Sie schaute zu mir herab und ich sah Tränen in ihren Augen. „Tust du gerade das, was ich glaube?"

„Emma, ich möchte dich zu meiner Frau machen." Ich drückte ihre Hände. „Nicht, weil du schwanger bist. Ich möchte dich heiraten, weil du mein ganzes Herz hast und ich weiß, dass es für immer so sein wird. Ich kann mir mein Leben ohne dich nicht mehr vorstellen. Ich liebe dich seit dem ersten Mal, als ich dein hübsches Gesicht gesehen habe. Also frage ich dich. Willst du meine Träume wahr werden lassen und meine Frau werden?"

Tränen strömten ihre Wangen hinunter, während sie nickte. „Ja, Christopher. Ich möchte sehr gerne deine Frau werden."

28

EMMA

Ich fuhr mit der Hand über die Klinkerfassade des Centennial Hotels in Concord, wo unsere Liebesaffäre begonnen hatte, und konnte nicht glauben, dass ich einen neuen Nachnamen hatte – und einen passenden Ehemann.

Christopher hielt meine Hand, als wir die Lobby betraten. „Es scheint nur passend, unsere erste Nacht als verheiratetes Paar im gleichen Zimmer zu verbringen, in dem wir zum ersten Mal zusammen waren."

„Das sehe ich auch so." Endlich fühlte sich die ganze Welt richtig an und das gab mir ein Selbstvertrauen, das ich nie zuvor gehabt hatte.

Nicht mehr die kleine Emma Hancock zu sein, sondern Christopher Taylors Frau, gab mir eine unbekannte innere Stärke. Ich hatte nun einen Partner fürs Leben. Jemand, der für mich da sein würde und für den ich da sein würde, wenn das Leben schwierig würde. Ich schaute den Ehering an meiner linken Hand an und seufzte, bevor ich den Kopf auf die Schulter meines Ehemanns legte.

Ehemann!

Das klang so neuartig für mich.

Wie ein Wirbelwind waren wir direkt nach Concord gefahren,

hatten die nötigen Papiere ausgefüllt und uns dann einen Standesbeamten gesucht, um unsere Beziehung legal und bindend zu machen. Nun würden unsere Kritiker kein so leichtes Spiel mehr haben, um uns auseinanderzubringen – jetzt müssten sie es außerdem mit dem Gesetz aufnehmen.

Selbst bei all dem wusste ich, dass unsere Familien es nicht so gut aufnehmen würden, wie wir es uns wünschten. Unsere Beziehung würde von vielen nicht akzeptiert werden und daran mussten wir uns gewöhnen.

Als wir uns der Rezeption näherten, bereitete ich mich auf die merkwürdigen Blicke vor, die wir vom Personal bekommen würden. Christopher lächelte die Empfangsdame an, als sie uns begrüßte.

„Hallo, herzlich willkommen im Centennial. Haben Sie eine Reservierung?"

„Ich habe vor Kurzem eine gemacht. Ich habe die Governor's Suite für Mr. und Mrs. Taylor gebucht. Er hielt meine Hand hoch, um ihr meine umwerfenden Ringe zu zeigen. „Wir haben eben geheiratet."

„Na dann herzlichen Glückwunsch", sagte sie lächelnd. Ich war überrascht, eine solch positive Reaktion zu bekommen. Vielleicht wird nicht jeder unsere Ehe als merkwürdig empfinden.

„Danke", sagte ich und lächelte zurück. „Wir haben unsere erste gemeinsame Nacht in der Suite verbracht, deshalb sind wir für unsere Hochzeitsnacht zurückgekommen."

Christopher legte mir den Arm um die Schultern und küsste mich auf die Wange. „Natürlich fahren meine Frau und ich danach noch richtig in die Flitterwochen."

„Natürlich", sagte die Dame. „Dann bringen wir die frisch Verheirateten mal auf ihr Zimmer."

Als wir oben angekommen waren, verabschiedete sich der Hotelpage und schon waren wir alleine.

Christopher umarmte mich und trug mich dann über die Türschwelle in das Zimmer, wo alles begonnen hatte. „Da wären wir, Schatz."

„Ich kann es nicht fassen", flüsterte ich.

„Glauben Sie es, Mrs. Taylor." Er küsste mich und Schmetterlinge flatterten in meinem Bauch. „Ich liebe dich mehr, als du jemals ahnen wirst."

Ich legte meinen Kopf auf seine breite Schulter und sagte: „Und ich liebe dich so sehr, dass du niemals einen Grund haben wirst, daran zu zweifeln."

Auf dem Weg hierher hatten wir in einem Kaufhaus angehalten, wo Christopher uns ein paar Klamotten gekauft hatte. Wir hatten das Haus ja nur mit der Kleidung an unserem Leib verlassen.

Unser Outfit passte nicht zu seinem Reichtum. Ich trug ein schlichtes weißes Kleid mit passenden Ballerinas und er trug Jeans und ein Hemd mit Turnschuhen. Als ich uns in der Fensterscheibe sah, lachte ich auf.

Seine Lippen fuhren meine Hals entlang, während er die Arme von hinten um mich schlang. „Was ist so lustig?"

„Ach es ist nur, dass ich gerade einen Milliardär geheiratet habe, aber wir aussehen als hätten wir unsere Hochzeitskleidung beim Billig-Laden um die Ecke gekauft." Ich fuhr mit der Hand über das Kleid, während Christopher den Reißverschluss öffnete.

Er schob mir das Kleid von den Schultern, sodass es zu Boden fiel. „Wir haben ja auch Kleidung im Billig-Laden um die Ecke gekauft. Aber nur, um Zeit zu sparen." Seine Hände legten sich auf meine Brüste.

Ich bedeckte seine Hände mit meinen. „Weißt du was, Sexy? Es wäre mir absolut egal, wenn du keinen Cent besäßest. Ich würde dich genauso sehr lieben."

Seine Augen trafen meine im Spiegel. „Das weiß ich. Du hast mir kein einziges Mal gezeigt, dass du es auf mein Geld abgesehen hast. Du hast mich immer dafür geliebt, wer ich bin, und das ist einer der Gründe, wieso du mein Herz gestohlen hast."

Als seine Hände über meinen Bauch glitten, dachte ich an einige der Dinge, wegen denen ich mich in ihn verliebt hatte. „Ich habe mich in dich verliebt, weil du mich auf Augenhöhe behandelt hast und nicht wie ein Kind."

Ich drehte mich zu ihm um und unsere Lippen trafen sich eine

Sekunde lang. „Ich habe dich nie als Kind angesehen, Emma. Ich habe nur die innere und äußere Schönheit gesehen, die du besitzt. Ich habe nur die Wärme gesehen, die du ausstrahlst. Und die Tatsache, dass du mich nicht als alten Mann ansiehst, hat mich dich noch mehr lieben lassen."

Während ich sein Hemd aufknöpfte und mit den Händen über seine breite Brust fuhr, sagte ich: „Ich verstehe nicht, wie dich irgendjemand als alt ansehen könnte. Du bist besser trainiert als alle Männer, die ich je gesehen habe." Mir lief das Wasser im Mund zusammen, als ich seinen festen Körper berührte.

Mit einem tiefen Knurren hob er mich hoch und trug mich zum Bett, wo er mich sanft ablegte. Ich sah ihm dabei zu, wie er sich auszog. Dieser unglaubliche Körper gehörte zu meinem Ehemann. Ich schwebte in den Wolken.

Mit einer Hand riss er mir den BH vom Leib, danach tat er das gleiche mit meinem Höschen. „Ich schätze, ich brauche ein Abo bei einem Unterwäsche-Geschäft, wenn du so weiter machst. Ich werde wöchentlich neue Unterwäsche brauchen, Sexy."

„Okay, mach das." Er fuhr mit den Fingerspitzen meinen Bauch hinauf und dann zwischen meinen Brüsten hindurch. „Denn ich denke nicht, dass mir das jemals langweilig werden wird." Er stieg aufs Bett, zog meine Beine hoch und beugte meine Knie.

Mein gesamter Körper erzitterte, da ich wusste, dass er mir jenen intimen Kuss geben würde, der mich an einen Ort schickte, an den nur sein Mund mich senden konnte. Als seine Lippen sich gegen meine geschwollene Perle drückten, schloss ich die Augen. *Ich bin mit dem begehrenswertesten Mann verheiratet, den ich je getroffen habe.*

Der Gedanke schien mehr Traum als Realität zu sein.

Wie ist das passiert?

In einem Augenblick dachte ich, dass er mich verlassen hatte, im nächsten standen wir nebeneinander rund legte unsere Ehegelübde ab.

Es schien nicht real zu sein. Die Art, wie sein Mund sich auf mir bewegte, schien auch nicht real zu sein. Die Art, wie seine Hände über meine Hüften fuhren und um meinen Hintern, wobei sie meinen Körper so anhoben, dass er mich verschlingen konnte, schien nicht real zu sein.

Alles fühlte sich so richtig an, so unglaublich – so irreal.

Der Himmel könnte nicht besser sein als das hier.

Sein Mund hob mich höher und höher, bis mein Körper es nicht mehr aushielt und ich seinen Namen wieder und wieder schrie. Sanfte Küssen bewegten sich meinen Bauch hinauf.

Er versenkte seinen harten Schwanz in mir und stöhnte: „Gott, du fühlst dich so verdammt gut an, es ist nicht zu fassen."

Er bewegte sich langsam und füllte mich auf eine Weise, wie nur er es konnte. All die Zweifel, die ich in den letzten vierundzwanzig Stunden gehabt hatte, verschwanden, als wir mit einander schliefen. Als Mann und Frau hatten wir unsere Körper vereinigt, wie wir es noch nie getan hatten.

Es fühlte sich so anders an, so permanent. Und instinktiv wusste ich, dass wir uns mit der Zeit nur noch näherkommen würden. Wir würden unsere eigene Familie gründen. Wenn unsere Familien uns nicht akzeptierten, dann wäre es halt so. Wir hatten einander und unser Baby und wahrscheinlich würden noch ein paar weitere folgen.

Ich hatte nie ein Ziel gehabt. Ich hatte nie gewusst, was ich mit meinem Leben anfangen wollte. Doch nun wusste ich, dass ich Christopher Taylors Frau sein wollte. Ich wollte unsere Kinder gemeinsam aufziehen. Ich brauchte sonst nichts. Alles weitere war nur ein Bonus. Wenn ich niemals mehr als das täte, würde ich mich immer noch als erfolgreich bezeichnen.

Ich fuhr mit den Fingern durch sein dichtes, dunkles Haar und flüsterte: „Du hast mich ganz gemacht, Christopher Taylor."

„Baby, das hast du auch für mich getan", stieß er hervor, während er sich schneller bewegte und härter zustieß. „Ich kann mir nicht mehr vorstellen, dich nicht in meinem Leben zu haben."

„Du wirst niemals ohne mich leben müssen." Ich zog sein Gesicht zu mir und küsste ihn, während er mich noch härter nahm.

Der herannahende Orgasmus ließ mich aufwimmern und ich

musste seinen Mund loslassen, als der Höhepunkt mich traf und ich ekstatisch stöhnte: „Christopher!"

Sein Körper versteifte sich und dann schoss nasse Hitze in mich, seine Säfte mischten sich mit meinen. Meine Beine zitterten und ich musste sie flach aufs Bett legen. Dann wurde mir klar, dass mein gesamter Körper zitterte. Und erst dann bemerkte ich, dass ich weinte.

Er rollte sich von mir herunter und lehnte sich über mich, um meine feuchte Wange zu küssen. „Was ist los? Habe ich dir wehgetan?"

„Nein", flüsterte ich. „Ich weiß nicht genau, wieso ich weine. Ich bin nur glücklich und vielleicht auch etwas unter Schock, ich kann nicht fassen, was heute geschehen ist."

Er strich mir mit den Händen über die Wangen und küsste meine zitternden Lippen dann sanft. „Baby, all das ist real. Du und ich sind verheiratet. Du und ich werden ein Baby bekommen. Und du und ich werden ab jetzt gemeinsam glücklich sein. Du brauchst an nichts anderes zu denken. Es ist jetzt anders als noch vor ein paar Stunden. Du bist jetzt meine Frau. Und eine gewisse Menge Respekt ist damit verbunden, meine Ehefrau zu sein. Du wirst schon sehen, was ich meine, wenn wir nach Hause kommen. Nichts wird mehr wie zuvor sein.

Seine Worte hätten mich beruhigen sollen, doch das taten sie nicht. „Was wird Mrs. Kramer denken?"

Sein Lächeln sagte mir, dass das ein dummer Gedanke war. „Dass es unsere Angelegenheit ist. Sie verurteilt niemanden, Baby. Darum brauchst du dich nicht zu sorgen. Möchtest du weiter als ihre Assistentin arbeiten? Denn du musst nicht, wenn du nicht möchtest. Das ist deine Entscheidung."

29

CHRISTOPHER

Auf der gesamten Heimfahrt sah Emma besorgt aus. Nichts, was ich sagte, vertrieb diesen Gesichtsausdruck. Also hörte ich auf, zu sprechen.

Mein Haus am See sah im hellen Morgenlicht wunderbar einladend aus. Wir hatten eine Nacht in dem Hotel verbracht und dann entschieden, dass wir uns nun der Realität stellen würden. Ich hatte nicht viel Lust, den Kampf mit meinen Töchtern wieder aufzunehmen, doch es musste getan werden.

„Wirf sie nicht raus, Christopher", sagte Emma, als ich in die Garage fuhr.

„Ich möchte, dass das hier dein Zuhause wird, Baby. Das ist nicht möglich, wenn die beiden hier sind und dich terrorisieren." Ich parkte das Auto und wir stiegen aus.

Emma klammerte sich an meinen Arm, als wir hineingingen. „Versprich mir einfach, dass du so nett wie möglich bist. Es war nie mein Plan, sie aus ihrem Heim zu vertreiben."

„Und das tust du nicht." Ich küsste ihre Stirn. „Ich tue es."

Die Köchin war wie erwartet in der Küche. „Guten Morgen." Ihre Augen wanderten zu Emma. „Ich glaube nicht, dass wir uns bereits kennen. Ich bin Gretchen."

Emma schaute mit ängstlichen Augen zu mir auf, als wüsste sie nicht, was sie sagen sollte, also tat ich es für sie: „Das ist Emma." Ich schaute meiner Köchin direkt in die Augen. „Meine Frau."

Sie schaute offen schockiert drein. „Ihre Frau? Seit wann?"

„Gestern." Ich legte Emma den Arm um die Schulter und konnte das riesige Grinsen auf meinem Gesicht nicht verbergen. „Und wir haben noch mehr gute Nachrichten. Wir bekommen ein Baby."

Gretchens Augen weiteten sich noch mehr. „Wirklich?"

Ich nickte. „Wirklich. Sind meine Töchter bereits heruntergekommen?"

Sie sind in der Frühstücksecke." Sie lächelte Emma an. „Kommen Sie doch bitte demnächst mal bei mir vorbei. Ich möchte gerne wissen, was Sie gerne essen, um es in den Speiseplan zu integrieren. Ich bin sehr glücklich für Sie beide. Ich muss sagen, dass ich Mr. Taylor noch nie so glücklich gesehen habe, seit ich für ihn arbeite."

Endlich verzog Emma die Lippen zu einem Lächeln und ihre Augen waren nicht mehr voller Angst. „Danke, Gretchen. Ich komme gerne vorbei, wenn ich mich etwas eingewöhnt habe."

Während ich sie zur Frühstücksecke führte, flüsterte ich ihr ins Ohr: „Siehst du, es wird schon in Ordnung sein, mit mir verheiratet zu sein – einige altmodische Leute denken, das bringt ein anderes Niveau an Respekt mit sich." Ich verdrehte die Augen, obwohl mir klar war, dass das in diesem Fall zu unserem Vorteil war.

„Du hattest recht." Sie lachte. „Sehr cool."

„Ja, sehr cool." Ich kicherte. Und nun zum harten Teil: meine Kinder."

Sie nickte wissend. „Bitte, versuch einfach so nett zu sein, wie du kannst."

„Ich werde es versuchen." Ich wusste, dass meine Töchter es mir nicht leichtmachen würden, vor allem, weil ich sie darum bitten würde, auszuziehen.

Ich öffnete die Tür und sah, dass die Mädchen an dem kleinen Tisch saßen. Ihre Augen weiteten sich und Lauren fragte: „Wo warst du, Papa? Wir haben uns Sorgen gemacht."

Ashley fügte hinzu: „Du bist nicht ans Telefon gegangen. Du bist gestern Morgen einfach verschwunden."

„Ich habe gehört, wie ihr beide mit eurer Mutter gesprochen habt." Ich zog einen Stuhl hervor und bot ihn Emma an. Ich konnte die Spannung in ihrem Körper spüren. Das Letzte, was sie wollte, war, sich zu meinen Töchtern zu setzen, doch wir mussten Autorität schaffen.

Lauren schaute auf den Tisch. „Hast du das?"

„Ja." Ich setzte mich neben meine Frau. „Wisst ihr, ich verstehe es. Ich verstehe, wieso ihr nicht wollt, dass sich jemand anderes in meinem Leben habe."

Ashley schaute mich überrascht an. „Wirklich?"

„Klar." Ich legte den Arm um Emma. „Ihr wollt nicht, dass sich hier etwas ändert. Ihr wollt, dass euer Leben genauso bleibt wie immer. Aber wisst ihr was?"

„Was?", fragte Lauren.

„Der Wandel lässt sich nicht aufhalten." Ich hielt Emmas linke Hand hoch. „Diese Frau ist nun eure Stiefmutter."

Sie starrten die Ringe an Emmas Finger an und Lauren stieß aus: „Nein!"

„Ja", sagte ich. „Und ich möchte nicht, dass sich meine Frau in ihrem eigenen Haus unwillkommen fühlt."

„Du möchtest, dass wir ausziehen, oder?", fragte Ashley.

Emma schaute nach unten. Ich wusste, dass sie sich schrecklich fühlte. Aber sie würde sich so viel schlechter fühlen, wenn die beiden blieben. „Ich möchte, dass wir mit einander klarkommen", murmelte Emma.

Lauren schüttelte den Kopf. „Unmöglich, Papa. Ich werde sie niemals akzeptieren. Niemals."

„Du kennst Emma nicht einmal. Und hör auf, von ihr zu sprechen, als wäre sie nicht hier." Ich seufzte frustriert. „Sie macht mich glücklich. Ist euch das komplett egal?"

„Sie ist jünger als wir, Papa", sagte Ashley, „das ist nicht richtig."

Bevor ich etwas sagen konnte, hob Emma den Kopf, setze sich auf und sagte: „Für euren Vater und mich ist das Alter Nebensache."

„Hast du sie einen Ehevertrag unterschreiben lassen?", schoss Lauren zurück. „Denn ich kann dir garantieren, dass sie es nur auf dein Geld abgesehen hat. Sie wird es alles bekommen, wenn du stirbst, und das weiß sie."

„Ich habe sie nichts unterschreiben lassen. Sie ist meine Frau und alles, was ich habe, gehört auch ihr." Ich entschied, noch einen draufzusetzen. „Und wenn deine Schwester und du nicht aufhört, uns in die Quere zu kommen, werde ich euch tatsächlich enterben und Emma bekommt alles." Dann fiel mir noch etwas ein. Ich hatte es noch nie angedroht und hoffte, dass ich es nicht durchziehen müsste, doch ich hoffte, dass es helfen würde. „Außerdem werde ich eure Kreditkarten sperren und ihr werdet entweder einen Job finden müssen oder eure Mutter muss euch aushalten."

Ashley schaute verblüfft drein. „Du wirfst uns also heraus und nimmst uns unser Geld weg, wenn wir dieser lachhaften Ehe nicht zustimmen?"

„Diese Ehe ist nicht lachhaft", ließ ich sie wissen. „Ich liebe diese Frau mehr, als ich je eine Frau geliebt habe. Und ich habe Glück, dass auch sie mich liebt. Den Großteil meines Lebens habe ich mich nur im Ansatz zufrieden gefühlt. Mit Emma fühle ich mich lebendig."

„Können wir etwas Zeit haben?", fragte Lauren. „Kannst du unsere Kreditkarten aufrechterhalten? Wir ziehen bei Mama ein und lassen euch beide alleine. Aber bitte nimm uns nicht das Geld weg."

„Oder unsere Autos", fügte Ashley hinzu. „Wir brauchen unsere Autos wirklich."

Emma nickte. „Bitte lass ihnen diese Dinge, Christopher." Sie schaute Lauren und Ashley an. „Ich möchte euch beiden nichts wegnehmen. Ich will nicht, dass euer Vater euch etwas wegnimmt. Wir wollen nur glücklich sein und möchten, dass ihr das zulasst. Das ist alles. Ich verlange nicht von euch, dass ihr mich mögt. Ich verlange nicht, dass ihr euch um unser Baby schert. Aber ich verlange von euch, dass ihr euch aus unserer Ehe heraushaltet."

Ich musste zugeben, dass Emma mich überrascht hatte. Ich war so stolz auf sie – ich konnte kaum abwarten, wie unsere Ehe und die Mutterschaft ihr noch weiter beim Wachsen helfen würden. „Das ist auch alles, was ich erwarte, Mädchen. Lasst uns unser Leben leben, genau wie wir auch euch lassen."

„Ich weiß nicht, ob ich das alles in Ordnung finden kann", sagte Lauren, „aber wir können ausziehen und euch euren Raum geben."

„Vielleicht könntet ihr beide euch einmal pro Woche mit eurem Vater zum Abendessen sehen oder so. Ich fände es schade, wenn eure Beziehung hierüber zerbrechen würde", fügte Emma hinzu.

Ashley schaute mich an. „Ich möchte unsere Beziehung zu dir auch nicht verlieren, Papa. Ich habe dich lieb. Ich wünschte nur, du hättest jemanden gefunden, der näher an deinem Alter ist."

„Und nicht bereits eine Familie mit ihr gegründet hättest", fügte Lauren hinzu.

„Nun, das Leben ist nicht immer so, wie man es sich wünscht", sagte ich ihnen. „Aber ich muss euch sagen, dass ich dankbar dafür bin, dass diese Frau in mein Leben gekommen ist. Und ich bin dankbar für das Kind, was wir bekommen. Wenn Gott uns noch mehr Kinder schenkt, werdet ihr noch mehr Geschwister bekommen. Ich hoffe, dass ihr sie eines Tages auch lieben könnt."

Lauren stand auf und sah etwas angeekelt aus. „Ich gehe packen. Ich komme hiermit nicht klar. Ich weiß nicht, ob ich das jemals können werde. Aber ich werde tun, worum ihr mich gebeten habt. Ich gebe euch den Raum, den ihr wollt. Aber ich so viel kann ich dir sagen, Papa, du wirst uns verlieren."

Ashley stand auf und folgte ihrer großen Schwester. Sie schaute mich über die Schulter an und ich dachte, dass sie etwas sagen würde, doch sie drehte sich einfach um und verließ den Raum.

„Das war nicht so schlimm, wie ich es mir vorgestellt hatte", sagte ich und stand auf, bevor ich Emma die Hand reichte. „Lass mich dir dein neues Zuhause zeigen, Mrs. Taylor." Ich dachte, eine kleine Führung würde ihr dabei helfen, sie abzulenken, sie sah traurig darüber aus, dass meine Töchter auszogen.

Sie hatte keine Ahnung, wie viel Glück sie hatte, dass sie auszogen. „Ich wünschte, es gäbe etwas, das ich sagen könnte, damit sie bleiben."

„Sie werden sich schon wieder einkriegen. Da bin ich mir sicher.

Sie sind nur nicht daran gewöhnt, nicht ihren Willen zu bekommen." Ich legte die Arme um sie und küsste ihre Wange. „Ich schätze, bevor wir diese Tour beginnen, sollten wir deine Eltern anrufen und auch ihnen Bescheid geben. Ich möchte nicht, dass sie sich Sorgen machen, wo du bist."

Sie hatten genau wie ich ihr Handy ausgestellt. Keiner von uns hatte gewollt, dass unsere Hochzeitsnacht von unangenehmen Anrufen unterbrochen wurde. Emma zog ihr Handy hervor. „Ich schätze, du hast recht. Bringen wir es hinter uns."

Wir setzten uns neben einander in eins der Wohnzimmer. „Es wird alles gut werden, Emma. Egal, was passiert, du hast mich."

Mit einem Nicken rief sie ihre Mutter an. „Hallo", hörte ich ihre Mutter sagen. „Emma?"

„Ja, ich bin es", flüsterte Emma. „Mama, ich möchte nicht, dass irgendwer wütend oder verletzt hiervon wird."

Spannung erfüllte die Stimme ihrer Mutter. „Was hast du getan, Emma Hancock?"

„Ich heiße nicht mehr Hancock, Mama." Emma schaute mich an, legte ihre Fingerspitzen an meine Wange und ich sah die Liebe in ihren Augen. „Ich heiße jetzt Taylor. Christopher und ich haben gestern in Concord geheiratet. Ich bin jetzt seine Frau."

„Was bist du?", schrie sie, „Seine Frau?"

Celeste klang schockiert. Als überstiege es ihre Vorstellungskraft, dass ich Emma tatsächlich heiraten würde. Ich sah nun, dass weder Celeste noch Sebastian eine Ahnung hatten, wie sehr ich ihre Tochter liebte. Der Gedanke betrübte mich.

„Ja, er hat gestern um meine Hand angehalten und ich habe ja gesagt." Emma lehnte sich an mich und ich legte den Arm fest um sie. „Und ich war noch nie so glücklich, Mama. In meinem ganzen Leben habe ich mich noch nie so sicher und geliebt gefühlt."

Als Vater wusste ich, dass diese Aussage wehgetan haben musste. Doch Celeste zeigte es nicht, falls die Worte sie verletzt hatten. „Hat er dich irgendetwas unterschreiben lassen, bevor ihr geheiratet habt? Du weißt schon, ein Papier, wo draufsteht, dass du nichts von seinem Geld bekommst, wenn ihr zwei euch scheiden lasst?"

Es schien als dächte jeder, der uns liebte, dass ich Emma nur ausnutzen wollte.

Ich nahm das Handy aus Emmas Hand, um Celeste wissen zu lassen, was ich davon hielt. „Celeste, ich hielt es nicht für notwendig, einen Ehevertrag mit Emma abzuschließen. Sie ist meine Frau. Sie bekommt mein Kind. Meiner Meinung nach wird keiner von uns beiden jemals diese Beziehung beenden. Und sollte es aus irgendeinem Grund doch geschehen, würde ich sie nicht einfach so ohne Geld aus meinem Leben verbannen. Ich liebe sie. Egal, was ihr denkt, ich liebe sie mit allem, was ich habe, und das schließt mein Geld mit ein."

Die Art, wie Emma sich an mich kuschelte, ließ mein Herz vor Liebe fast platzen. Ich vergötterte sie. Wieso konnte das niemand sehen?

30

EMMA

Ich hatte meinen Job noch einige Monate lang nach unserer Hochzeit behalten. Christopher hatte recht gehabt – die Leute, die für ihn arbeiteten, zeigten keine besondere Reaktion. Doch es waren nicht die Leute, die dort waren, wegen denen ich mich dort unwohl fühlte – es war, wer nicht dort war. Jetzt, wo Papa nicht mehr dort arbeitete, fühlte es sich einfach nicht mehr richtig an.

Er und Mama zogen zurück nach Rhode Island, wo sie beide Jobs in einer viel kleineren Firma annahmen. Ich rief sie nur etwa einmal die Woche an. Sie wollten nicht zu Besuch kommen und riefen nie an. Ich musste sie anrufen. Ich verstand nicht, wie sie so enttäuscht über mich sein konnten wegen etwas, das mich so glücklich machte.

Als wir erfuhren, dass wir einen Sohn erwarteten, rief ich meinen Vater an, um es ihm zu erzählen. Seine Reaktion war nicht so, wie ich es mir vorgestellt hatte. „Super, dann hat Christopher ja bald auch einen Sohn. Jetzt hat er wirklich alles, was?"

Die Konversation endete an dem Punkt, da er sagte, dass er zurück an die Arbeit müsse. Als ich auflegte, fühlte ich mich als wiege mein Herz einen Zentner.

Christophers Töchter hielten sich von unserem Zuhause und

ihrem Vater entfernt. Manchmal machte es mich wütend, dass sie bereit waren, sein Geld anzunehmen, aber sich weigerten, ihn zu sehen.

Christopher versicherte mir immer wieder, dass der Tag kommen würde, an dem alle unsere Familienmitglieder einsehen würden, dass ihre Einstellung sie mehr verletzte als uns. Er und ich waren glücklich, egal, ob es ihnen gefiel oder nicht. Wir hatten einander und nichts konnte dieses Glück zerstören.

Als ich in der Firma aufhörte, blieb ich zu Hause und machte mich daran, das Zimmer unseres Sohns einzurichten. Ich bemerkte, dass es mir richtig lag, Dekorationen zu entwerfen. Dem Innendesigner nach, den Christopher angestellt hatte, um mir zu helfen, hatte ich ein Talent für Farben und Kombinationen.

Letztendlich bat mich Lawrence, Teil seines Design-Teams zu werden. Ich war begeistert gewesen und Christopher so stolz. Ich nahm den Job an unter der Bedingung, dass ich erst sechs Monate nach der Geburt des Babys in Teilzeit anfangen würde. Ich wollte nicht, dass eine Nanny unseren Sohn aufzog.

Wir hatten eine dreiundsechzigjährige Nanny angestellt, um uns in den ersten Monaten zu helfen. Die Idee war, alles von ihr zu lernen, und sie dann mit einer guten Pension in Rente zu schicken.

Mit Christopher verheiratet zu sein war besser, als ich es mir vorgestellt hätte. Es war nicht sein Geld, das mich glücklich machte, es war definitiv der Mann selbst.

Eine Woche, als ich mich besonders erschöpft fühlte und die meiste Zeit schlafend verbrachte, war er mit einem Strauß Blumen für mich nach Hause gekommen und hatte mich mit einem Kuss aufgeweckt. „Guten Abend, Mrs. Taylor."

Ich rieb mir die Augen und setzte mich auf dem Sofa auf, wo ich eingeschlafen war. „Oh, ich bin mal wieder vor dem Fernseher eingeschlafen. Wie spät ist es?"

„Sechs", sagte er und wedelte mit den Blumen vor meinem Gesicht herum. „Ich habe angehalten und diese Wildblumen für dich gepflückt, Schatz. Als ich sie sah, habe ich an dich gedacht und wusste, dass ich dir welche mitbringen musste."

Ich nahm sie an und roch daran. „Sie riechen so gut und sind so hübsch." Ich küsste ihn auf die Wange. „Danke, Sexy."

„Danke dir", sagte er und hob mich hoch. Obwohl ich im achten Monat schwanger war, konnte er mich immer noch herumtragen.

Und die Leute nannten ihn alt? Dieser Mann war in seinen besten Jahren.

Ich lachte und legte die Arme um seinen Nacken. „Wofür? Ich habe dir gar nichts geschenkt."

„Dafür, dass du du bist." Er küsste mich sanft. „Dafür, dass du mein Leben so verdammt wunderbar machst, dass ich die ganze Zeit pfeifend durch die Gegend laufe."

„Pfeifend?" Ich hatte ihn noch nie pfeifen hören.

„Ja, anscheinend pfeife ich jetzt viel bei der Arbeit." Er schüttelte den Kopf. „Mir war das gar nicht klar, bis Mrs. Kramer mich heute darauf hingewiesen hat. Sie sagte, dass ich wie ein neuer Mann wirke. Ein sehr glücklicher Mann."

Ich legte den Kopf an seine Brust und war glücklich, das zu hören. „Ich bin so froh, dass wir einander gefunden haben. Auch wenn unsere Familien nicht glücklich darüber sind."

Ich bemerkte, dass er mich nach oben trug, wahrscheinlich in unser Schlafzimmer. Als sein Fuß die erste Treppenstufe berührte, passierte etwas Merkwürdiges. Ein komischer Krampf begann in meinem Rücken und zog sich bis zu meinem Bauch.

Auch er spürte, wie mein Körper sich anspannte. „Baby, ist alles in Ordnung?"

„Ich habe einen komischen Krampf." Ich schaute ihn verwirrt an. „Glaubst du, dass ich ...?"

Er unterbrach mich. „Dass du Wehen hast?"

Ich nickte ihn an und dachte an den Traum, den ich zuvor gehabt hatte. „Weißt du was, ich hatte eben einen Traum, in dem ein Gorilla mich zerquetschte."

„Ich wette, du hattest schon im Schlaf Wehen." Er trug mich nach oben und legte mich aufs Bett. Dann zog er sein Handy hervor, um die Zeit zu notieren. „Okay, diese Wehe begann um zehn nach sechs. Ich messe die Zeitabstände und wenn sie nur noch zehn Minuten auseinander sind, fahren wir ins Krankenhaus, wie es der Arzt gesagt hat."

„Aber es ist noch eine Woche bis zu unserem Termin hin", sagte ich. „Der Arzt hat gesagt, dass Erstgeborene üblicherweise etwas später kommen, nicht früher."

„Ja, normalerweise. Nicht immer", sagte er und ging zum Schrank, um die Tasche hervorzuholen, die wir bereits fürs Krankenhaus gepackt hatten.

Ich fuhr mir mit der Hand über die Beine. „Ich muss mich rasieren, Christopher."

Er hielt einen Finger in die Höhe und ging ins Bad. Dann kam er mit einem Handtuch, Rasierschaum und einem Rasierer zurück und ich verstand, dass er mir die Beine rasieren wollte, während ich im Bett liegen blieb. „Lassen Sie mich Ihre haarigen Beine in Angriff nehmen, meine Dame."

Aus irgendeinem Grund fand ich das so süß von ihm, dass es mich sprachlos machte. Ich konnte ihn nur anlächeln, als er sich an die Arbeit machte, um meine Beine glatt zu bekommen. Als er gerade fertig war, hatte ich einen weiteren Krampf. „Hier kommt die nächste Runde."

Er notierte sich die Zeit und schaute mich mit großen Augen an. „Sie sind nur noch fünfzehn Minuten auseinander. Wie lange hast du geschlafen?"

Ich dachte nach und erinnerte mich daran, dass ich den ersten Teil eines Films gesehen hatte, der um drei Uhr begonnen hatte. „Ähm, etwa drei Stunden, glaube ich."

„Ich wette, dass du die ganze Zeit Wehen hattest und sie einfach verschlafen hast." Er schaute aufgeregt aus, als er meine Beine mit einem Handtuch abtrocknete, um die letzten Reste Rasierschaum zu entfernen. „Wir werden heute Nacht unseren Sohn kennenlernen, darauf wette ich."

Zwei Stunden später kamen die Wehen in zehnminütigen Intervallen und er rief den Arzt an, um ihm zu sagen, dass wir uns auf den Weg ins Krankenhaus machen würden. Ich nahm ihm das Handy aus der Hand, als er aufgelegt hatte. „Ich rufe deine Töchter an und sage ihnen Bescheid."

Er schaute mich mit großen Augen an. „Ich möchte nicht, dass du dich aufregst, Schatz. Ich rufe sie an, wenn es vorbei ist."

Ich schüttelte den Kopf, suchte Laurens Nummer und rief an. „Nein, ich möchte ihnen sagen, dass es soweit ist. Ich werde mich nicht aufregen, keine Sorge."

Lauren ging ans Telefon. „Papa?"

„Nein, ich bin es, Emma, Lauren." Ich atmete tief durch, um sicherzugehen, dass meine Stimme nicht brach, da ich emotional wurde. „Dein Vater und ich fahren jetzt ins Krankenhaus. Das Baby kommt. Ich wollte nur, dass du und deine Schwester Bescheid wisst. Ihr seid jederzeit willkommen. Es würde uns so freuen, euch dort zu haben, wenn euer kleiner Bruder geboren wird."

„Ich weiß nicht", flüsterte sie, „aber danke."

Ich hatte getan, was ich wollte, und reichte mein Handy zurück zu Christopher. „Okay. Ich schätze, ich lasse dich meinen Vater anrufen und das Gleiche tun."

Er nickte und rief dann von meinem Handy aus an. Mein Vater nahm ab. „Emma?"

„Nein, ich bin Christopher." Er legte mir die Hand auf den unteren Rücken, um mich zur Garage zu leiten. „Emma und ich sind auf dem Weg ins Krankenhaus. Das Baby kommt. Wir möchten, dass Celeste und du wisst, dass ihr jederzeit willkommen seid."

Papa sagte nichts. Er hatte aufgelegt. Ich sah das als Zeichen an, dass er keine weiteren Details wissen wollte über die Geburt seines ersten Enkelkinds. Das tat weh.

Doch auf der Fahrt ins Krankenhaus hatte Christopher mich wieder aufgemuntert, indem er lustige Atmungsgeräusche machte, während er mir durch die Wehen half, die bald nur noch fünf Minuten auseinanderlagen.

Nicht lange, nachdem ich in meinem Krankenhausbett lag und an alle möglichen Geräte angeschlossen war, wurden die Wehen stärker und die Abstände kürzer. Und ich wurde langsam gereizt wegen des Schmerzes. „Wann kann ich die Schmerzspritze bekommen?"

Die Schwester, die gerade ihre Schicht begonnen hatte, schaute mich an, als wäre ich verrückt geworden. „Sie wollen etwas gegen den Schmerz? Das hat mir niemand gesagt. Ich besorge Ihnen die Spritze sofort."

„Ja, bitte!" Ich drückte Christophers Hand, als ein weiterer Schmerzstoß mir den Atem nahm.

Sie ging los, um mir das Mittel zu besorgen, und ich stöhnte vor Schmerz. „Atme, Baby. Komm schon", ermunterte mich Christopher.

Ich schaffte es nicht. Es tat weh, zu atmen. Glücklicherweise erschien bald darauf ein Arzt und gab mir die Spritze und schnell war ich wieder ganz die Ruhe selbst. Es war Mitternacht, als meine Eltern das Zimmer betraten.

Zu sagen, dass ich überrascht war, wäre eine Untertreibung. „Mama! Papa!"

Christopher lächelte und eilte herüber, um Papas Hand zu schütteln und Mama zu umarmen. „Ich bin so froh, dass ihr beiden gekommen seid!"

Mama kam zu mir und umarmte mich. „Natürlich sind wir gekommen. Das ist unser Enkelkind. Wie geht es dir, meine Kleine?"

„Jetzt wieder gut." Ich fuhr mir mit der Hand durch die Haare, die Christopher mir liebevoll gekämmt hatte. „Jetzt, wo ich die Spritze bekommen habe. Vorher habe ich alle verrückt gemacht."

„Das hat sie", stimmte Christopher zu.

Mama setzte sich auf die Bank am Fenster, als Papa zu mir kam. Er legte seine Hand auf meine. „Du siehst ziemlich gut aus für ein Mädchen in den Wehen."

„Danke", sagte ich und versuchte, nicht zu weinen. Sie alle zu sehen, bedeutete die Welt für mich, auch wenn ich versucht hatte, meine Enttäuschung zu ignorieren, als ich dachte, dass sie nicht kommen würden.

Die Krankenschwester kam herein, um nach mir zu schauen, und zog den Vorhang um mich, um uns ein bisschen Privatsphäre zu geben. Christopher stand direkt neben mir. „Ich hole den Arzt. Es wird Zeit, den Jungen herauszupressen", sagte sie uns.

Meine Augen wanderten zu Christopher. „Bereit?"

Er nickte. „Du?"

„Klar, warum nicht." Ich wünschte mir nur, seine Töchter wären auch gekommen, aber ich sagte nichts.

Direkt hinter dem Arzt kamen zwei blonde Schöpfe herein. Christopher konnte es nicht fassen. „Lauren? Ashley? Ihr seid gekommen!"

Die Mädchen umarmten ihren Vater und ich begann zu weinen. Ich war so überwältigt. Lauren schaute mich besorgt an. „Wenn du lieber möchtest, dass wir gehen, können wir das natürlich tun, Emma."

Das fand ich sehr rücksichtsvoll von ihr und ich musste noch etwas stärker weinen. „Nein! Nein. Ich bin so glücklich, dass ihr gekommen seid." Ich schaute mich in dem Zimmer um, in dem unsere Familien vereint waren, die anscheinend endlich verstanden hatten, dass wir uns liebten – und sie auch. „Ich bin so froh, dass ihr alle gekommen seid. Das bedeutet mir mehr, als ihr euch vorstellen könnt. Den kleinen Colin mit der ganzen Familie um mich herum zur Welt zu bringen ist ein Traum – ich hätte nie gedacht, dass er Wirklichkeit werden würde."

Christopher stimmte mir zu. „Ja, es ist ein ganz besonderes Gefühl, euch alle hier zu haben, um Colin willkommen zu heißen." Seine braunen Augen glitzerten, als er sie alle anschaute.

Und dann floss mein Herz über, als meine Eltern und seine Töchter sich um meinen Ehemann versammelten und ihn umarmten. „Ich liebe euch alle so sehr!", schluchzte ich.

Dreißig Minuten später war Colin auf der Welt. Er wurde schnell zwischen seinen Schwestern und Großeltern herumgereicht, dann kam er zu seinem Vater, bevor er wieder in meinen Armen lag. Unser kleines Bündel Glück hatte uns alle wiedervereint.

Endlich hatten wir unser Happy End. Aber eigentlich war es eher der Start eines glücklichen Anfangs.

Ende

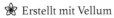 Erstellt mit Vellum

CPSIA information can be obtained
at www.ICGtesting.com
Printed in the USA
BVHW041053080321
601999BV00006B/362